JN296167

牛の外科マニュアル

手術手技と跛行

第2版

Bovine Surgery and Lameness SECOND EDITION

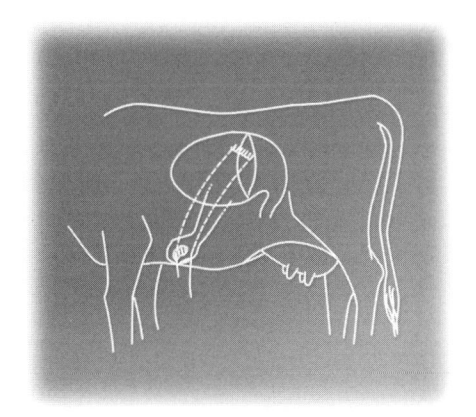

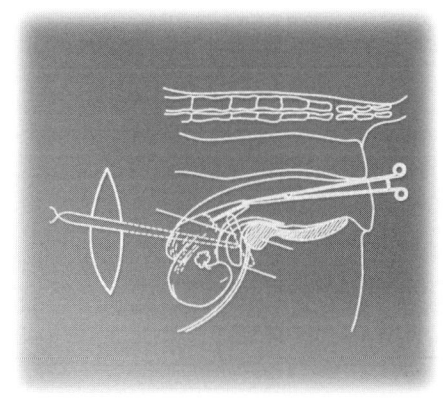

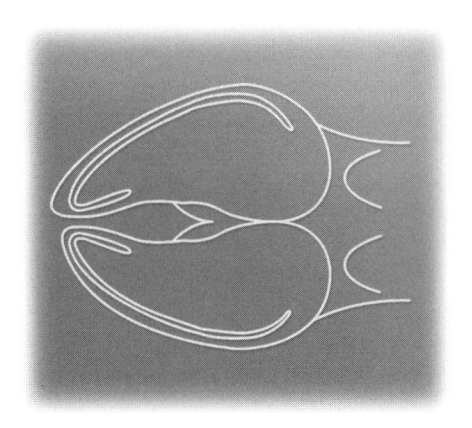

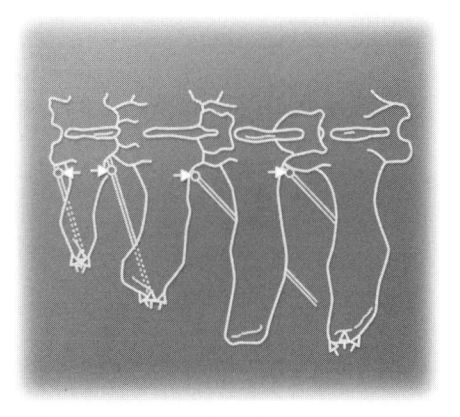

著者●A. David Weaver　●Guy St Jean　●Adrian Steiner

監訳・訳●田口　清　　訳●鈴木一由

チクサン出版社

ご注意

本書中の処置法，治療法，薬用量等については，最新の獣医学的知見をもとに記載されています．実際の症例への適用には，日本の法令に基づき，特に用量や出荷制限などに細心の注意を払い，各獣医師の責任の下実施してください．

BOVINE SURGERY AND LAMENESS

Second Edition

A. David Weaver
BSc, Dr med vet, PhD, FRCVS, Dr hc (Warsaw)
Professor emeritus, College of Veterinary Medicine,
University of Missouri, USA, and Bearsden, Glasgow, Scotland

Guy St. Jean
DMV, MS, Dipl ACVS
Professor of Surgery, Former Head, Department of Veterinary
Clinical Sciences, School of Veterinary Medicine,
Ross University, St. Kitts, West Indies

Adrian Steiner
Dr med vet, FVH, MS, Dr habil, Dipl ECVS, Dipl ECBHM
Professor and Head, Clinic for Ruminants, Vetsuisse-Faculty of Berne,
Switzerland

Blackwell Publishing

© 2005 David Weaver, Adrian Steiner and Guy St Jean

Editorial Offices:
Blackwell Publishing Ltd, 9600 Garsington Road, Oxford OX4 2DQ, UK
　Tel: +44 (0)1865 776868
Blackwell Publishing Professional, 2121 State Avenue, Ames, Iowa 50014-8300, USA
　Tel: +1 515 292 0140
Blackwell Publishing Asia, 550 Swanston Street, Carlton, Victoria 3053, Australia
　Tel: +61 (0)3 8359 1011

The right of the Authors to be identified as the Authors of this Work has been asserted in accordance with the Copyright, Designs and Patents Act 1988.

All rights reserved. No part of this publication may be reproduced, stored in a retrieval system, or transmitted, in any form or by any means, electronic, mechanical, photocopying, recording or otherwise, except as permitted by the UK Copyright, Designs and Patents Act 1988, without the prior permission of the publisher.

First published as Bovine Surgery and Lameness in 1986 by Blackwell Scientific Publications

Library of Congress Cataloging-in-Publication Data

Weaver, A. David (Anthony David)
　Bovine surgery and lameness / A. David Weaver, Guy St. Jean, Adrian Steiner. – 2nd ed.

This edition is published by arrangement with Blackwell Publishing Ltd.,Oxford.
Translated by Midori Shobo Co.,Ltd from the original English language version.
Responsibility of the accuracy of the translation rests solely with the Midori Shobo Co.,Ltd and is not the responsibility of Blackwell Publishing Ltd.

Japanese translation © 2008 copyright by Midori-Shobo Co.,Ltd.
Japanese translation right arranged with Blackwell Publishing Ltd.,Oxford.

Blackwell Publishing Ltd.発行のBovine Surgery and Lameness - 2nd ed. の日本語に関する翻訳・出版権は株式会社緑書房が独占的にその権利を保有する。

初版のまえがき

　この本は，実用的な牛の外科手術と跛行に関する基本を述べることを目的としている。

　この本は，臨床コースの獣医学生や，牛の外科手術に関して限られた経験しか持ち合わせしていない若い獣医師や年配の獣医師を対象としている。要点を述べることと単純化することに気を配ったため，ひとつの手術手技についてはある程度詳しく述べ，同等の価値のある変法については略述するというようにかなり独断的な方法で記述した。

　この本にはしばしば特別のタイプや大きさの器具と縫合糸がでてくる。また英米社会では遅れているとはいえ，近年のメートル法使用の潮流から，記述はすべてメートル法を用いた。しかし尺度の換算法も載せている。

　外科手術はすべて一連の挑戦であり，獣医師や医師はともに修練を積む必要がある。牛の外科手術において要求されるものはコンパニオン・アニマルの獣医師が立ち向かうものとは異なる。第一は経済的な問題である。外科手術は経済的に意味があるのか，難産の初産牛を廃用にすべきか，それとも帝王切開術を行うべきかなどの判断はそのよい例である。コンパニオン・アニマルではこのような判断を行うことは希である。しばしば人道的配慮が単純な問題を複雑にする。

　その他，手術手技に関する適切な解剖学的知識，保定法と無痛法や麻酔法，手術操作の器用さ，動物と術者の双方にかかる肉体的ストレスがある。そのストレスには，ほこりっぽい牛舎の片隅や薄暗がりなどの手術には不適当な環境のなかで手術を行わねばならない場合などがある。

　臨床家仲間内のある種の無関心の結果，若い獣医師は牛の外科手術に対する経験が不足する。この無関心により緊急手術に必要な手術器具の常備を怠り，その結果，牛の外科手術に要する多くの時間を耐え難いものとする。

　「時は金なり」という格言は他の人々と同様に牛の臨床家にも当てはまり，適切な

器具の準備，滅菌法，効果的な麻酔および基本手技は熟練のための根本原理であるので，これらについては第一章に述べてある。

　続く章では頭部と頚部の外科手術から腹部の外科手術，さらに雌の泌尿生殖器，乳頭，雄の泌尿生殖器の外科手術について述べ，最後に跛行について述べている。どの主題も深く掘り下げた議論はしていない。同様に参考図書のリストも純粋に基本的な図書のみを選択した。

　読者はしばしば記載されている予防的または治療的外科手術に関して倫理的な考慮をしなければならないだろう。動物福祉への考慮は多くの国々でますます重要になりつつある。

　去勢は正当なのだろうか。高齢牛なら人道的，経済的，経営的な理由で去勢は正当化されるのだろうか。関連の獣医学書は少なく，その結論は未解決である。責任は獣医師に求められている。

　なぜある農家では第四胃左方変位が「流行」するのだろうか。獣医師はさらに予防のアドバイスをしなければなりません。このためにはほかの分野の知識が必要である。牛群の跛行の問題においても多くの学問分野からのアプローチが必要である。チェックリスト*は牛群の客観的な記録を取る必要性を示し，骨の折れる個体の治療から開放されるべきことが強調されている。

　予防，診断，治療を導くものとして牛の外科手術はハードヘルスプログラムの概念に適合するものである。

A. David Weaver
1985年9月，コロンビアにて

(＊第二版ではp.287〜291)

第二版のまえがき

　初版発行から20年近く経ち，そろそろ改定を考えるに至った。初版は6ヵ国後に翻訳され獣医師のニーズを満たしたようだった。卒後2～40年経った英国の獣医師に対する小さな調査では全員が改訂に賛成してくれた。農場での標準的な牛の外科手術のコンパクトな教科書（文字が少なく，図説はシンプル）が必要なことを皆が強調した。

　スイスと北米の二人のすぐれた牛の外科医を招聘し，それぞれの専門技術を加えて広い視点を入れることを出版社は喜んで引き受けてくれた。その結果，改訂版は分厚くなり文字数も増えた。スタイルや形式は教育的であることを厳格に守り，いくぶん独断的でさえある。手術法の選択肢はほとんど説明していないが，第四胃手術だけは例外である。

　本書は，経験の乏しい新卒者ばかりか，学生の臨床トレーニング，とりわけ牛の臨床を初めて経験するときの手助けになるはずである。また牛の外科手術を多く経験するわけではない大小動物の両方を対象とする開業医にも役立つはずである。

　動物の福祉に力点をおき，周術期の無痛法や抗炎症薬投与についても示唆している。著者らは薬物使用に関して問題となりうる国々（EU，EU以外のヨーロッパ諸国，北米）の法律に十分気を配った。また個々の獣医師のやりかたについても考慮した。

　今日では疼痛を伴うすべての治療は，局所麻酔や時に全身麻酔が要求される。乳牛や肉牛農家ばかりでなく一般市民も，食の安全・高価な治療薬（途上国では使用できないことが多い）に代わる予防的抗菌薬の使用，さらにはできることなら薬剤使用をゼロに向かうよう要求している。このような要求を叶えるにはよい消毒法や滅菌法が必要となる。

　外科手術というのは患畜の状態がそれを許す限りにおいてだけ実施されるものである。正しい判断は，第四胃右方変位，ひどい難産，趾の手術などでは難しいかもしれない。経済的な考慮や農場施設などについても個々の症例では考えなければならない。

　獣医師が訴訟に巻き込まれる危険が過去20年間で増え続けた結果，動物や畜主の偶

発的な受傷や，標準的な外科手術による予期しない継発症などの失敗を避けることが強調されてきた。農場管理者や畜主には，常に問題の起こる可能性を事前に告げておくべきだし，ときにはこのテキストの該当する章をみてもらうべきだと思う。獣医師は確固たる知識なくしていかなる治療もすべきではない。牛の外科医は今日の世界の牛産業に重要な役割を担っていることを十分理解していると信じている。

　著者らは，このコンパクトな本が牛の臨床に実際に役立つように携帯される参考書となることを確信して期待する。

A. David Weaver, Guy St. Jean, Adrian Steiner

2005年2月

謝　辞

初版から引き続いて図の使用について数々の著者や出版社(Dyce, Pavaux, Cox, Smart)から許可をいただいた。以下には新しく使用させていただいた図の出所を記載した。

Figs. 1.7, 2.5, 3.2, 3.22 Dr. K.M. Dyce, Edinburgh and W.B. Saunders *'Essentials of Bovine Anatomy'*, 1971 by Dyce and Wensing

Figs. 2.4, 2.9, 3.1, 3.4, 3.5 Professor Claude Pavaux, Toulouse, and Maloine s.a. editeur from*'Colour Atlas of Bovine Anatomy: Splanchnology'* 1982

Fig. 3.15, Dr. John Cox, Liverpool, and Liverpool University Press *'Surgery of the Reproductive Tract in Large Animals'* 1981

Fig. 3.24, Dr. M.E. Smart, Saskatoon and Veterinary Learning Systems, Yardley, PA, USA from*'Compendium of Continuing Education for the Practicing Veterinarian'* 7, S327, 1985

Fig. 3.17, Dr. H. Kümper, Giessen and Blackwell Science from *'Innere Medizin und Chirurgie des Rindes'* 4e 2002 edited by G. Dirksen, H-D. Gründer and M. Stöber fig. 6.125)

Fig. 4.6, Dr. R.S. Youngquist, Columbia, Missouri and W.B. Saunders from *'Current Therapy in Large Animal Theriogenology'* 1997 (fig. 57.2)

Fig. 7.12, Dr. M. Steenhaut, Gent, and Blackwell Science from *'Innere Medizin und Chirurgie des Rindes'* 4e 2002 edited by G. Dirkson, H-D. Gründer and M. Stöber (fig. 9.159)

著者の粗野なスケッチから多くの図を作成してくれたのは Nwebury の Jan Huchkin氏，そして Missouri の Don Connor 氏である。他の多くの図は Eva Steiner 氏の手によるものである。Castle Douglas の John Sprout 氏からは原稿すべてにコメントをいただいたばかりでなく，（図1-14, 15, 図2-2）も提供してもらった。

Keith Cutler 氏(Immobilon)，Toulouse の Simon Bouisset 氏(鎮痛薬と抗炎症薬)，

Columbia の Bob Miller 氏，Missouri の Rupert Hibberd 氏，David Noakes 氏，David Ramsay 氏，Jan Downer 氏らの臨床家から有用な助言をいただいた。David Pritchard 氏（DEFRA）と Vincent Molony 氏（Edinburgh）には英国に関連する動物福祉の法律の現状について助言してもらった。RCVS図書館からは文献の提供を受け，David Taylor 氏には細菌名が変わったところを確認してもらい，Lesley Johnson 氏（Veterinary Medicines Directorate）からは第1章の異論の多い表についてコメントをもらった。付録4は Newbury の Maureen Aitken 氏に確認していただいた。

すべての文章は Christina McLachlan 氏にタイプしていただいた。その正確さと根気強さにお礼を申し上げる。

最後に Blackwell 出版社の Susanna Baxter 氏，Samantha Jackson 氏，Sophia Joyce 氏，Emma Lonie 氏，Sally Rawlings 氏，Antonia Seymour 氏，そして編集者の Liz Ferretti 氏らの協力と助言に感謝する。

Guy St. Jean 氏は，研修医の時期の助言と鞭撻ばかりか，その後も親交を持つ良き師である Bruce Hull 氏，Michael Rings 氏，Glen Hoffsis 氏に謝意を捧げる。また秘書の Kim Carey 氏と常に支援してくれた妻の Kathleen Yvorchuk-St. Jean にも感謝する。Adrian Steiner 氏はキリスト教徒に本書を捧げる。

A.David Weaver, Guy St. Jean, Adrian Steiner
2005年2月

　著者らは薬物・用量・残留期間について正確を期すように努力を払った。それでも読者は個々の薬物を使用したり処方する前には製造業者から出されている製品情報を確認するべきである。

　行政当局による薬物認可は国々でまちまちであり，残留試験による薬物残留期間もメーカー独自製品から同等のジェネリック品まで異なっている。残留時間はEU，北米あるいは世界のどこにおいてもさまざまである（表1-15参照）。

　読者はプロの技能と経験を念頭において，薬物使用の臨床的判断に関しては個々に判断するべきで，そして常に国の規制の枠組み内で実施するべきである。

翻訳をおえて

　都会に立地し，小動物臨床への就職希望者が殺到する昨今の世界の獣医科大学では，食用動物臨床への就職希望者は卒業者の15％未満であるといわれている。

　一方，個体医療から集団医療(牛の健康と生産管理の医療)への食用動物臨床に対する社会ニーズの拡大は，産業動物医療の教育をさらに困難なものにしている。そしてそれらは獣医科大学の社会に対する伝統的な役割の低下として映し出される。

　しかし，本書ではたんたんと畜産業を支える牛の外科医療と跛行の最新の実学が整理され記述されている。まるで，自分の都合や状況ではなく，この本でものを考えるのですよといわんばかりである。そしてプロフェッショナルには絶え間ない成長と責任・献身行動があるのだと説いているようだ。

　産業的な視点ばかりではなく人類の生命をつなぐために，その食料となる牛たちには生きている限り健康であって欲しい。そのためには苦痛のない的確な医療が確固たる知識のもとで行われなければならないとしている。

　本書はこれらの基本姿勢で貫かれたマニュアルであり，農場において実施するほとんどの外科手技について原理的・科学的方法を示している。

　獣医師としての知識・技能・態度の基礎を身につけなければならない学生諸君に，また経験の少ない牛の臨床獣医師に，中堅獣医師の知識と技能の再確認や後輩たちへの教育書として，あるいは農家への治療や予後の説明に用いるために，本書ほどコンパクトでシンプルな教科書はないだろう。改めて著者らの実学志向(リアリズム)と専門家としての見識の高さに脱帽する。

　勉強や診療のなかでぼろぼろになるまで使って欲しい。

　価値ある本書の翻訳の機会を与えていただいた緑書房に深謝します。

2008年1月　訳者を代表して

田口　清

目　次

初版のまえがき
第二版のまえがき
謝　辞
翻訳をおえて

第1章　総論と麻酔
General considerations and anaesthesia

　　1-1　器具 …………………………… 17
　　1-2　無菌法 ………………………… 21
　　1-3　縫合糸と縫合法 ……………… 23
　　1-4　術前評価 ……………………… 27
　　1-5　保定法 ………………………… 29
　　1-6　前投与薬と鎮静薬 …………… 30
　　1-7　局所麻酔薬 …………………… 33
　　1-8　局所麻酔 ……………………… 36
　　1-9　全身麻酔 ……………………… 57
　　1-10　ショック …………………… 62
　　1-11　輸液療法 …………………… 64
　　1-12　抗菌薬による化学療法 …… 66
　　1-13　創傷治療 …………………… 70
　　1-14　冷凍療法 …………………… 72
　　1-15　尾骨の静脈穿刺 …………… 74
　　1-16　遺伝的欠損 ………………… 75

第2章　頭部および頚部手術
Head and neck surgery

　　2-1　除角芽および除角 …………… 78
　　2-2　前頭洞の円鋸術 ……………… 85
　　2-3　眼瞼内反 ……………………… 88
　　2-4　第三眼瞼（瞬膜） …………… 88
　　2-5　眼球腫瘍 ……………………… 91
　　2-6　眼の異物 ……………………… 93
　　2-7　眼球摘出術 …………………… 94
　　2-8　気管切開術 …………………… 97
　　2-9　食道梗塞 …………………… 100

第3章　腹部手術
Abdominal Surgery

　　3-1　局所解剖 …………………… 103
　　3-2　試験的開腹術, 左腰部 …… 108
　　3-3　試験的開腹術, 右腰部 …… 113
　　3-4　第一胃切開術 ……………… 117
　　3-5　半永久的な第一胃瘻管形成術 … 126
　　3-6　第四胃左方変位 …………… 129

3-7	第四胃右方変位，拡張および捻転 …… 141	3-14	腫瘍を含む消化器疾患 ………… 161
3-8	その他の第四胃疾患 ………… 146	3-15	迷走神経性消化不良(Hoflund症候群) ………… 163
3-9	盲腸拡張と変位 ………… 148	3-16	腹腔穿刺 ………… 165
3-10	腸重積 ………… 151	3-17	肝臓の生検 ………… 166
3-11	腸閉塞を示す他の疾患 ………… 153	3-18	肛門と直腸の閉鎖 ………… 168
3-12	腹膜炎 ………… 154	3-19	直腸脱 ………… 170
3-13	臍ヘルニアと膿瘍 ………… 156		

第4章　雌の泌尿生殖器手術
Female　Urinogential Surgery

4-1	帝王切開術(子宮切除術) ………… 174	4-4	会陰裂傷 ………… 188
4-2	腟および頚管脱 ………… 180	4-5	卵巣切除術 ………… 191
4-3	子宮脱 ………… 184		

第5章　乳頭手術
Teat Surgery

5-1	はじめに ………… 194	5-5	乳頭の外傷性裂傷 ………… 199
5-2	乳頭口，乳頭管またはフルステンベルグのロゼットの狭窄 ………… 196	5-6	乳頭閉鎖 ………… 201
		5-7	乳頭括約筋の機能不全 ………… 202
5-3	乳頭腔の肉芽腫 ………… 198	5-8	乳頭切除術 ………… 202
5-4	乳頭基底膜の閉塞 ………… 199	5-9	考察 ………… 204

第6章　雄の泌尿生殖器手術
Male　Urinogenital Surgery

6-1	包皮脱 ………… 206	6-6	精巣上体切除術 ………… 226
6-2	陰茎血腫 ………… 211	6-7	陰茎の先天異常 ………… 227
6-3	尿石症 ………… 214	6-8	陰茎の腫瘍 ………… 232
6-4	陰茎挿入の防止 ………… 220	6-9	去勢術 ………… 233
6-5	精管切除術 ………… 223		

第7章　跛行
Lameness

7-1	発生 ………… 240	7-2	経済的重要性 ………… 241

7-3	病名 … 244		(b)	深および浅趾屈腱と腱鞘の切除 … 276
7-4	趾間壊死桿菌症 … 246		(c)	蹄関節および遠位種子骨の切除 … 277
7-5	趾間過形成 … 248		(d)	趾間過形成の切除 … 279
7-6	蹄底潰瘍 … 249	7-14	蹄の形成異常，過剰成長および治療的削蹄 … 282	
7-7	蹄底穿孔 … 252			
7-8	白帯離開および白帯膿瘍 … 254	7-15	蹄浴 … 286	
7-9	蹄葉炎（蹄真皮炎） … 256	7-16	牛群問題のチェックリスト … 287	
7-10	その他の蹄病 … 259	7-17	子牛の感染性関節炎 … 291	
	(a) 趾皮膚炎 … 259	7-18	屈腱短縮症 … 292	
	(b) 疣状皮膚炎 … 261	7-19	足根および手根ヒグローマ … 295	
	(c) 趾間皮膚炎 … 262	7-20	膝蓋骨脱臼 … 296	
	(d) 蹄球びらん（スラリーヒール） … 263	7-21	痙攣性不全麻痺 … 299	
	(e) 縦（垂直）または横（水平）裂蹄 … 265	7-22	股関節脱臼 … 302	
		7-23	膝跛行 … 304	
	(f) 蹄骨の骨折 … 267	7-24	肢の神経麻痺 … 305	
7-11	趾の深部感染 … 268	7-25	肢の骨折 … 305	
7-12	断趾術 … 270	7-26	整形外科疾患へのアクリルおよび樹脂の使用 … 310	
7-13	その他の趾の手術 … 276			
	(a) 断趾後の深趾屈腱および腱鞘の切除 … 276	7-27	骨関節の抗生剤治療 … 312	

付録 … 314

1. 参考図書 … 314
2. 略語 … 315
3. 会社・団体名と所在地 … 317
   器具メーカーと取扱い業者 … 317
   縫合糸，針，包帯材などのメーカーと取扱い業者 … 319
   公立および専門の団体，出版社，農業および育種協会 … 321
4. 旧単位とSI単位の変換係数 … 324

索引 … 326

第1章　総論と麻酔

1-1　器具	1-9　全身麻酔
1-2　無菌法	1-10　ショック
1-3　縫合糸と縫合法	1-11　輸液療法
1-4　術前評価	1-12　抗菌薬による化学療法
1-5　保定法	1-13　創傷治療
1-6　前投与薬と鎮静薬	1-14　冷凍療法
1-7　局所麻酔薬	1-15　尾骨の静脈穿刺
1-8　局所麻酔	1-16　遺伝的欠損

1-1　器具

　器具は，無菌手術用パックとして日常の診療(帝王切開，開腹術，乳頭手術，整形外科)のために状態よく保存しておくべきである。

滅菌法

- **オートクレーブ**：蒸気による。パックしていない器具では750mmHg，120℃で15分間または131℃で3分間，または高真空あるいは高圧オートクレーブではもっと短時間でよい；パックしている器具では120℃で30分間または134℃で11分間
- **ガス滅菌**：エチレンオキサイドによる。器具から動物組織へ残留ガスが拡散するのを避けるために，数日間通気乾燥させる。アクリル製プラスティック材，ポリスチレンおよびある種のレンズを使った器具のなかには傷んでしまうものもある。エチレンオキサイドは発ガン性物質なので注意が必要である
- **低温(化学)滅菌**：市販薬液による。長時間浸漬する必要がある。グルタールアルデヒドのような製品には健康や安全性の問題がある
- **煮沸消毒**：不十分なうえ時間を要し，面倒な方法である。最低煮沸時間は30分であるが，海抜300mを超えるとそれ以上必要である。アルカリを添加すると殺菌効果が増し，煮沸時間を15分まで短くしても安全である。鋸状部分または接合部分の石灰沈着は5％酢酸に一晩浸漬してブラシをかけて取り除くことができ，0.5～1％洗濯ソーダ(Na_2CO_3)を添加すれば腐食を避けることができる

表1-1　手術器具滅菌法の適用.

	乾熱	オートクレーブ	水による煮沸	エチレンオキサイド	液体の化学薬品
PCV(気管内チューブなど)	不適	適用	適用	適用	疑わしい
ポリプロピレン(コネクターなど)	不適	適用	適用	適用	適用
ポリエチレン(カテーテルや包装フィルムなど)	不適	不適	適用※ 不適★	適用	適用
ナイロン(静注用カニューレなど)	不適	適用	適用	適用	疑わしい
アクリル(perspexなど)	不適	不適	疑わしい	適用	適用
シリコンゴム	適用	適用	適用	適用	疑わしい

※高密度　★低密度

表1-2　種々な滅菌法の効果.

	細菌	芽胞	糸状菌	真菌	ウイルス
オートクレーブ	＋	＋	＋	＋	＋
ガス滅菌	＋	＋	＋	＋	＋
化学性防腐薬	＋	−	＋	(＋)	＋
煮沸	＋	−	＋	＋	＋

略語：＋有効；(＋)やや有効：−無効

帝王切開術または開腹術のための基本的器具

起こりうるほとんどの事態をカバーできる器具リストは次の通りである。

- タオル鉗子(Backhaus)×4本, 8.8cm
- 止血鉗子：15.2cm直型(Spencer Wells)×4本, 14cm曲型(Criles)×2本, 12.7cmモスキート直型(Halsted)×2本
- メス柄(Swann-Morton®またはBard-Parker®)×2本, (no. 4にはno.22の替刃, no. 3の柄にはno.10の替刃)
- 鼠歯鑷子(Lane)15.2cm
- 無鈎鑷子(Bendover)15.2cm
- 直鋏(Mayo)16cm

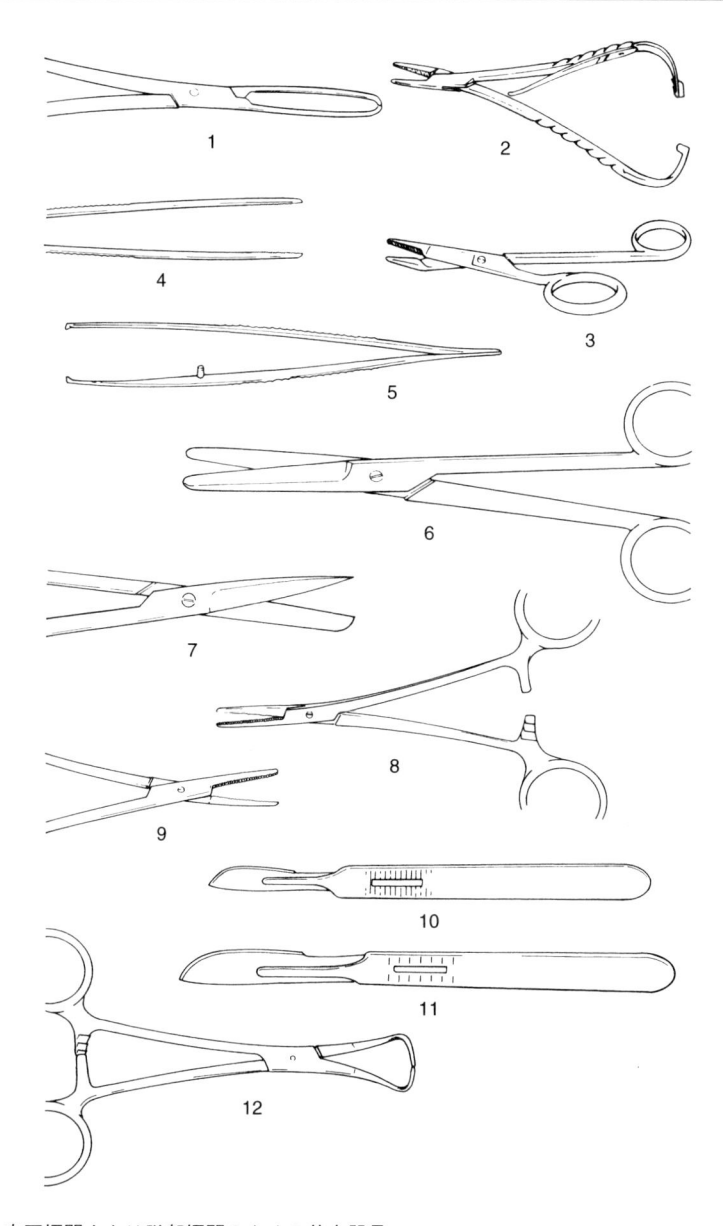

図1-1 帝王切開または臍部切開のための基本器具．
(1)アリス(Allis)組織鉗子；(2)マックファイル(McPhail's)持針器；(3)ギリー(Gillies)鋏付き持針器；(4)無鉤鑷子；(5)鼠歯鑷子；(6)メイヨー(Mayo)鋏(両鈍)，曲型；(7)メイヨー(Mayo)鋏(片鋭片鈍)，直型；(8)直型止血鉗子；(9)曲型止血鉗子；(10)メス柄no.4と替刃no.22；(11)メス柄no.3と替刃no.10；(12)タオル鉗子(Backhaus)．

- 弱湾鋏(Mayo)16.5cm
- 持針器(McPhail'sまたはGillies),右または左手用16cm
- アリス組織鉗子×4本,15cm
- 帝王切開用滅菌産科ナイロンロープ×4本
- 切胎用の指刀(腹壁近くまで持ってくることができない子宮壁の切開用)

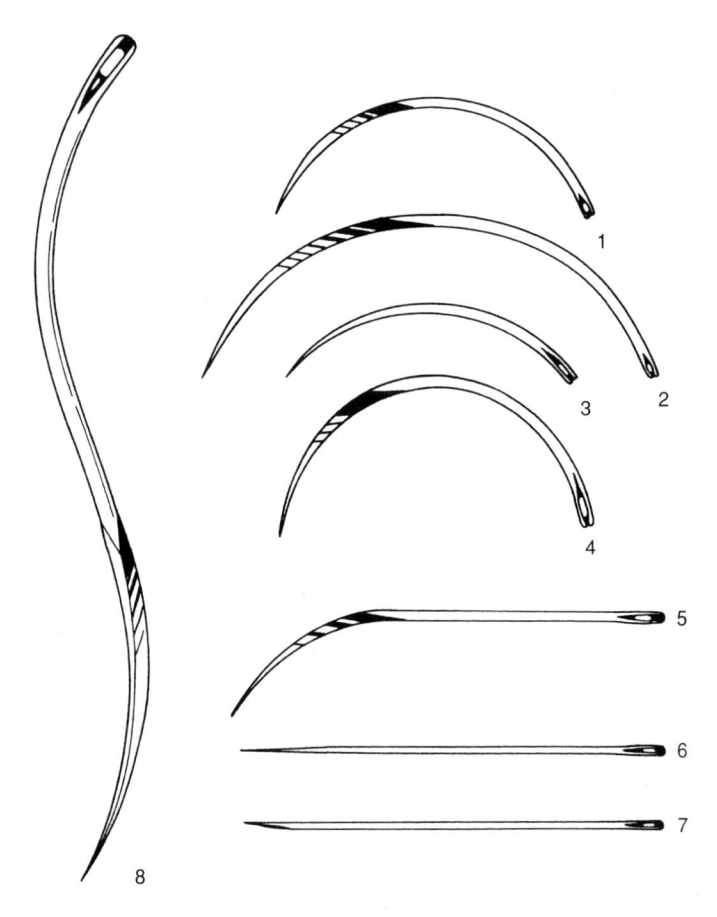

図1-2 縫合針(実物大).
(1)および(2)3/8円の角針 4.7および7cm;(3)3/8円の丸針(先細り型)4.5cm;(4)1/2湾角針 4.6cm;(5)1/2湾角針6.7cm;(6)腸用直丸針(Mayo)6.3cm;(7)直角針(Hagedorn)6.3cm;(8)剖検用二重湾曲針12.5cm.

その他に縫合針が必要であり，次に挙げるタイプとサイズをそれぞれ2本ずつ用意する(図1-2参照)
- 4.7cmおよび7.0cmの3/8円角針
- 4.5cm，3/8円丸針
- 4.6cm，1/2円角針
- 6.7cm，1/2湾角針
- 4.5cm，糸付き湾丸針
- 腸用直丸針(Hagedorn)6.3cm
- 直角針(Hagedorn)6.3cm
- 剖検用二重湾曲針，12.5cm

1-2　無菌法

　十分な皮膚消毒が可能な部分における牛の外科手術(すなわち組織や滅菌器具の微生物汚染を避けるために)は無菌状態下で行わなければならない。器具および術衣は滅菌しなければならない。

術野の消毒(例：謙部)：
- 前後に最低60cm，縦に90cmの広範囲を刈毛する
- 消毒薬，石鹸および水を適用したあとに術野を剃毛する方法もある(Schick型剃刀が最適)
- 術野を石鹸と水で2回洗浄し，ポビドンヨード液(例：Betadube®,〈Purdue Frederick〉, Pevidine, C Vet, Proviodine®,〈Rougier〉)で擦り洗いをしたあと，乾燥させて70％アルコールで洗い落とし，再び擦り洗いをする
- ポビドンヨード液の擦り洗いと70％アルコールでの洗い落としを3回繰り返した後，希釈ポビドンヨード液を再噴霧する
- 大型防水性滅菌布，またはディスポーザブル滅菌布(ラバーまたはプラスティック製)で術部を覆う
- 手術に使う滅菌ガーゼ，器具および縫合糸，無菌グローブを置くために，安定した平らな場所に滅菌布を広げる

表1-3 一般的な3種類の消毒薬の性質.

一般名	ポビドンヨード	グルコン酸または 酢酸クロルヘキシジン	塩化ベンザルコニウム
商品名	Pevidine® Iodovet® Povidone®(Berk) Betadine® (Purdue Frederick)	Savlon® (Schering-Plough) Nolvasan® (Fort Dodge) Chlorhexidine (Butler, Aspen)	Marinol®(Berk) Zephiran®(Winthrop)
殺菌作用	＋	＋	(＋)
殺真菌作用	＋	＋	＋
殺ウイルス作用	＋	－	－
希釈倍率			
器具	希釈せず(5％, 7.5％ または10％)	4％, または7.5％液 15mL＋70％アルコー ル485mL	10％液を1：500に希釈
皮膚(擦り洗い)	希釈せず(0.75％)		10％液を1：100に希釈
創の洗浄	0.10％	0.05％	－
短所	乾燥時, 皮膚が茶色に着色する	石鹸および陰イオン性洗剤と相反する	石鹸および陰イオン性洗剤と相反する；芽胞状態の菌は殺滅できない
長所	有機物の存在下でも失活しない	有機物の存在下でも失活しない	－

略語：＋有効；(＋)やや有効；－無効

手の消毒法(手洗い)

最低でも5分間は消毒薬が手に接触しているようにする．効果的な手の消毒法には次のものがある：

- クロルヘキシジン(Norvasan〈Fort Dodge〉またはVlexascrub〈Vetus〉)で"スクラブ(擦り洗い)"する
- 最初に, 軟化剤として1％グリセリンを配合した90％アルコール溶媒0.5％クロルヘキシジン液(安価)を乾燥した手に10mL取って乾燥させ, さらに同液を取り5分

間擦り洗いする
- 市販ポビドンヨード石鹸
- ヘキサクロロフェン懸濁液を手に取るとはじめは乾燥しているが次第に湿ってくる。しかし，5分間の擦り洗いのあとで完全に洗い流すこと（pHisoHex®, Zalpon）
- 可能な限り滅菌手術用グローブを着用する

1-3　縫合糸と縫合法

　牛を含む家畜の特別な手術手技のために"最良"な縫合糸材質と縫合パターンに関して率直な意見と定説はごく限られている。縫合糸材質は絶え間なく改良されており，新製品が定期的に獣医市場に現れる（表1-4(a)，(b)，表1-5参照）。本項では縫合糸と縫合法を限定して紹介し，その選択理由について説明する。少数例ではあるが，縫合糸の価格が重要な選択要因であることも考慮している。

縫合糸材質

非吸収性縫合糸：

- 単線維ナイロン（Ethilonなど）——皮膚，白線
- 単線維ポリプロピレン（Proleneなど）——皮膚，白線
- 偽単線維ポリアミド重合体（Supramid®など）——皮膚，白線
- 単または多線維手術用スチール——皮膚，白線

吸収性縫合糸：

- クロミック腸線——皮下織，筋肉，腹膜，腸，膀胱，子宮，陰茎
- 多線維ポリグリコール酸またはPGA（Dexon®）——小腸，乳頭筋層を含む筋肉
- 多線維ポリグラクチン910（Vicryl®）——皮下織，乳頭筋層を含む筋肉，小腸，膀胱
- 単線維ポリグリコネート（Maxon™など）——皮下織，膀胱，乳頭（皮膚を除く），子宮
- 単線維ポリジオキサノン（PDS）——小腸，乳頭筋層を含む筋肉，白線
- "軟性"腸線（Softgut™）——筋肉，小腸，乳頭筋層

表1-4(a)　縫合糸の号数の比較(テキストではメートル法の号数を使用している).

メートル法の号数 (ヨーロッパ薬局方も同様)	BP (英国薬局方規格)	USP (米国薬局方規格)
1	5/0	5-0(6-0)
1.5	4/0	4-0(5-0)
2	3/0	3-0(4-0)
2.5	2/0	―
3	0(3/0)	2-0(3-0)
3.5	―(2/0)	0(2-0)
4	1(0)	1(0)
5	2または3(1)	2(1)
6	3または4(2)	3と4(2)
7	5(3)	5(3)
8	6(4)	6(4)
9	7(5)	7(―)
10	8(6)	8(―)
11	9(7)	9(―)
12	10(8)	10(―)

吸収糸(たとえば腸線とコラーゲン)の規格は(　)内に示した。上表では非吸収糸にポリグラクチン910(Vicryl)，ポリジオキサノンポリエステル，ポリプロピレン，編み絹糸，ワイヤーを含んでいる；PGA(Dexon)もまた非吸収糸として分類されている

表1-4(b)　注射針の号数の比較(このテキストではメートル法の号数を使用している).

メートル法mm 外径	英国ワイヤーゲージ(BWG)/号 英国/北米
2.10	14
1.80	15
1.65	16
1.45	17
1.25	18
1.10	19
0.90	20
0.80	21

内径は上記の外径より0.05～0.1mm小さい

■考察

　縫合糸の生物学的および物理学的性質，術創環境および縫合糸に対する組織反応に関連した知識に基づいて縫合糸の材質を選択しなければならない。

表1-5 牛用縫合糸の性質比較（9種類を選抜し，好ましくない(+)から好ましい(+++)まで等級分けした）。

一般名(商品名)	材料	引っ張り強度	結節の安定性	操作性	組織反応性	感染抵抗性	縫合後の非炎症的な吸収性	価格
吸収糸								
クロミック腸線	コラーゲン	(+)	+	++	+++	+	+	安価
コーティング編み性PGA (PGS, Dexon Plus®2)	潤滑剤でコーティングしたグリコール酸重合体	++(+)	++	++(+)	++	++	++	高価
ポリジオキサノン単線維 (PDS¹)	パラジオキサノン重合体	+++	++	++	+	+++	+	高価
コーティング編み性ポリグラクチン910(coated Vicryl®1)	グリコール酸-乳酸の共重合体	++(+)	++	+	++	++	++	高価
単線維ポリグリコネート (Maxon®2)	グリコール酸-トリメチレンの共重合体	+++	++	++	+	+++	+	高価
非吸収糸								
単線維ポリプロピレン (Prolene®, Surgelene®, Prodek®)	ポリオレフィン炭化水素の重合体	+++	(+)	+(+)	(+)	+++	NA	安価
外科用スチール	鉄合金	+++	+++	+	+	+++	NA	安価
単線維ナイロン (Dermalon®, Ethilon®, Surgidek®)	ポリアミドフィラメント	++(+)	+	+	+	+	NA	安価
多線維ポリアミド重合体 (Suprylon®, Vetafi®, Braunamid®)	ポリアミド重合体	++(+)	++	+++	+	+++	NA	安価

NA=該当せず　　¹Ethicon ²Davis and Geck

単線維ナイロンは体内組織に埋没された場合，被包されて残存するが，組織反応が最も少ない。優れたサイズ対強度比および張力を有する。多少硬いために扱いやすいとはいえない。このことは術者がかがみ込まなければならないような灯りが乏しい薄暗いところや，片隅での手術には重要になる。結節の安定性は悪くないという程度である。

　外側の管状の鞘に包まれている（偽単線維）多線維ポリアミド重合体は十分な強度を持ち，外側の鞘が壊れなければ組織反応もほとんどない。しかし，オートクレーブで滅菌すると強度が損なわれる。したがって，通常は必要なときに滅菌した糸巻きから引っ張り出して使用する。操作性は大変よい。

　手術用スチールはすべての縫合糸のなかで最も強い引っ張り強度を有し，埋没したときに強度を保っている。結節の安定性は最大であり，炎症反応もほとんどない。しかしながら，手術用スチールは組織を切断する傾向があり，操作性が悪く，繰り返し折れ曲がると切れてしまう。治癒の遅い組織に用いることもある（感染した白線など）。

　前述した6種類の吸収性縫合糸のなかでクロミック腸線が最もよく使われているが，牛の臨床では合成吸収素材に取って代わられている。腸線は比較的操作性がよいが，血管の多いところでは急速に張力を失うこと（最初の1週間で50％）および結節の安定性が低い（濡れたときには溶けたり緩んだりしやすい）という欠点がある。食用動物と人間への食物連鎖によって伝染性プリオンが伝播する潜在的なリスクがあるために，クロミック腸線の使用を禁止した国もある（変異型クロイツフェルト・ヤコブ病（vCJD）のリスク）。

　多線維ポリグリコール酸（PGA）は，最終的には消失するが最も強い張力を有し，クロミック腸線よりも組織反応が軽微である。PGAは非抗原性であり，摩擦係数が低いため結節の安定性をよくするためには数回の結紮が必要であるが，操作性はよい。

　単線維ポリジオキサノン（PDS）は非常に強く，張力を数週間維持することができる（4週間で58％）。また，操作性もよく，結節の安定性もよい。しかし，縫合糸の吸収時期には減退するものの，初期では組織反応が強いという唯一の欠点がある。

　"軟性"腸線はデリケートな腸管の吻合手術に対して最も操作性のよい吸収性素材であるが，未だに広く普及していない。プレーンまたは軟性腸線はすぐに吸収され，張力の維持は短い。近い将来，PDSやPGAがクロミック腸線に取って代わるであろうが，クロミック腸線は全般的な使用目的を持つ縫合糸として使用され続けるだろう。

Vicryl®のコーティング型は取扱いが容易であり，組織反応や組織の引きずりが最小で，汚染した傷でも安定している。単線維ポリグリコネート(Maxon™)は創傷治癒の第21日目においてもVicryl®よりも3倍の張力を有する。

縫合針

縫合は錆がなく，鋭利で，対象とする組織を貫通するのに十分な強度を持った縫合針を用いたときにだけ効率よく行うことができる。縫合針の選択は金属製の滅菌容器内のラックで容易に行える。

▌考察

縫合パターンは各々の手術手技のところで説明する。陰唇や肛門周囲(子宮，腟または直腸脱の整復後など)のようなかなり強い張力がかかる皮膚は，通常，直径3〜5mmの編み性の滅菌ナイロンテープを用いて縫合する。

1-4　術前評価

▌はじめに

動物の一般状態とは別に多くの要素を評価するべきである：
- 動物が生産を行える期間
- 保険の状況
- 完全回復に関連した手術リスク
- 将来の繁殖の見通し
- 原発性の病変と直接または間接的に関連しているその他の器官系の病変

緊急または待機手術前には一般検査を行うことが必須である。

▌実験室検査

野外診療下での実験室検査は行われないが，最小限の機器を用いて，簡易に評価できる主要項目は以下である：
- 細胞容積(PCV)または赤血球容積(Ht)：マイクロ遠心分離器，マイクロヘマトク

表1-6 牛の血液正常値（SI単位）．

	単位	平均(%)	範囲(±2 SD)
血液学的検査項目			
赤血球	$\times 10^{12}$/L	7.0	(5〜10)
ヘモグロビン	g/dL	11.0	(8〜15)
PCV	1/L	35.0	(28〜38)
フィブリノーゲン	g/L	4.0	(2〜7)
白血球数	$\times 10^9$/L	7.0	(4〜12)
好中球（非分葉桿状核）	$\times 10^9$/L	0.02(0.5%)	0〜0.12(0〜2%)
好中球（成熟分葉核）	$\times 10^9$/L	2.0(28%)	0.6〜(25〜48%)
リンパ球	$\times 10^9$/L	4.5(58%)	2.5〜7.5(45〜75%)
単球	$\times 10^9$/L	0.4(4%)	0.02〜0.8(2〜7%)
好酸球	$\times 10^9$/L	0.65(9%)	0〜2.4(0〜20%)
好塩基球	$\times 10^9$/L	0.05(0.5%)	0〜0.2(0〜2%)
好中球：リンパ球比	—	0.45：1	—
血漿生化学的検査項目			
尿素	mmol/L	4.2	2.0〜6.6
クレアチニン	μmol/L	100	44〜165
カルシウム	mmol/L	2.5	2.0〜3.4
無機リン	mmol/L	1.7	1.2〜2.3
ナトリウム	mmol/L	139	132〜150
カリウム	mmol/L	4.3	3.6〜5.8
クロール	mmol/L	102	95〜110
マグネシウム	mmol/L	1.02	0.7〜1.2
総タンパク	g/L	67	51〜91
アルブミン	g/L	34	21〜36
グロブリン	g/L	43	30〜55
血糖	mmol/L	2.5	2.0〜3.2
アルカリフォスファターゼ	iu/L	24	20〜30
AST SGOT	iu/L	40	20〜80
ALT SGPT	iu/L	10	4〜20
乳酸脱水素酵素（LDH）	iu/L	700	600〜850
ビリルビン	μmol/L	4.1	0〜6.5
コレステロール	mmol/L	2.6	1.0〜3.0
CPK	mmol/L	3.0	0〜50

上記の数値は健康な成乳牛（3歳以上）が対象であり，さまざまなところから集められたものである．上記の範囲からのずれの解釈については，検査テクニック，品種，泌乳，および栄養状態などの種々の影響を考慮すべきである．また個体または牛群の現存する症状や徴候と常に関連させるべきである．単位はSI単位で記してある．旧単位へのまたは旧単位からの変換係数は付録4にある．

リット装置

- 総タンパク：屈折計

牛の正常な血液学的および生化学的項目を表1-6に示した．

ある種の腹部疾患(第四胃捻転, 腸閉塞)において, 血漿電解質(塩素など)の評価は予後評価および必要輸液量を算出するうえで価値がある。

輸液療法は64頁の1-11に説明してある。

1-5　保定法
■はじめに

保定が必要なのは次の場合である：
- (a)前投薬および鎮静, (b)局所麻酔薬の浸潤, (c)全身麻酔のための導入に必要な薬剤投与
- 鎮静または無痛/麻酔なしで検査および小処置を行う場合
- 手術操作時の動物の動揺を防ぐ

保定とは尾, 頭または鼻を力で押さえたり, 頭絡やロープを用いて制御することである。

■手技

畜主による機械的保定は次の通りである：
- 頭絡
- 鼻の把持(指または鼻鉗子)
- 尾の挙上
- 膝壁の皮膚を握る

ロープによる保定は次の通りである：
- 飛節を捻り絞める
- 飛節上方にロープを掛け, それを頭上の梁にまわして後肢を挙上する
- 倒牛および不動化のためのReuff法

牛の枠場やシュートの多くは頭部の保定に非常に有用であり, 頭部や頸部前方の手術(器官切開術など)および会陰部の手術に適している(必須事項は, 動物が座り込んだ

ときすぐに頭部の保定を解除できることである)。製造メーカでは枠場の側面から臁部への接近を容易にするような改良(枠場の垂直バーの間を長くして水平バーを低くする)をしているが，多くのものは臁部の開腹術，帝王切開術または第一胃切開術には向かない。臨床獣医師はこのような枠場を診療室や農家に運搬して，手術に使用することが大変便利であることを知っている。多くの保定枠は後肢または前肢の検査や手術を行うために肢を挙げて保定するのには適していないが，Wopa枠場は例外で，乳頭や趾の手術に最適である。適当な枠場は農家で簡単につくることができ，手動または動力によって傾斜させることができる。

枠場は手術時の適切な麻酔の代用になるものでは決してない。

1-6　前投与薬と鎮静薬
■はじめに

前投与薬と鎮静薬(表1-7参照)には5つの目的がある：
- ハンドリングと保定を容易にする
- ほかの麻酔薬による鎮痛効果を増強する
- 全身麻酔(GA)の導入および維持量を減らす
- 起こり得る不利益な麻酔の副作用を減らす
- 術後のスムーズな回復を促す

生産動物に使用が承認されている麻酔薬はごくわずかである。著者が知る限り，アザペロン，リドカイン，メトキシフルランおよびサイアミラール(米国)がある。キシラジンはカナダおよび英国において牛への使用が認可されており，アセプロマジンもカナダで牛への使用が認可されている。

いくつかの国(米国を含む)で牛への使用が認可されていないが，数種類の鎮痛薬(キシラジンのほかにフルニキシンメグルミン，dypirone50％およびフェニルブタゾンなど)は明白な全身性疼痛および不快感を示す牛の手術前および手術後の補助療法として効果的である。鎮痛薬の手術前使用は手術の不快感や術後の疼痛の程度を減少させる。米国では牛へのいかなる投薬に対しても，動物医薬品使用明確化法(Animal Medical Drug Use Clarification Act)の効能外使用に関するガイドラインおよび食用

表1-7 牛における神経麻痺薬の投与量

一般名（商品名）	鎮痛	NSAID	鎮静	投与量(mg/kg) 筋注	投与量(mg/kg) 静注
臭化ブチルスコポラミン (Buscopan®, Boehringer)	+	+	−	5mL/100kg[2]	
メロキシカム (Metacam®, Boehringer)	+	+	−	0.5[1]	0.5
カルプロフェン (Rimadyl® LA soln, Pfizer)	+	+	−	1.4[1]	1.4
キシラジン (Rompun®, Bayer)	+	−	+	0.05〜0.3	0.03〜0.1*
ジアゼパム* (Valium®)	+	−	+	0.5〜1.0	0.2〜0.5
フルニキシンメグルミン (Finadyne®, Banamine® Schering-Plough)	+	+	−	−	2.2
アセチルプロマジン* (ACP®, Novartis)	−	−	+	0.03〜0.1	0.03〜0.1

*英国およびEUでは牛用として認可されていないので、効能外使用となる
1. 筋注ではなく皮下注として
2. 泌乳牛には非認可

動物残留回避データバンク(Food Animal Residue Avoidance Databank(FARAD))による残留時間に対して獣医師が責任を負わなければならない(付録3，322頁，法律および専門文書，FARADの連絡先を参照)。

キシラジン(Rompun® 〈Bayer〉)

▍長所
非常に有用な鎮痛および鎮静薬。キシラジンは筋弛緩作用も有する。

▍短所
第一胃運動の静止，唾液分泌促進を起こし，高用量でも動物が横臥するかどうか判断しにくい。キシラジンは何回もの疼痛刺激が予測される小手術(例えば，乳頭手術時の鎮痛薬として使用するのは不適当；臁部の大膿瘍切開と排膿のために用いるのは適当である)の際の単独使用薬剤として不適である。妊娠後期にキシラジンを使用することは子宮平滑筋の刺激により推奨できない(流産の危険)。キシラジンを投与する前に子宮が弛緩しているのであれば使用することはできるかもしれない。偶発的な頚動脈内投与は避けなければならない！ 激しい発作と一過性の虚脱を生じる危険性がある。

▍投与量と拮抗薬
麻酔前投薬として0.1mg/kgのキシラジンの筋肉内投与(i.m.)，小手術には0.2mg/kgを用い，局所麻酔と併用する。0.1mg/kgを静脈内投与(i.v.)すると(許可されていない)，迅速かつより予測可能な効果が得られる。

キシラジンの鎮痛，鎮静，心肺系抑制および筋弛緩は可逆的である。キシラジンの過剰投与(馬用製剤を誤って使用した場合など)もまた次に示す各種薬物によって拮抗することが可能である。

- アトロピン(100mg 皮下投与 s.c.)は徐脈および血圧低下に拮抗する
- 塩酸ドキサプラム(Robins)またはドキサプラム4-アミノピリジン(Sigma Chemical Company, St.Louis)をそれぞれ1mg/kgおよび0.3mg/kg, i.v.すると覚醒時間が著しく短縮する
- ドキサプラム(1mg/kg i.v.)およびヨヒンビン(Sigma Chemical Company,

St.Louis, 0.125mg/kg i.v.)の混合液
- ヨヒンビン単独投与(0.2mg/kg i.v.)
- トラゾリン(4 mg/kg i.v.)－発現が速い
- アチパメゾール(Antisedan® 〈Pfizer〉)0.02～0.05mg/kg i.v.

　ドキサプラムは動脈と頚動脈の化学受容体および延髄の呼吸中枢に直接作用するが，ヨヒンビンは中枢のα_2アドレナリン作動性受容体をブロックすることによりキシラジンの鎮静効果と拮抗する。

抱水クロラール

　この長年使用されてきた鎮静薬は経口投与(5％溶液として30～60 g)するか，または静脈内(5％溶液として5～6 g/50kg)投与する。また，この溶液は刺激性があり，血管周囲に投与してしまうと壊死や皮膚脱落が起こる危険性がある。投与(成牛の総投与量は1L)は静脈内カテーテルを介して5分以上かけて緩速に行うべきであり，それは注射終了後も麻酔が深くなっていくためである。抱水クロラールは鎮痛薬としてではなく，鎮静薬および基礎麻酔薬としてのみ推奨される。全身麻酔を得るような濃度では重度で，おそらく致死的な呼吸および循環抑制を生じる。

硫酸アトロピン

　この薬物は唾液量を減少させ，粘度を増加させる。成牛の前投薬量は60mgの皮下注射(s.c.)である。

1-7　局所麻酔薬

　今日，最も価値のある4種類の薬剤はリグノカイン，プロカイン，ブピバカイン，シンコカインの塩酸塩である(表1-8，9参照)。

リグノカイン

　リグノカイン(Lidocaine/USP)は次の利点によりほとんどプロカインに取って代わった。

表1-8　4種類の局所麻酔薬の性状比較(すべて塩酸塩).

一般名 (商品名)	リグノカイン (Lidocaine®)	プロカイン (Ethocaine®)	ブピバカイン (Marcain®)	シンコカイン (Dibucaine®)
主な適用				
表面麻酔%	2〜10	NS	NS	0.25
浸潤麻酔%	0.5〜1	2〜3	0.25	0.25〜0.5
神経麻酔%	2〜3	3〜5	0.5	0.5
硬膜外麻酔%	2〜3	3〜5	0.5〜0.75	0.5
拡散速度	速い	緩慢	速い	緩慢
作用時間	60〜90分	<60分	約8時間	約8時間
鎮痛効果	＋	＋	＋	＋＋＋
毒性	＋	＋	＋	＋＋
組織炎症性	低い	低い	低い	低い
沸点での安定性	?	良好	?	?
価格(安価(＋)→高価(＋＋＋))	＋＋	＋	＋＋＋	＋＋
その他の性質	安全域が広い,血管拡張性なし	血管拡張性,アドレナリンと併用		アルカリと混和すると分解

*これらの薬剤のうちいくつかは承認または認可されていない国もある．たとえば英国ではプロカインだけが牛用として認可されている(牛以外の使用では食用に供せない).
NS=不適

- 安定性が非常によい
- 拡散が速い
- 作用時間が長い
- 粘膜や角膜の表面麻酔に使用できる

　しかしながら，英国およびEUでは最大残留制限(MRL)がないとして許可されていない。

　商品名には，Lignodrin 2％(Vetoquinol)，Lignol(Arnolds)，Locain 2％(Animalcare)，Locovetic(Bimeda)などがある。毒性はまれにみられる(誤って静脈内投与したときなど)——嗜眠状態，筋肉振せん，呼吸抑制，痙攣および低血圧がある。

　毒性は静脈内濃度によるが，これは吸収率にかなり影響を受ける。浸潤麻酔，伝達麻酔，硬膜外麻酔ではおそらく1％が適当であるが，牛に対する使用濃度は2〜3％である。

　市販品にはアドレナリン(エピネフリン)が含まれているものが多い(濃度は1：200 000)。アドレナリンはリグノカインの作用時間を延長し，中毒性副作用発現の可

表1-9 牛用鎮痛薬.

一般名	商品名	投与量(mg/kg)		
		i.v.	i.m.	経口
ケトプロフェン	Ketofen® 10%(Merial)	3	3	NS
カルプロフェン	Rimadyl®(Pfizer)	1.4	NS	NS
メロキシカム	Metacam® (Boehringer Ingelheim)	0.5	0.5[1]	NS
キシラジン	Rompun® 2%(Bayer)	0.03〜0.1	0.05〜0.3	NS
フルニキシンメグルミン	Banamine, Finadyne (Schering-Plough)	2.2	NS	NS
フェニルブタゾン	*各社	2〜5	NS	4〜8

NS＝不適；*英国/EUでは牛用として承認されていない；[1]皮下注.

能性を低少させる。
　リグノカインには次のようにも使用される
- 0.25％グルコン酸クロルヘキシジン，あるいは親水性無菌潤滑剤中のヒドロベンゾエートとの1％または2％ゲル剤
- 0.1％塩化セチルピリジウムとのエアゾールスプレー(リグノカイン10％)
- 5％クリーム(Xylodase®〈Astra〉)

プロカイン

　プロカイン(Novocaine)はコカインにほとんど取って代わり，その後リグノカインに取って代わられた。しかしながら，プロカインはリグノカインよりも経済的優位性がある。商品名としてPlanocain®，Nocutox®やWillcain®がある。
　塩酸アドレナリン配合剤はプロカイン吸収が遅く，溶液の煮沸滅菌が可能であり，組織に対する刺激性が最も少ない。代謝されてパラアミノ安息香酸となり，サルファ剤の作用を抑制する。

ブピバカイン

　アドレナリン非配合および配合(1：4 000 000)液としてMarcain®(Astra)という

商品名で0.25，0.5および0.75％（アドレナリン非配合）の濃度で市販されている。ブピバカインは，次のような性質を有する
- リグノカインと同程度の鎮痛効果と作用速度
- リグノカインよりかなり長時間作用する（4倍）
- 組織に対する刺激性が非常に低い
- 長時間の硬膜外麻酔または神経周囲麻酔に適用される
- EUでは最大残留制限（MRL）がない

　リグノカインよりもかなり高価である。この製剤が今よりも幅広く使われるようになるかは疑わしい。

シンコカインとCarbocaine®-V

　シンコカイン（Nupercaine™，Dibucaine®）はプロカインよりも毒性が強いが，硬膜外麻酔や表面麻酔時の濃度は低い（0.5％）。その他の性質は次の通りである。

- プロカインよりも鎮痛作用が長い
- アルカリでたやすく失活する。したがって，滅菌していない注射筒と注射針は重炭酸を含まない水で煮沸するべきである

　Carbocaine®-VまたはMeptivacain（Pharmacia and Upjohn），2％溶液は浸潤および硬膜外麻酔に用いられることもあり，リグノカインと同様でその作用時間は数時間である。

1-8　局所麻酔

　局所麻酔は多くの牛の手術時の麻酔法として好まれている。この麻酔法は全身麻酔（GA）と比べて次の利点がある（1-9，57頁参照）。
- 手技が比較的簡便である
- 一般的に入手可能である
- 注射筒，針および薬剤など最小限の器具で実施できる

- 毒性などの副作用の危険性がほとんどない
- 安全

角神経麻痺
▌構造
　角の真皮は，主として上顎神経（第Ⅴ脳神経由来）頬骨-側頭骨枝の角への分枝によって神経支配を受けている。角の後方では第一頚神経からの2，3の小枝が不定にこの部位の神経支配に関与している。角神経は眼窩内で涙腺神経から分かれて，筋膜と薄い前頭筋で覆われた側頭骨窩および前頭骨の外側縁の周囲を通過している。角神経の麻酔は外眼角と角（角芽）基部の中央で，前頭骨稜の外縁下において行う。角動脈と角静脈はこの麻酔部位付近に存在する。

▌器具
　成牛では10 mL，子牛では5 mLのディスポーザブル注射筒，2.4 cm，20ゲージの皮下針，2％リグノカインまたは5％プロカイン溶液（大きさによって2～8 mL）。

▌手技
- 注射筒に装着した針を前頭骨稜の外側縁に沿った中央で，角基部に向けて30度の角度で皮膚に刺入する（図1-3参照）
- 血管内に針が刺入していないかを確認するため，注射器の内筒を引いてみる
- 前頭骨縁直下で，成牛では1 cm，子牛では0.5 cmの間に注射液を弧状に注射する
- 頭の他側にも同様の手技を行う
- 鎮痛は3～5分で生じ，皮膚の無痛および上眼瞼の下垂がみられる

▌合併症
　失敗は次の原因による。
- 不正確な注射部位，例えば皮下に注射しているなど
- 特に種牛のように角基部の後方からの神経分布が多い場合には角基部の後方の皮下の広範な皮下浸潤麻酔が必要である
- 不適切な血管内投与

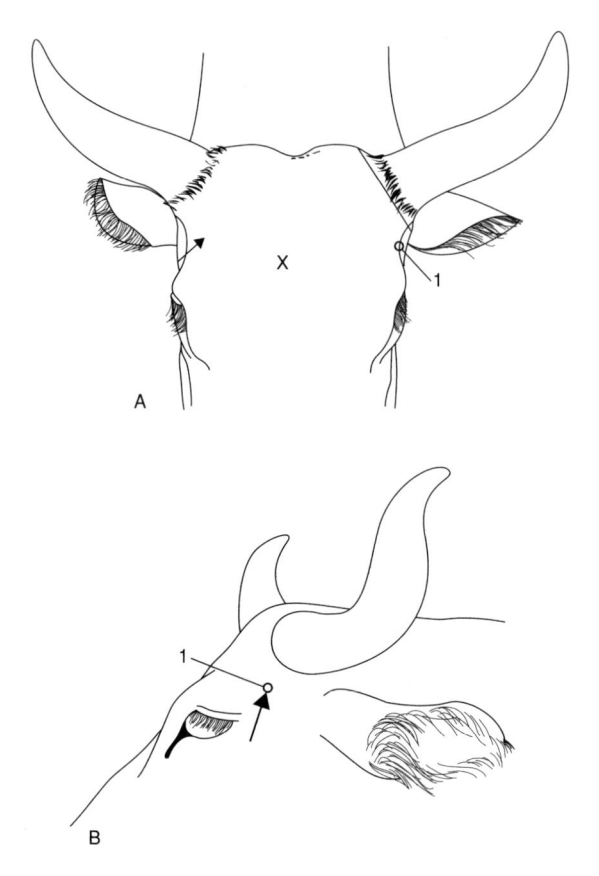

図1-3 角神経麻酔部位．(A)背面図；(B)側面図；(1)頬骨側頭神経の角への分枝．針の刺入角度，除角の際の角基部の皮膚切開線(2-1，81頁)にも注意を払うこと．Xは家畜銃で安楽殺する際の頭蓋の部位．

滑車下神経麻酔

　ある種の外来種ではしばしば角の内側領域を支配する滑車下神経からの神経分布が存在し，これが麻酔されていないことがある(山羊でも同様なことがみられる)。この神経は角神経麻酔の注射部位の高さで前頭を水平に横切る皮下の浸潤麻酔によりブロックすることができる。

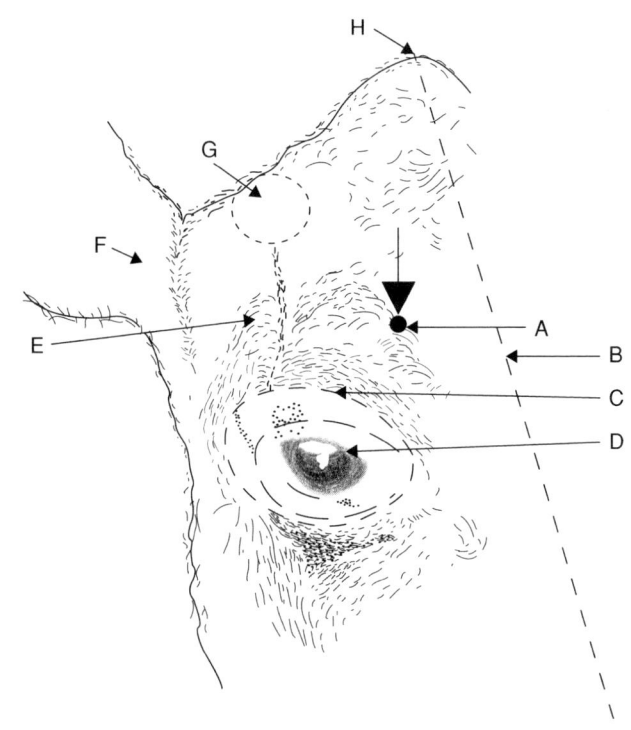

図1-4 眼窩上神経麻酔．右側頭部の斜位図．眼窩上孔は眼窩上骨縁の約3cm背側で触知できる．長破線は正中線，破線は角基部．(A)眼窩上孔；(B)正中線；(C)眼窩上の骨縁；(D)眼窩；(E)前頭骨；(F)右耳；(G)角基部；(H)頭頂部．

眼窩上神経麻酔

▍適応
上眼瞼の手術，前頭洞の円鋸術。

▍手技
- 眼窩上突起を触診して，上下縁の中央で内側眼角の背側にある眼窩上孔を確認する．ここから神経(第Ⅴ脳神経の分枝)が出入りしている
- 眼窩上孔上の皮膚に浸潤麻酔を行って，無痛覚部をつくる
- 外径1.1mm，長さ2.5cmの針を眼窩上孔内に1.5cmの深さまで刺入し，2％リグノカインを5mL注射する(図1-4参照)

眼瞼部の無痛覚を得るもうひとつの方法は局所の浸潤麻酔である。

■眼の神経支配構造
眼の神経支配は複雑である。
- 眼瞼：運動——顔面神経の分枝と耳介眼瞼神経
  　　　知覚——三叉神経の分枝の眼神経および上顎神経
- 眼球直筋および斜筋：運動——動眼神経，外転神経および滑車神経
- 眼球：知覚——眼神経の分枝の毛様体神経

　動眼神経，滑車神経，三叉神経の分枝の眼神経と上顎神経および外転神経は眼窩正円孔から出る。

後眼球神経麻酔
■適応
- 眼内新生物（扁平上皮癌（SCC）など）
- 重度外傷（94頁参照）

■手技
- 硫酸ブチレンまたはプロパラカインで角膜を表面麻酔する
- 人差し指を眼球と結膜嚢の間の外眼角（目尻）のなかに入れる
- 指に沿って外径1.25㎜，長さ7.5～10cmの湾曲した針を針先が眼球後部に達するまで結膜陥凹部から刺入する（図1-5参照）
- 針先が視神経孔に刺入しているか否かを確認するため（クモ膜内〈脳脊髄液〉注射の危険がある），吸引してチェックする
- ２％リグノカイン液を20～30mL注射する。これによって眼の筋肉に分布する神経がブロックされ，眼球の麻酔と無痛が得られる。
- 視神経を麻酔しようとしてはいけない。それは動物を十分に死に至らしめる可能性があるからである。
- 必要であれば上眼瞼および下眼瞼に浸潤麻酔をする

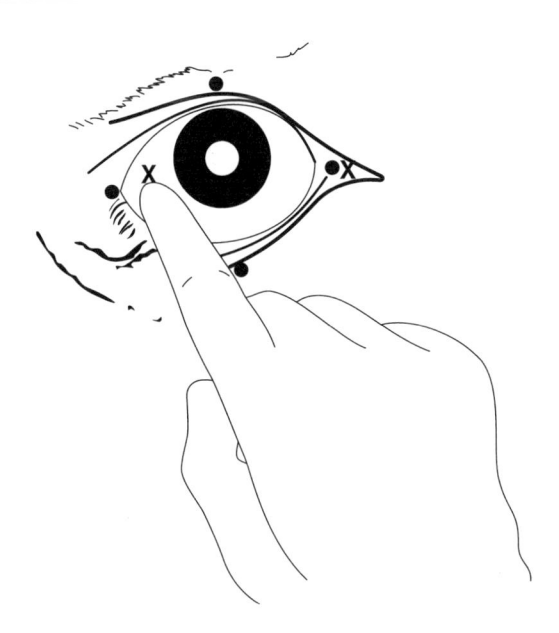

図1-5　後眼球麻酔．2種類の方法を示す：
　　　(a)針を指で誘導しながら注意深く結膜を通して4カ所(●印)に刺入する(8〜10mLを4カ所)；
　　　(b)眼角外側または内側(X印)に針を刺入し，眼窩の尖端に薬液(20〜30mL)を投与するために再び結膜を貫通させる．針は強く湾曲させた15cm，18ゲージの針を用いてゆっくり進める．

　その他の後眼球投与の手技として眼瞼縁の浸潤麻酔のあとに結膜を介して，4カ所(内側，外側，背側，腹側の眼角)に10mLずつ投与する方法もある(図2-8参照)

近位傍脊椎ブロック(近位での脊椎側神経麻酔)
▌適応
　開腹手術，大網固定術，第一胃切開術，帝王切開術(膁部切開)；子牛の膀胱破裂(正中切開：両側膁部切開)．

▌器具
　ディスポーザブル20mLシリンジ，Howard Jones型のようなスタイレットの付いていない外径1.25mm，長さ10cmの注射針3本，総量は60mL(3カ所)または80mL(4カ

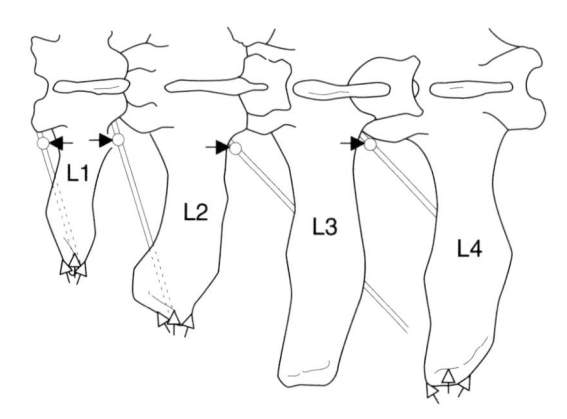

図1-6 脊椎側神経麻酔．最後の胸神経(T13)と最初の3本の腰神経および針の位置を示した左側第一〜四腰椎の平面図．黒矢印は近位での腰椎側神経麻酔時に垂直に刺入する針先の横突起に対する位置を示している．白矢印は，遠位での脊椎側神経麻酔における第1，2および4横突起端上下の刺入部位を示す．

所)のアドレナリン添加2％リグノカイン．

　肥満した肉牛では適切な深さまで到達するために12〜15cmの長さの針が必要かもしれない．

■手技

- 第十三胸椎，第一および第二腰椎(帝王切開術を除いたすべての開腹手術)または第一，第二および三腰椎(帝王切開術のみ)から出る脊髄神経の背側および腹側枝をブロックする
- 頭部がきちんと保定できているかを確認し，牛の気性にもよるが，牛に覆い被さるようにしてブロックする反対側に立つ
- 最後肋骨から寛結節まで，背側正中線の左または右の該当する側を15cm幅に皮膚の刈毛および擦り洗いをする
- 最初に第二腰椎(L2)をブロックする．腸骨の仙骨粗面直前の触診可能な最後の横突起(第五腰椎)から前方へ数えて第二腰椎の横突起を確認する
- 第二腰椎横突起後外側縁で正中から正確に5cm(ホルスタイン種成牛)の部位を定める(図1-6参照)
- ほとんど垂直であるが，針の軸を10度内側に傾斜させて皮膚と背最長筋に勢いよく

刺入する
- 第二腰椎横突起後縁に接しながら針を押し進め，さらに横突起間靱帯（緻密な線維組織であり，一時的に針先に抵抗を感じる）を貫通し，その先1cmのところまで針を押し進める。このとき，針先は第二腰椎の脊髄神経がちょうど出て椎間孔付近で背枝と腹枝に分枝する位置にある
- 20mLの液を入れたシリンジを連結し，陰圧をかけて針が血管内に入っていないことを確認したあと，靱帯下約1cmの範囲に針軸と針先を周辺にわずかに動かしながら，15mLの液体を注射する
- 残りの5mLは背側皮下への分枝をブロックするため，横突起間靱帯上まで針を引き抜く間に注入する
- 皮下浮腫を予防するために注射部位を強く下方に圧迫しながら針を抜去する
- 次に第一腰神経ブロックを行うが，横突起の間隔を触診することによって注射部位を定め，再び正中から6cmの部位で第1腰椎突起後縁に針を刺入する
- 第一腰椎の前縁から針を刺入して頭側の第十三胸神経をブロックする。先の刺入部位よりも約5cm前方の皮膚に針を刺入する。針軸の挿入距離はたいてい前述の部位よりもわずかに長い
- 帝王切開の場合，第三腰神経を第二腰神経と同様にブロックするが，第十三胸神経のブロックは行わない

■無痛化領域

　無痛化は注射側の背最長筋と臁部の筋の弛緩による脊柱の凸上湾曲によって分かる。10～15分間で完全に麻酔される。

　無痛化領域は正中に向かって，後腹側方向にやや傾斜する部位である。個々の皮膚知覚帯への神経支配は重複しているため，単一の神経ブロックでは非常に狭い臁部の皮膚幅（1～4cm）の麻酔しか得られない。第十三胸神経は最後の1～2肋間（第十二～十三肋骨）中央皮膚の神経を支配しているが，第三腰神経のブロックでは後方の寛骨部まで広く麻酔される。脊髄神経の背枝は臁部皮膚の上1/3を，腹枝は残りの部分を支配している（図1-7参照）。

- 第十三胸神経：背側前方の臁部，臍部までの腹側
- 第一腰神経（腸骨下腹神経）：腹壁背側臁部中央

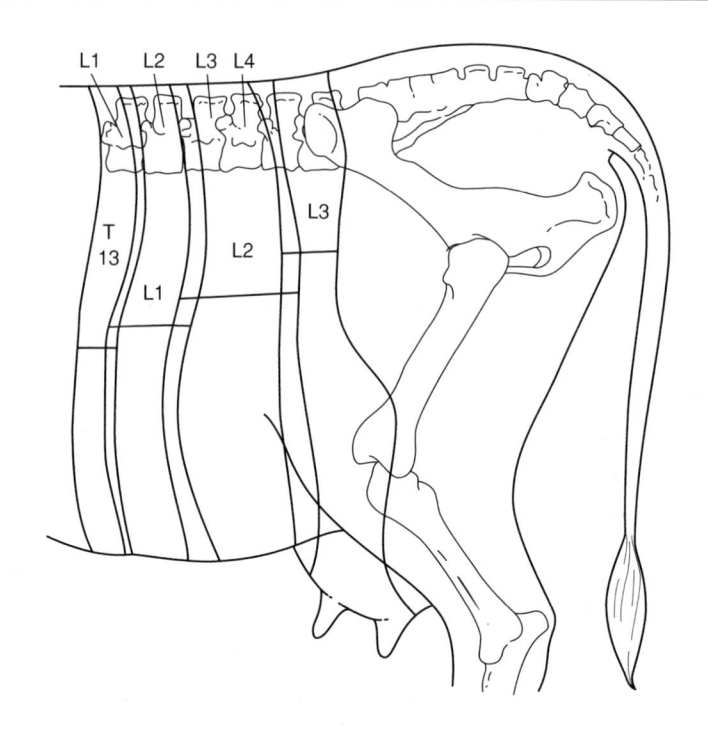

図1-7 左側臁部の神経支配図：脊椎側神経麻酔．
水平線は個々の神経麻酔による皮膚の無痛領域の幅を示す．皮膚知覚帯が重なり合っていることおよび麻酔領域がその神経根より後方にあることに注意する（Dyce&Wensing, 1971より改変）．

- 第二腰神経（腸骨鼠径神経）：膝，鼠径部，陰嚢および包皮，または乳房上の臁部背側後方皮膚
- 第三腰神経（陰部大腿神経）：臁部後方で，特に腹側，膝，鼠径部，陰嚢と包皮，または乳房

長い注射針を刺入する前に，皮膚の無痛覚部をつくるための種々の方法がある．頑丈な外径2.1mmの針を刺入して筋肉の浸潤麻酔を行い，あとで細くて長い針に置き換える．

▌考察

　痩せた牛の腰椎側神経麻酔は容易である。骨格が非常に大きな牛や太った牛では12cmの針が必要である。

　うまくブロックができると局所的な高体温とともに，無痛化側の脊柱が適度に凸状（湾曲する）になる。

　第四腰椎ブロックは中程度の運動失調の原因になることもある。傍脊椎ブロックが臁部の浸潤麻酔より優れた点は次の通りである。

- 麻酔薬用量が少ない
- 手術領域に麻酔薬が存在しない
- 無痛領域が広い
- 作用の発現が迅速である

遠位傍脊椎ブロック（遠位での脊椎側神経麻痺）
▌適応

　近位傍脊椎ブロックと同様。

▌器具

　ディスポーザブル30mLシリンジ，外径0.9mm，長さ3.75cmの18ゲージ皮下針，2％リグノカイン（総量約60mL）

▌手技

- ブロックする神経と無痛化領域は前述の通りである
- 第十三胸神経，第一および二腰神経に対してそれぞれ第一，第二および第四腰椎の横突起先端背側に針を3cm刺入する
- 扇形に10mL注入する
- さらに10mLのリグノカインを横突起の腹側に注入する

臁部の浸潤麻酔（ラインブロック，Tブロックまたは逆7ブロック）
▌適応

　切開部位およびその周辺の浸潤麻酔は適切な無痛化をもたらすことが可能である。

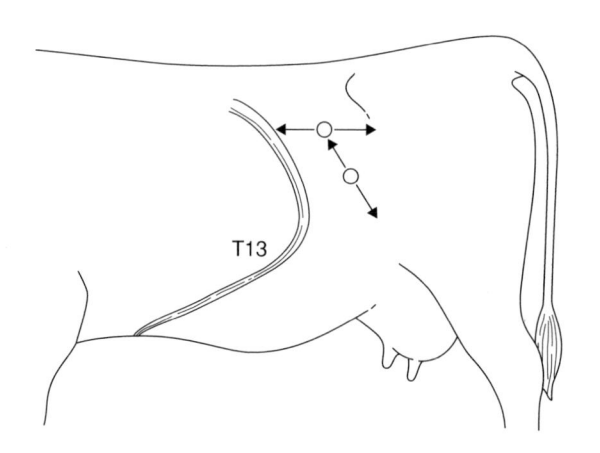

図1-8 臁部体壁のTブロック法による浸潤麻酔：逆7ブロック法で行ってもよい．ブロックのために針で皮膚を貫通させるのは2度だけである．

傍脊椎神経麻酔でうまく麻酔されなかったあとで実施する。この麻酔の利点は簡単なことである。欠点を次に示す。

- 大量の注射液が必要であり，局所の浮腫と出血を生じる
- 組織層にいくらかの歪みができる
- 腹膜の鎮痛効果が乏しい
- 筋弛緩作用が乏しい
- 術後の腫脹が増す
- 術創感染の危険性が増す

▌手技

- 皮下組織，筋層，腹膜上層に3回，別個の操作で薬液を浸潤させる
- 仮想"T"の水平および垂直交差点(図1-8参照)に針を刺入する。この点は，意図する臁部切開創の背側交連を示す
- 針(外径1.1mm，長さ10cm)を前方皮下にすべて刺入し，ゆっくり引きながら2％リグノカイン(アドレナリン無添加)を浸潤させる
- シリンジをはずし，針を皮膚から抜かないようにして後方に向け，そして同様に薬液を浸潤させる

- 深部の組織への浸潤を繰り返す（水平線の浸潤麻酔に総量約60mL）
- 最初の刺入点より10cm下方に針を刺入し，仮想切開線上を同様に浸潤麻酔する（さらに60mL，すなわち成牛で総量約120mL）

すべての浸潤麻酔が完了するまで，皮膚を刺入するのは2回だけであることに注意する。

'逆7ブロック'

膁部の線上浸潤麻酔のわずかな変法が'逆7ブロック'であるが，これは字義の通りである（図1-8参照）。

硬膜外麻酔
▍適応

後方の硬膜外麻酔：腟内および子宮内処置（切胎術など），難産（努責を止める），腟および子宮脱整復術，直腸脱，会陰および尾の手術。

前方の硬膜外麻酔（同じ部位，**多量の麻酔薬**）：膁部切開腹術，後肢と趾の手術，陰茎と鼠径の手術，乳房と乳頭の手術。

麻酔薬を硬膜外腔に注射する。硬膜外腔の後方には神経上膜（硬膜）で包まれた脊髄神経分枝（馬尾），背側と腹側の小さな静脈叢および種々の量の脂肪組織がある。

▍器具

- 10mL（後方の硬膜外麻酔）または30mL（前方の硬膜外麻酔）シリンジ
- 外径1.25mm，長さ5cmの鈍性（ショートベベル型）金属針
- アドレナリンを配合していない2％リグノカイン
- 2％キシラジン

クロロクレゾールやピロ亜硫酸ナトリウムなどの防腐剤を調合してある製剤（Licovetic〈Bimeda〉）は，硬膜外注射には不適である。

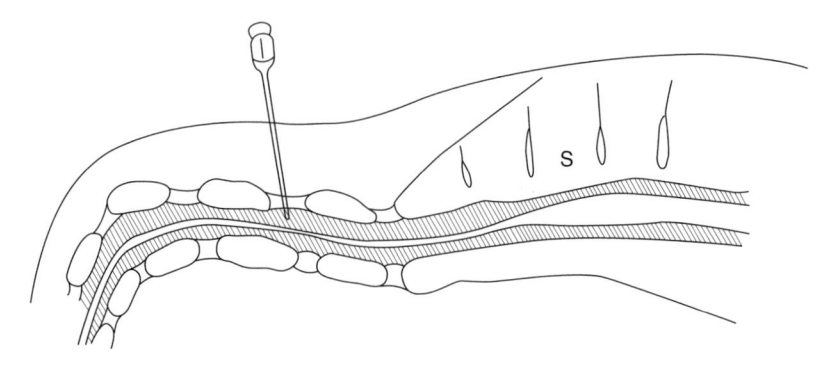

図1-9 第1～2尾骨間での尾側硬膜外麻酔.
S=仙骨；斜線域は馬尾の脊髄腔.

■手技

- 尾を挙上して一番よく動く部位である第一尾椎間隙(Co1～Co2)を見つけ出す(仙椎と尾椎間は実質上動かない)。第一尾椎間は幅が約1.5cm，前後が約2cmである(図1-9参照)
- 注射部位を鋏で刈毛し，消毒する。感染源の侵入は重大な問題であり，尾の永久的な麻痺を招き，会陰部の皮膚や乳房が絶えず糞で汚れてしまう
- 起立している動物では注射針は垂直より15～20度の角度をつくるようにごくわずかに前方に向け，正確に正中に刺入する。針が貫通する組織には皮膚，脂肪，弓間の棘上および棘突起間の靱帯がある
- 約2cmの深さで針先が自在に動く部位を見つける
- 5mLのリグノカインをゆっくり注入する
- "シュー"という音が聞き取れることもある

このときに抵抗があれば針の刺入が深すぎ，軟骨性の椎間板に刺さっているか(針先を左右に動かすことができない)，針先が硬膜外にあって自由に動かせても針の管腔に線維組織が詰まっているかのいずれかである。いずれの場合でも針を抜き，新しい針でもう一度行う。

後方(低位)硬膜外麻酔——リグノカインの用量は成牛で5～10mL，雄牛で10～15mL，子牛で1～3mLである(約1mL/100kg)。後方の硬膜外麻酔によって得られ

る無痛化領域は尾根から会陰部皮膚の腹側までの正中線から25〜30cm側方までの領域である。用量を30mLまで増やすと運動失調が生じ，多くの個体で横臥する。

　前方(高位)硬膜外麻酔――用量は成牛で40〜80mL，子牛で5〜25mLである。後肢の機能は第六腰神経と第一，第二仙骨神経(坐骨神経の供給源)，第五，第六腰神経(閉鎖神経と大腿神経)およびそれよりも前方の神経の知覚喪失に影響を受ける。後肢の機能不全はその程度により，軽度の運動失調や痙攣性の膝および飛節関節の屈曲と伸長を示すものから，後肢の完全な麻痺まで多様である。

■考察

　主な欠点は麻酔のかかりはじめ(運動失調)または回復時に生じる損傷の危険性(股関節脱臼など)である。持続的に起立していられるように回復するには数時間を要するが，尾の感覚が戻るまでは起立を許してはいけない。急に起き上がることを防ぐために，両後肢の飛節の上を一緒にロープで縛って伏臥させておくか，キシラジンまたはアセチルプロマジンにより鎮静しておく。藁の敷き料を入れた独房または囲いに移動させることも考慮すべきである。

　硬膜外麻酔に影響する因子は投与量，体重，妊娠状態および牛の体位である。

■キシラジン――リグノカインの併用

　キシラジンの硬膜外投与後(0.05〜0.1mg/kgの2％キシランジン液を無菌0.9％塩化ナトリウム液または蒸留水で総量5〜10mLになるよう希釈する；または成牛では0.03mg/kgの2％キシランジン液を2％リグノカインで総量5mLにする)の無痛化は少なくとも塩酸リグノカイン(0.2mg/kg)単独で投与したものと比べて少なくとも2倍以上長い(4時間)。慢性裏急後重の牛(3-19，170頁参照)では非常に有用である。会陰の麻酔範囲はリグノカインより不定であるが，乳房や臀部を含んだ会陰領域全体である。副作用は著しい一過性の鎮静，後肢の運動失調，徐脈および低血圧であり，これは無痛効果への影響なしにトラゾリン(塩酸プリスコリン，0.3mg/kg)によって逆転させることができる。

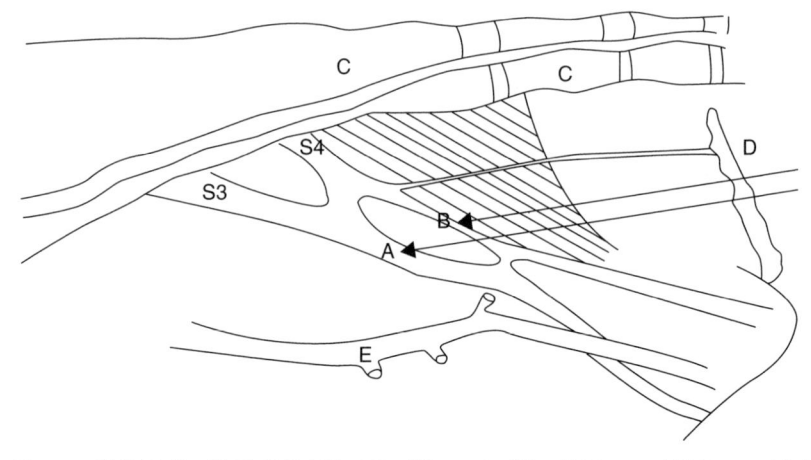

図1-10 陰部(内側の陰部)神経麻酔．図は(第三および第四仙骨からの)神経および右側骨盤内壁および底表面の注射部位(A)および(B)を示す．
(A)は仙坐骨孔のちょうど背外側；(B)はわずかに背尾側；(C)仙椎および第一〜三尾椎；(D)肛門から手を手首まで挿入する；(E)，(A)と(B)の部位からちょうど腹側に内陰部動脈(拍動している！)がある．

陰部(内側の陰部)神経麻酔
▌適応
起立位の動物におけるＳ状曲より遠位の陰茎手術，陰茎脱の検査．
▌器具
外径1.65cm，長さ12cmの注射針，30mLシリンジ
２％リグノカイン

▌手技
　Larsen法は坐骨直腸窩から陰部神経(第三，第四仙骨神経腹枝)および吻合枝の後直腸神経(第三，第四仙骨神経)をブロックするものである．
- 会陰部付近をきれいに擦り洗いし，直腸検査用手袋を履いた手を直腸内に挿入する．肛門括約筋の一手幅より近い頭側の仙坐骨孔のちょうど背外側の仙坐靱帯上の神経の位置を確かめる
- この神経のすぐ腹側にある内陰部動脈の拍動を確認する
- 坐骨直腸窩の一番陥凹した部位から針を刺入し，やや下方に向けて６cm進める(図

1-10参照)
- 直腸内に挿入した手で針先のある場所を確かめ，20〜25mLの麻酔薬(2〜3％リグノカイン)を神経周囲に注射する
- さらに，10〜15mLをやや尾背側に注入する
- 陰部神経の腹枝をより効果的にブロックするために孔の前縁のやや頭側腹方に10〜15mL注入する
- 手を入れ替えて，骨盤の他側にも同様の手技を繰り返す

　短くて頑丈な針(外径2.1mm，長さ2.4cm)を皮膚に刺して局所の浸潤麻酔を行い，さらにこの針をカニューレとしてその中に麻酔を行うための細長い針を通せば操作は容易になる。この方法の代替として後方の硬膜外麻酔(5mL)を行えば，針の刺入部位の知覚はすぐに消失する。

　陰部神経麻酔は30〜40分後に効果が発現し，数時間持続する。この麻酔の最大の利点は牛が起立したままでいられることである。一方，陰茎に分布する神経を硬膜外麻酔でブロックしようとすればさらに多量の注射液が必要となり，ほとんどの症例で後駆麻痺を生じる。

　陰部神経麻酔を成功させる要点は骨盤の目印を清潔にし，目標部を正しく認識するよう経験を積むことである。技術的な失敗は手技の不慣れによるものであり，また麻酔効果発現が遅いことも障害になっている。

陰茎背神経麻酔

　陰茎の弛緩と無痛化をもたらすための陰部神経麻酔の代替方法には，坐骨弓上を通過する陰茎背側の神経の麻酔がある。

■手技
- 陰茎体に近い部位で正中線から2.5cmの皮膚に浸潤麻酔をする
- 針を刺入し，骨盤底に接触するまで進め，そして1cm引き戻す(図1-11参照)
- 針が血管(陰茎背側動脈)内に刺入していないかを確認する
- 2％リグノカイン(アドレナリン無添加)を20〜30mL投与する
- 陰茎の反対側で同じ手技を繰り返す

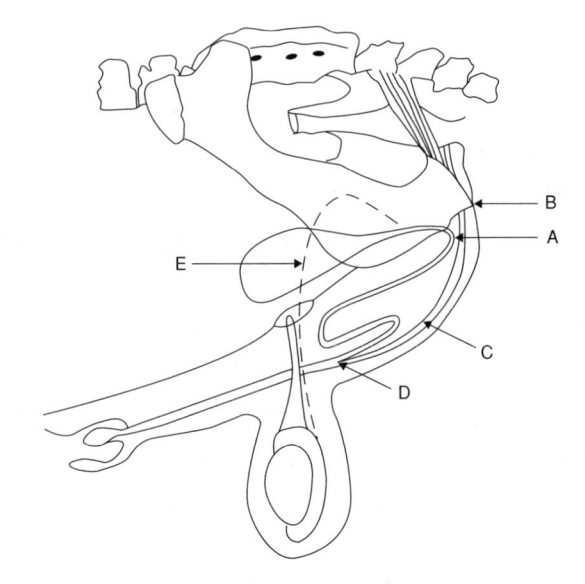

図1-11 坐骨弓での陰茎背神経麻酔.
(A)坐骨結節下で陰茎体を触知できる正中部から2.5cm水平にずらした部位に針を刺入する；(B)坐骨結節；(C)陰茎後引筋と陰茎；(D)陰茎後引筋の停止部位；(E)精管．

麻酔効果の発現は約20分であり，1〜2時間持続する。

乳頭麻酔

▌適応

乳頭麻酔は乳頭損傷の修復(穿孔性瘻管および非穿孔性裂傷)，ポリープ，閉塞を生じるような括約筋障害および過剰乳頭に対する処置に必要である。麻酔は乳頭内視鏡(本書では扱わない)にも必要である。

▌器具

20mLシリンジ，外径1.10mm，長さ2.4cm注射針，ゴムバンド，大きな曲型動脈鉗子

▌手技

- 経産牛または初産牛には鎮静薬を投与する
- 乳房から覆いかかる毛を除毛したあと，乳頭基部に局所浸潤麻酔を行う

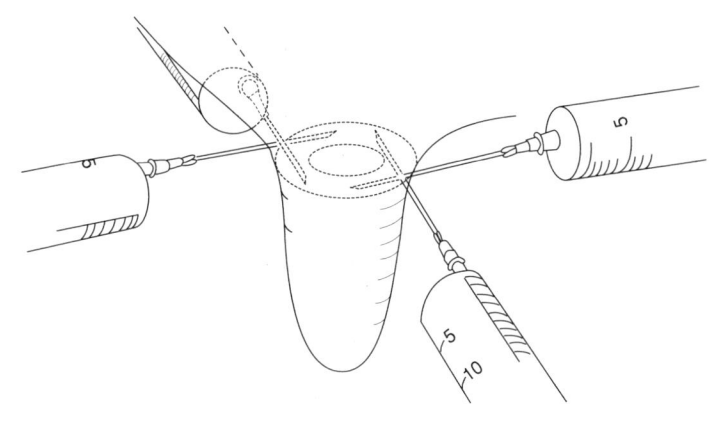

図1-12 乳頭のリングブロック：1〜2 mLの2％リグノカインを乳頭基部の周囲に均等に行きわたらせる．

- 注射針を乳頭の水平方向に向けて皮下に刺入し，1〜2 mLの薬液を周囲ブロック（リングブロック）の要領で皮下に注入する（図1-12参照）
- 麻酔薬を乳頭基部の乳管洞または輪状静脈内に誤注射しても有害ではないが，無痛効果は得られない
- 5〜10分後に無痛になる
- 乳頭基部周囲を止血帯またはDoyen腸鉗子（ゴム付き）で挟み，出血および血液や乳汁が滴るのを防ぐ

■考察

乳管洞への投与は推奨できない。ポリープや乳頭口狭窄症例でさえ，この方法では麻酔効果を期待することは難しい。その理由として，この方法では粘膜だけが麻酔されるため，実際の外科操作が及ぶ皮下組織や筋層が麻酔されないためである。

注射部位から遠位の乳頭部分がすべて麻酔される別の方法として止血帯から遠位の乳頭表面の静脈内に注射する方法がある。この方法では乳頭全域が麻酔されるが，実際には横臥している牛にのみ適用可能である。

趾の静脈内局所麻酔

この方法は簡便かつ効果的であり，煩わしい局所浸潤麻酔や神経麻酔に取って代わ

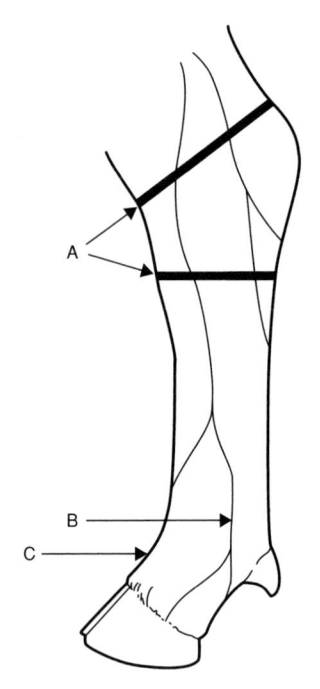

図1-13 静脈内局所麻酔．止血帯を適用できる2カ所(A)，外側趾静脈の注射部位(B)および総趾静脈(〈C〉，基節骨間の繋の深層に存在する)．

るものと思われる。飛節や手根から遠位の疼痛問題に適応され，趾の手術に理想的である。Wopaの枠場での趾の手術では止血帯は不必要である(後述)。

▍器具

丈夫なゴム製チューブの止血帯，止血帯を固定するための金属鉗子，木綿包帯2巻(または同様なパッド材)，20mLシリンジおよび直径1.1mm，長さ4cmの注射針。

▍手技

横臥位の牛に対して：

- 鎮静のためキシラジン(0.1mg/kg)を静脈内または筋肉内投与したあと，患肢を上にして動物を横臥保定する
- 飛節または手根の近位にゴムの止血帯を固く巻く(図1-13参照)

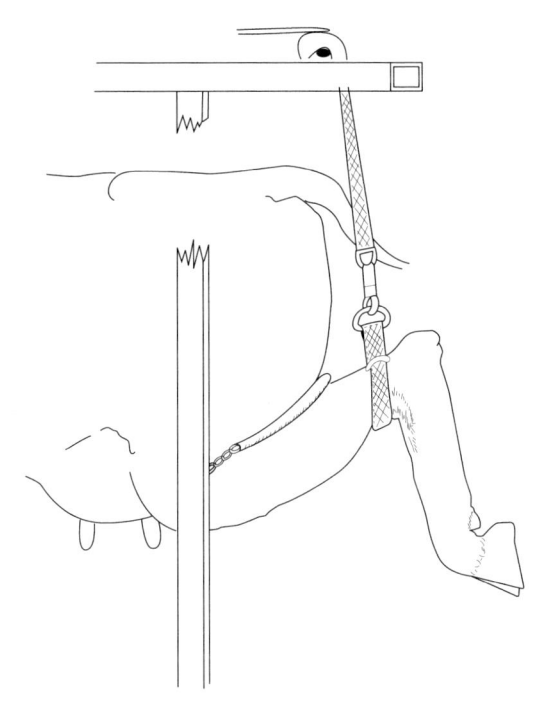

図1-14 Wopa枠場内，起立位の牛の静脈内局所麻酔(IVRA)。外側伏在静脈を閉塞するために効果的な止血帯となるつりひも．

- 後肢では片側のアキレス腱と脛骨の間の陥凹部に包帯のロールを挿入し，その下を走る血管への圧迫を強める
- 止血帯より遠位にある，肢の表層を走るちょうどよい静脈上を毛刈する。後肢では外側伏在静脈または外底側趾静脈が適している(図1-13参照)
- シリンジが接続した外径1.10〜1.65mmの注射針(16〜19BWG)を近位側または遠位側のいずれかに向けて血管内に刺入し，アドレナリン添加または無添加2％リグノカイン20〜30mLをできるだけ急速に投与する
- 血管から針を抜き，皮下血腫を予防するために刺入部位を1分間よくもむ
- 前肢では，止血帯を橈骨の遠位または中手骨の近位の周りに巻き，内側表層の静脈に注射する。例えば橈骨遠位上の橈側皮静脈または手根関節遠位で深趾屈腱上の内浅掌側中手静脈などである

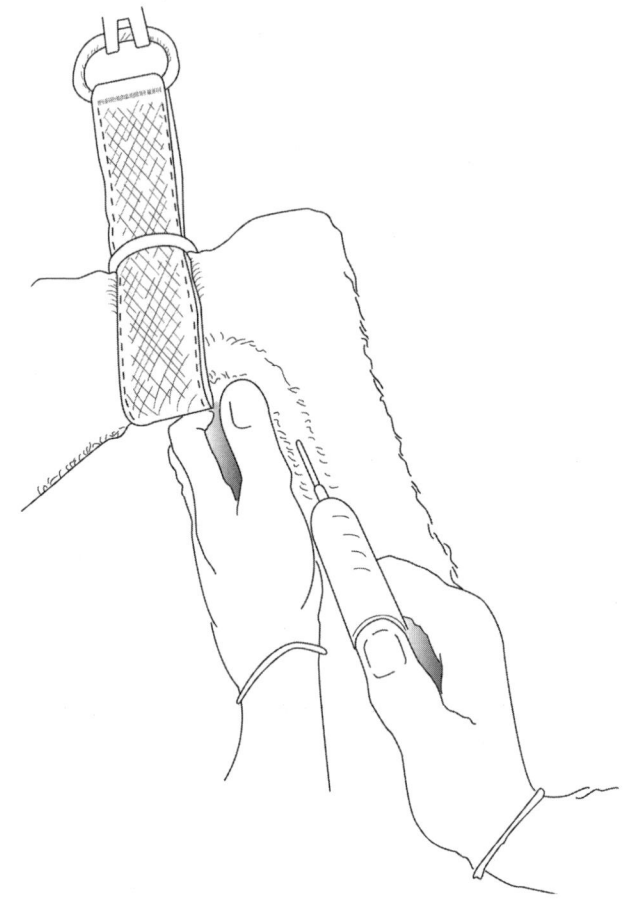

図1-15 外側伏在静脈内への麻酔薬投与の拡大図。静脈の横側を親指で押さえ，静脈を固定すると同時に注射筒を安定させる．

Wopa枠場内で起立位の牛に対して：
- 頭上に固定したストラップと締め金を使って肢を挙上する(ストラップは止血帯として効果的である)
- 中足の近位1/4のところで外側伏在静脈は浮いてみえる(図1-14参照)
- さらに血管を浮き上がらせて固定するために血管の横側を押さえる
- 親指の丸くふくらんだ部分を使って注射筒を固定させながら薬液の入ったシリンジを近位方向へ導く(図1-15参照)

- 5分後に止血帯より遠位で肢全体の無痛が得られ，10分後に最適となり，止血帯がそのままであれば少なくとも90分間は効果が持続する

▍考察

　血管内圧が高いと薬液がより早く拡散するので，麻酔発現速度は注射量で決定される（例えば20mL vs 30mL）。止血帯は1時間装着したままでも安全であるが，これほど長時間を必要とするのは2，3の手術だけである。通常の手術は10〜30分で終了するため，止血帯を安全に取りはずすことができる。知覚は5分以内に回復する。一般的な失敗は止血帯にたるみがあって，深部血管の血流遮断がうまくいかないことによる。趾間部が最も遅く麻酔される。

　止血帯を20分間以上装着した場合に，中毒症状がごくまれに報告されている。中毒症状には嗜眠状態，弱い痙攣およびてんかん発作，振せん，低血圧を伴う多量の流涎がある。リグノカインは急速に肝臓で解毒される。

1-9　全身麻酔

▍適応

　牛での全身麻酔の適応はまれである。通常の局所ブロックや局所浸潤麻酔のどちらも適用できない場合，またはこれらの麻酔がうまくいかなかった場合に適用する。特異な適応症は頭部，頚部，胸部，腹部の広範な手術であり，体壁と腹腔内の実験的操作（例えば胚移植）や最大限の弛緩が必要なほとんどの長骨骨折にも適用される。子牛の臍ヘルニア整復手術のように，完全な無菌手術が望まれる場合にも全身麻酔が必要となる。全身麻酔では，子牛で6〜12時間，成牛では36時間の絶食を行うべきである。飲水制限は子牛では行わず，成牛では12時間を超えるべきではない。

▍全身麻酔の欠点

　牛の全身麻酔のリスクには，吐出，第一胃鼓脹，低酸素化および骨格筋損傷がある。

(a) 吐出およびこれに継発する第一胃内容と唾液の気管，気管支，肺胞への吸引による致死的合発症（壊死性喉頭気管炎および肺水腫を伴う壊死性気管支肺炎）の危険

表1-10 麻酔深度判定のための主要徴候.

	外科麻酔期	深すぎる麻酔深度*
循環器系		
心拍数とリズム	頻脈	徐脈
		切迫した心停止
粘膜の色調	ピンク	チアノーゼ
毛細血管再充満時間	＜2秒	＞2秒
呼吸器系		
呼吸数	ほとんど正常	浅い
		不規則
		あえぎ，無呼吸
一回換気量	やや減少	さらに減少
性状	規則的	不規則
眼の徴候		
瞳孔の位置と大きさ	中等度に収縮	非常に拡張
	おそらく下方に回転	中央に固定
眼瞼反射	あり	非常に遅いまたは消失
角膜反射	あり	遅延
筋・骨格系		
筋の緊張力(下顎，肢)	中等度	弱い，または消失
その他の徴候		
嚥下反射	なし	なし
唾液分泌	あり，大量	なし
涙液分泌	あり	なし

*麻酔深度が深すぎる時に実施すべきこと；
・時間を確認する
・気道の開存をチェックする
・ガス麻酔薬の投与を中止し，酸素を与え，人工呼吸を行う
・心拍数をチェックする(5秒間)
・呼吸数と性状をチェックする(5秒間)
・その他の生命徴候をチェックする(上述)

がある。それ故に気管チューブの挿管はこれらの問題を避けるために必須である

吐出に影響を及ぼす因子：

- 麻酔深度(表1-10参照)——浅い麻酔は能動的な吐出を起こし，麻酔深度が深いと受動的吐出が起こる

- 第一胃の拡張または鼓脹の程度
- 第一胃内容の液性
- 体躯と頭部/頚部の位置
- 動物のもがきや保定のための体位の変換
- 唾液量
- 麻酔時間

(b) 重度の第一胃鼓脹の危険性（前述および後述参照）
(c) 重度の肺有効拡張不全によって次の危険性が生じる
- 第一胃鼓脹に継発する腹部拡張による横隔膜の圧迫
- 不適切な循環および血圧（換気血流比不均衡）による下側肺の酸素飽和度の相対的低下。下側肺由来の低酸素飽和度血流と上側肺由来の高酸素飽和度血液の混合による全身酸素飽和度の低下，二酸化炭素濃度増大（高炭酸血症）

(d) 麻酔の導入と覚醒時の脱臼，筋炎，神経麻痺などの骨格筋損傷の危険性
(e) ガス麻酔器の価格と大きさ，およびこれらの使用のための適切な専門知識

▌器具

　3〜6カ月齢以上の牛の全身麻酔用装置は馬用のものと同じである。牛の全身麻酔では気管チューブの挿管は必須である。

　揮発性およびガス性麻酔装置には循環式と往復式があって，流量計により分配された酸素によって気化するハロセン（Fluothane®,〈Schering-Plough, Mallard Medical〉），イソフルランまたはセボフルランの目盛付（0〜5％）または目盛なし気化装置とともにソーダライムキャニスターおよび再呼吸バックと組み合わされている。このような装置における最小気道内径は4cmである。

　子牛の揮発性またはガス性麻酔薬による全身麻酔装置は，Boyleの循環麻酔器のような大型犬用装置と同じである。理論的には不適当であっても気道の口径は副作用を生じる要因とはならない。子牛用気管チューブの内径は12〜16mm，成牛用は2.5cmが適当である。シリコンPVC製チューブはゴム製気管チューブ（成牛用）と比べて価格は約1/4である。

ガス製または揮発性全身麻酔用器具のリスト：

- 麻酔装置——循環式または往復式
- 気管チューブ(子牛〜成牛：12〜25㎜)
- カフを膨らませたり，空気を抜くためのシリンジ
- 開口器(Drinkwater型など)
- 喉頭鏡(Rowson型)(任意)
- 気管チューブを挿管するためのガイド用経鼻胃管(随時)
- ハロセン，イソフルランまたはセボフルランと酸素
- 第一胃用套管針およびカニューレ

静脈内麻酔薬

牛の全身麻酔用静脈内注射液は次の通りである：

- チオペンタールナトリウム——10％注射液として，キシラジン前投与10分後に1 g/100kgを急速静脈内投与するが，キシラジンを前投与しないなら1.2 g/100kg投与する。血管外に注射すると刺激が強いので，偶発的に血管外に漏れた場合には血管周囲の壊死や皮膚の腐肉形成を防ぐためにヒアルロニダーゼを添加した500mLの生理食塩液を浸潤させる必要がある。麻酔時間は5〜8分で，起立するまで30〜60分を要する。若齢子牛には不適当である
- ケタミンとキシラジン——ケタミン(10mg/kg)を静脈内投与した10分後にキシラジンを静脈内(0.1mg/kg)または筋肉内注射(0.2mg/kg)する。全身麻酔は少なくとも15〜35分間持続する。覚醒は比較的速い。両薬剤を1本のシリンジに混ぜて筋肉内投与することができる
- 抱水クロラール——牛の全身麻酔としては適さないが，安価で，鎮静薬として使用されている(33頁参照)
- ケタミンとグアイフェネシン——1 gのケタミンを5％グアイフェネシン1Lバックまたはボトルに添加する。この併用薬の有効投与量は約0.2〜0.5mL/kg/時であり，数時間維持可能な満足のいく麻酔効果が得られる

ここに挙げた静脈内注射液により全身麻酔を行う際には，注射後にできるだけ早く気管チューブを挿管すること。チューブは明らかな発咳反射または嚥下運動を認めたときにだけ抜管する。チューブが気管粘膜との間で動き，気管支分岐部方向に押し込

まれることによる壊死性気管支気管炎を防ぐために，抜管はチューブが喉頭に達するまでカフを膨らませたままで行う。

▮Immobilin™/Revivon™──大動物用製剤

　保定および外科処置をするための無痛化を伴う可逆性神経遮断麻酔法は大動物用Immobilon™を用いて実施できる。大動物用Immobilin™の主剤はエトロフィンであり，アセチルプロマジンが配合されている。牛への使用は承認されていないが，ほかの保定方法ではあまりにも危険であると思われるような例外的な状況において使用することがある。

　この薬剤は熱帯アフリカで多くの動物種に効能外使用されているが，英国では公共の場で怒り狂っている雄牛および去勢牛などの凶暴動物の保定以外に使われることは，きわめてまれである。

警告：エトロフィンはいかなるルートから吸収された場合でも術者の生命に対して脅威となり得る。最大の注意を払うべきである。Immobilon™を使用するときは必ずその前に拮抗薬であるRevivon™を適量，2番目のシリンジに入れておき，アクシデントが起こったらすぐに静脈内投与できるように反対の手に持っておく。医療補助員を呼ぶ前に拮抗薬をどのように使用するのか，そしてどうやって投与するのかをいつも他の人にあらかじめ説明しておかなければならない。

▮適応

　凶暴かつコントロールができない牛を保定するためにダート銃を使用する（筋肉内投与など）。

用量

　体重50kg当たりImmobilon™を0.5〜1 mL，ダーツ用シリンジで筋肉内投与する。牛は数分後に横臥し，約45分間不動状態が維持される。通常，全身性の筋肉振せんおよび不十分な筋弛緩が生じる。

　拮抗薬として同量のRevivon™（塩酸ディペノルフィン）を静脈内投与する。回復は一般的に最小限の騒乱と鳴き声を伴う。必要に応じて初回静脈内投与後，半量のRevivon™を皮下投与することができる。

使用上の注意(大動物用Immobilon™/Revivon™の英国データシートより)

自己注射の事故を防ぐため，2本の無菌針を使用し，1本はシリンジ内に液を満たすため，2本目は動物に注射するために用いる。バイアルから計算した用量を抜いたあと，シリンジから針をはずす。注射する直前に新しい針をシリンジに装着する。それぞれの針はラベルの貼ってある閉鎖式容器に廃棄する。使用者はゴム製手袋を装着し，バイアル内容を加圧してはいけない。獣医師はアシスタントに偶発事故の際の手順と拮抗薬剤(大動物用Revivon™)の投与について必要な指示を与え，Immobilon™が不慮の接触によって皮膚，粘膜(口腔，目)を介して，また注射によって吸収されることをすべて説明をしておかなければならない。

Immobilonは毒性が高く，目眩，悪心，縮瞳し，その後すぐに呼吸抑制，低血圧，チアノーゼ，意識消失および心停止を引き起こす。

読者は，牛の全身麻酔をさらに詳細に知るために本章の57～60頁を参照するとよい。

1-10　ショック

ショック状態では組織灌流障害が存在する。ショック病変の成因は
- 適切な灌流を維持するための恒常性機構失調
- 種々の血管作動性ホルモン，アミド，ペプチドおよびキニンなどの過剰産生により恒常性機構自体が組織灌流を減少させる

ショックは最終的に治療困難となる。不十分な組織灌流は血流によるもので血圧に起因するものではない。病変は不完全な灌流による低酸素症と代謝産物の蓄積が原因である。基礎病理：細胞および組織の壊死，静脈循環中の出血およびフィブリン血栓(Shwartzman)。ほとんどの器官にも病変がみられる。

牛の臨床上，ショックは様々な状態に起因する。例を挙げると
- 大量の出血による血液量減少性ショック，すなわち循環血液量が80%以下に減少する(65%以下に減少すると危険な状態)
- 脱水，例えば10～12%では重症，15%を超えると危険な状態

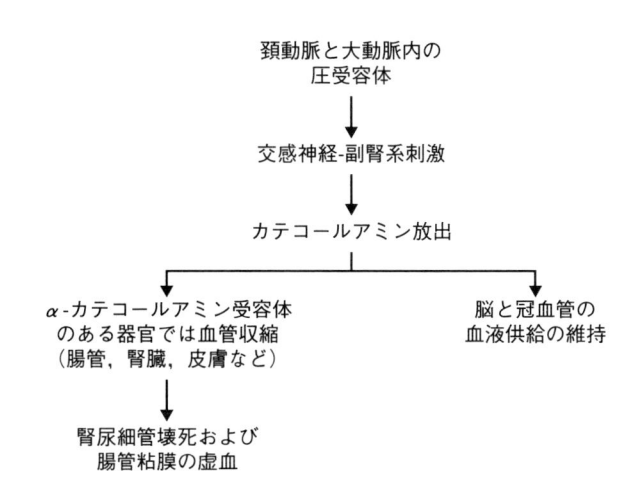

```
            頸動脈と大動脈内の
              圧受容体
                 ↓
            交感神経-副腎系刺激
                 ↓
            カテコールアミン放出
            ↓                ↓
   α-カテコールアミン受容体      脳と冠血管の
    のある器官では血管収縮       血液供給の維持
    （腸管，腎臓，皮膚など）
            ↓
      腎尿細管壊死および
       腸管粘膜の虚血
```

図1-16 重度の出血とショックに続く反応の要約.

- 火傷，例えば第3度の火傷が体表の25％以上
- 感染——敗血症性ショック，特にグラム陰性細菌はエンドトキシンを遊離する（全身性Shwartzman反応など）
- 壊疽を伴う末梢血管の病変
- 脊髄神経麻酔（前方または硬膜外麻酔，1-8，47〜49頁参照）
- 急性溶血性疾患

　重度の全身失血による血圧低下は因果的連鎖を引き起こす。すなわち動物は脳と冠動脈に十分な血液供給を維持しようとするが，それがその他の組織障害につながる（図1-16参照）。このような牛では多くの場合，迅速な輸液療法が最も重要な治療手段である。

表1-11 体液補充療法として輸液に用いる代表的な6種類の輸液剤の比較.

	電解質濃度(mEq/L)						
	Na$^+$	K$^+$	Ca^{++}	NH$_4^-$	Cl$^-$	HCO$_3^-$	乳酸$^-$
正常血漿	140	4	5	0	103	25	5
0.9%NaCl	154	0	0	0	154	0	0
リンゲル液	145	4	6	0	155	0	0
乳酸リンゲル	130	4	3	0	109	0	28
高張食塩液(7.2%)	1,200	0	0	0	1,200	0	0
アンモニウムKCl液*	0	75	0	75	150	0	0

*Whitelock, R.H., et. Al. (1976) Proceedings of the international Conference of Production Diseases of Farm Animals, 3edn. Wageninge, The Netherlands, pp.67-9

1-11 輸液療法

■はじめに

体液と電解質欠乏の補正は,第四胃右方捻転(3-7, 141頁参照)や重度で長時間を要し,中毒症状を示す難産のような,重度のショックや失血時に必須である。水欠乏の原因には食欲不振,嚥下困難,下痢,高浸透圧がある。

体液

脱水は体液量の総減少量の割合として表現され,次のように評価する：
- 皮膚つまみテスト＞3秒
- 毛細血管再充満時間の延長(＞4秒)
- 眼球がくぼむ,または眼球陥没。7 mmのくぼみがあれば約12%の脱水である

欠乏量を補充するための必要量(補充量)はごく簡単に算出できる：補充量(L)＝体重(kg)×脱水率(%)。例えば,500kgの牛が10%脱水を呈していれば,50Lの輸液が必要である。

静脈内カテーテルは一般的に皮膚消毒後に頚静脈内に挿入する(Cathlon®IV, Johnson&Johnson, Intracath®, Becton Diclcinson, 子牛用には16ゲージまたは19ゲージ,成牛の急速投与用には10ゲージまたは12ゲージ)。

高張食塩液(HS)(表1-11参照)

高張食塩液(HS)は重度脱水を含む血液量減少症性ショック,出血性ショック(大規

模な失血)およびエンドトキシンショック(例えば,第四胃右方捻転の整復後)の輸液療法において大きな利点がある。

■手技
- 7.2%無菌高張食塩液,4 mL/kg(例えば600kgの牛で2〜3 L)を10G針(Intracath®)を用いて5分で静脈内投与する
- 血管周囲への投与は避ける(組織壊死)
- すぐに新鮮な水を制限なく飲むかどうかを確認する(ほとんどの牛が投与後10分の間に20〜40Lを飲水する)
- 動物が5分以内に飲水しなければ,20Lの水を胃カテーテルを用いて経口投与するか,生理食塩液を静脈内投与する
- 高張食塩液の静脈内投与は24時間後に1度だけ再投与してもよい

　高張食塩液の投与は経口電解質または静脈内生理食塩液(投与量は前述)を併用すると重度の下痢症および脱水症(＞8％)を呈した子牛の救急救命処置として,有用である。

電解質
■はじめに
　理論的には,輸液剤は実験室内検査によって個々の動物が必要とするものが判明した後に選択する。しかしながら,これを農場で実施することはできない。一般的に,牛の外科疾患に関連した酸塩基平衡および電解質異常は一貫したものである。脱水牛では代謝性アルカローシスが代謝性アシドーシスの2倍存在する。アルカローシスは塩素とカリウムが豊富な輸液剤を投与することによって治療する。十分な循環量および電解質を投与すれば,通常,腎臓がアルカローシスを補正できる。

　経口輸液剤はストマックポンプに接続した食道カテーテルを用いると,迅速に投与することができる(例えば,20Lのブドウ糖液または生理食塩液を3分以内に投与)。食道カテーテルは牛の歯でちぎれないよう外表に覆いがあり,その一端に鼻環が付いていて鼻孔に固定できるようになっている。経口輸液は静脈内輸液と併用することで成牛の脱水症を容易に補正でき,また潜在性ケトーシスなどでは単独で予防できるこ

ともある。

■電解質補充のルール(表1-11参照)

- Kは第四胃捻転で減少し，代謝性アルカローシスではKClを用いて補充するべきである(3-7, 141頁参照)
- Kは下痢のときにも減少し，代謝性アシドーシスを示す：K_2CO_3を用いて補充する
- Naは第四胃捻転で減少し，代謝性アシドーシスを示す：0.9％NaClまたはKClを補充するべきである

■電解質量の計算

(a) 総細胞外液量(ECF)の計算：ECF(L)＝体重(kg)×0.3。例えば，500kgの牛ではECFは150Lである
(b) NaおよびClの欠乏量は生化学検査によって評価する：正常値と検査値の差が1L当たりの欠乏量である
(c) 血漿中K濃度から算出した欠乏量はあてにならない。しかし，以下のことが満たされれば，この計算量の2倍が安全に投与できる
    - 腎臓機能に問題がない
    - K^+はK_2CO_3またはKClとして他の輸液剤に混ぜ10～20mEq/Lの濃度に希釈し，投与速度を成牛(500kg)で100mEq-K^+/時を超えないようにする。K^+はあとで飲水中に添加して容易に投与することができる(K_2CO_3またはKClとして約40mEq/L)

1-12　抗菌薬による化学療法

■はじめに

　抗生物質は，十分な無菌的手術手技に変わるものではないし，深層部の壊死や化膿病巣のコントロールを期待するものではない。これらの抗菌薬は宿主本来の防御機構の補助としてとらえるべきである。主たる目的は，病畜の栄養状態，電解質および酸塩基平衡の迅速な回復とともに，適切な創面切除，壊死組織の除去，排液と洗浄によ

表1-12 牛の一般的な病原菌に対して感受性のある抗菌剤のガイドライン(脚注参照).

微生物	抗生剤	
	第一選択	第二選択
Arcanobacterium pyogenes	アモキシリン(C)	ペニシリンG(C)
Staphylococcus aureus		
ペニシリナーゼ(－)	ペニシリンG(C)	アモキシリン/クラブラン酸(C)
ペニシリナーゼ(＋)	オキサシリン(C)	アモキシリン/クラブラン酸(C)
Clostridium spp.	ペニシリンG(C)	テトラサイクリン(Cl. Tetani)(C)
Escherichia coli	マルボフロキサシン(C)	アンピシリン(C)
Fusobacterium	セフチオフル	ペニシリンG(C)
		テトラサイクリン(S)
Enterobacteriaceae	アミノグリコシド類	カルベニシリン(C)
	マルボフロキサシン(C)	
Klebsiella	マルボフロキサシン(C)	セファロスポリン(C)
Pasteurella	セフチオフル	テトラサイクリン[+](S)
	エンロフロキサシン[++]	トリメトプリム＋サルファ剤(S&C)
Proteus mirabilis	アンピシリン (C)	マルボフロキサシン(C)
その他の*Proteus*	マルボフロキサシン(C)	カルベニシリン(C)
Salmonella	トリメトプリム＋サルファ剤(S&C)	アンピシリン(C)
Streptococcus	ペニシリン(C)	アモキシリン/クラブラン酸(C)

注）抗生剤の承認状況，検査所および国によって大きく異なるため，近隣の獣医検査所のアドバイスを受けること！
(C)＝殺菌性; (S)＝静菌性;(S&C)＝高濃度でのみ殺菌性
[+]テトラサイクリンに対する*Pasteurella* spp.の耐性が幅広く認められている；代用薬としてサルファクロルピリダジンまたはエリスロマイシンがある
[++]米国では肉牛への使用が制限されている

って，これらの防御機構を改善することである。

　ひとつの例は敗血性関節炎で，生理食塩液による関節洗浄がなされたり(7-27，312頁参照)，ときには根治的な開関節術がなされるような症例で，全身と局所の抗菌薬による化学療法が必要とされる。健康な牛に対する無菌手術では抗生物質の予防的使用は必要ではない(第四胃左方変位牛の第四胃固定術，眼瞼内反手術など)。

　しかし，腹部手術，開放性骨折の整復手術，非無菌的な侵襲的処置では，予防的化学療法が必要である。抗菌薬の投与は手術直前に実施し，手術をはじめるときには十分な治療濃度に達しているべきであり，静脈内投与が望ましい。抗菌薬の予防的投与量と治療的投与量は同じである。

　腟からの長時間介助や，死亡胎子による難産後の帝王切開術，広範な縫合を必要とする直腸断裂などの汚染部位，または汚染手術の場合においては，抗生物質の適切な

表1-13 感受性検査で感受性があっても治療効果の上がらない要因.

吸収の阻害
排泄の増加
有害な薬物相互作用
局所への到達不足/排液不足
食菌作用の減退
拮抗薬物
重複感染
正常な宿主防御能の障害
基礎疾患の存在
遺伝子型また表現型の薬剤抵抗性
耐性

表1-14 抗生物質療法にうまく反応しない場合に考えられる要因のリスト.

排液など，同時に行う外科/機械的処置の欠如
不適当な薬物選択，または不適当な投与量
感受性検査：*in vitro*での菌の耐性
改善されていない誘因や管理要因
細菌性ではないなどの誤診
免疫能障害
体液電解質，酸塩基平衡異常，栄養不足
伝達物質の放出，細胞崩壊物質，浮腫，組織崩壊，凝固，灌流または浸透障害を伴う炎症
嫌気性菌を含む混合感染の不十分な管理
感染部位での抗菌濃度到達前における毒素形成
治療，予防，成長促進に使用したことによる薬剤耐性
投薬の順守
基礎疾患または併用薬
有害反応：毒性

組織濃度の迅速な到達と，3～5日間の連続投与の必要がある。最初の抗菌薬の選択は常に任意であり（広域スペクトラム），その後は感受性試験の結果に従って変更するとよい。

　最も一般的な牛の病原体およびその感受性を表1-12に示した。感受性は地域および国によって異なる。

　感受性検査に基づいた治療にもかかわらず治療効果の上がらない要因を表1-13に示した。抗菌薬治療に反応しない理由には，その他さまざまな要因が考えられる（表1-14参照）。

表1-15 英国および米国(2004/2005)における化学療法薬の治療有効期間と残留期間.

薬剤	治療有効期間(日)	乳出荷停止 英国	乳出荷停止 米国	肉出荷停止 英国	肉出荷停止 米国
セフチオフルNa(Naxcel®)	1	0	0	0	0
セフチオフルHCl(Excenel®)	1	0	0	8	0
トリメトプリム/サルファ剤	1	6.5	2.5	34	5
オキシテトラサイクリン 100	1	4	4	21	7〜22
オキシテトラサイクリン LA	4	7	4	14	28
ペニシリンGプロカイン	1	2〜5	2	3〜4	10
ペニシリンGプロカイン＋ストレプトマイシン	1	2.5	2	23	30
アンピシリン	1	1〜7	2	18〜60	6
エリスロマイシン	1	2	3	7	14
アモキシリン	1	1〜7	NP	18〜42	25
フラマイセチン	1	2.5	NA	49	28〜38
セファレキシンナトリウム	1	0	4	19	4
フロルフェニコール(Nuflor®)	2	NP	NP	30〜44	28〜38
クラブラン酸/アモキシリン(Synulox®)	1	2.5	—	42	—
エンロフロキサシン(Baytril®)	1	3.5	NP	14	28

NA=入手不可，NP=未承認
英国の読者は最新のデータシートおよび最新のNOAH Compendiumを参照する．
米国の読者はCenter for Veterinary Medicineを参照する．詳しくは付録3(322頁)
薬物は種々の剤型や濃度で投与されるため，乳，肉の出荷制限は一様ではない：常にその薬剤の能書をチェックする．

　搾乳牛では乳汁中の残留期間を考慮しなければならない(表1-15参照)。現行として，塩酸セフチオフル(エクセネルRTU®無菌懸濁液など)は乳汁中の残留時間が0である最も一般的な全身性抗菌薬である。

　要点としては，牛において抗菌薬を選択する際には，組織感受性，薬物の予測組織レベル，薬物の安全性に関する信頼度，経費および各国での効能外使用の許容範囲などに基づいて行う。

　手術後の鎮痛にはフルニキシンメグルミン(Finadyne®〈Schering-Plough〉)やケトプロフェン(Ketoprofen®〈Rhone Merieux〉)またはメロキシカム(Metacam®〈Boehringer Ingelheim〉)を用いる。米国において標示用量ではフルニキシンメグルミンの肉への残留は10日間，乳汁中の残留は3日間となっている(英国ではそれぞれ5および1日)。

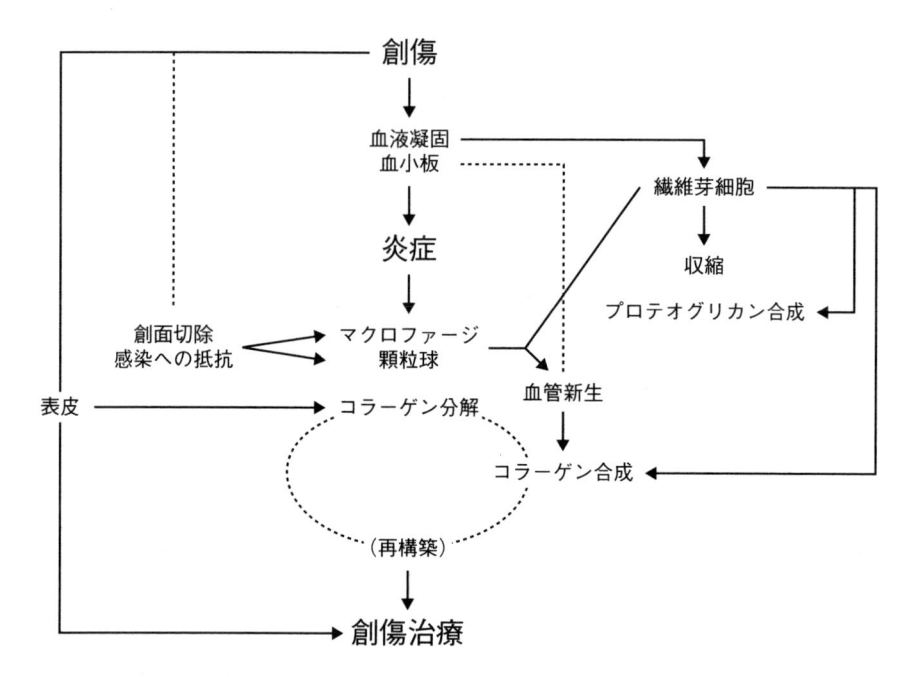

図1-17 創傷治癒の基本的過程.

1-13 創傷治療

創傷の外科的処置を成功させる要因は：

- 徹底的な創面切除
- 丁寧な止血
- 死腔の排除
- 器具の適切な使用
- 排液管の適切な使用
- 適切な縫合

　治癒過程はすべての動物種で基本的に同じであり（図1-17参照），これらは牛においてもすべて当てはまる。牛の創傷は幸いにも馬でよくみられるような多量の肉芽組織を形成することなく治癒する。

創面切除は，特に創(例えば乳頭)を縫合したり，汚染が著しい部位では必須である。

止血は，細菌の発育に理想的な培地となる死腔内の血腫形成を防ぐ。

死腔には，血腫形成を防ぐために24〜48時間，滅菌ガーゼを充填しておくとよい。

排液管は，ある種の長骨々折，胸部または皮下や深部の感染創(例えば開腹切開創)を除いて牛に必要とされることはまれである。必要な場合とは——
- 1日数回の洗浄が必要な場合
- 定期的に切開創下部を再切開をすることなく，感染物の排液を確保したい場合

創傷の縫合は：
- 感染した創傷を縫合してはいけない

創傷の洗浄は：
- 少量の滅菌生理食塩液よりも大量の清潔な非滅菌水(水道水など)の方が価値がある
- 洗浄液が深部創のすべてのポケットに確実に達するようにする
- 3％過酸化水素水，または1％クロルヘキシジン液による洗浄は膿や挫滅組織の排除を促進する
- 適切な閉鎖式ドレナージ(吸引ドレナージ，Dedon型ドレイン)を使って死腔の形成を防ぐ

皮膚縫合：有鞘の多線維ポリアミド重合体(vetafil®, Supramid®〈Braun〉など)，単線維ナイロンまたはポリプロピレン縫合糸による単純または結節縫合。

感染創深部の縫合：ポリグリコール酸(PGA)，ポリジオキサノン(PDS)

排液管：
- ペンローズ
- シリコン

- ポリプロピレン，深部組織に使用し，多孔性で，しなやかで薄い

1-14 冷凍療法

■はじめに
本法の利点は：
- しばしばメスを使った手術よりも迅速である
- 出血がごくわずかまたはない
- 術後合併症が比較的少ない
- 低温免疫現象が腫瘍の再発を遅延または防止する

欠点はほとんどない：
- 組織壊死による不快な臭気
- 冷凍をコントロールできないため健康組織まで破壊してしまう危険性がある

冷凍剤には次のものがある：
- 液体窒素(N)(沸点$-196℃$)
- 酸化窒素(N_2O)($-89.5℃$)
- 二酸化炭素(CO_2)($-35.5℃$)

■器具
　器具は小さくて容易に持ち運びのできるもの(特殊な真空ビン)，あるいはFrigitronics CE-8などのように大きくて重いものもある。術者はディスポーザブルの防御用プラスチックグローブを着用し，皮膚への冷凍剤の接触を避けるべきである。治療中は患部が静止した状態を維持しなければならないため，デリケートな冷凍療法には全身麻酔が必要である。

■手技
- 患部を洗浄および乾燥させ，初期接着をよくするため少量のパラフィン・ゼリーまたはワセリン(KY®ゼリーなど)を塗布する

- スプレーで冷凍療法を行うのであれば，プラスティックシートまたは薄層ワセリン付シートで周囲を覆う
- 適当な大きさのプローブ(フラットで直径10mmまたは20mmなど)またはスプレーアタッチメント(スプレー密度によって，外径2.36〜1.25mm針がある)を選択する
- 術部と垂直かつ接近して器具を保持するため，必要であれば自由に曲げられる延長器具を装備する
- 可能であれば，手術周囲の生存組織に熱電温度計を挿入する：-20℃までの降下は危険であり，直ちに冷凍療法を中止する
- 牛ではほとんどそうであるが，熱電温度計がない場合，氷球の大きさや冷凍療法部位を指で確かめるのがよく，この方法は信頼できる
- 急速冷凍と緩速解凍するサイクルを作る：液体窒素(N)では2回，酸化窒素(N_2O)または二酸化炭素(CO_2)では3回のサイクルが必要である
- 指による触診によって氷球の程度を推察する。プローブは自然解凍後または自動解凍装置作動後に取り外す
- 冷凍組織が完全に解凍するまで冷凍療法を繰り返してはいけない。この手技は一連の急速冷凍-緩速解凍のサイクルがうまくいくかどうかによる
- 健康な肉芽表面を残して，7〜10日のうちに組織が脱落することを畜主または農家に知らせておく。末梢の内側から正常な上皮形成が起こるように肉芽の表面を清潔に保つ

▌考察

冷凍壊死の程度に影響する要因は：
- プローブの温度——液体窒素は生体のどの組織を冷凍させることも可能である
- プローブチップの大きさ——直径が大きくなるほど冷凍組織量が増大する
- スプレー口径の大きさ——口径が大きいほど病変部に冷凍剤が高濃度に散布され，その結果，非常に急速に冷凍され，冷凍組織量が増加する。液体窒素の場合，スプレー法の方がプローブ法より深部組織へ急速に液体窒素が到達する。しかし，プローブ法の方が正確である
- 冷凍時間——温度が-20℃以下で1分間またはそれ以上行うと，すべての生存組織が冷凍壊死を起こす。冷凍時間が長いほど，大きな氷球ができる

1-15　尾骨の静脈穿刺

■はじめに

　ごく簡単な保定とほとんど助手なしで10mLまでの静脈血液を採取できる。頚静脈や腹皮下静脈(乳静脈)からの採血に比べて明らかに有利である(後者は推奨しない)。感染の危険性は最小であり，ときに生じる血腫形成は大きな問題とはならない。

■手技

　採血には外径0.9mm，長さ4cmの針をねじ込んだプラスチックホルダー内にエデト酸(EDTA)またはヘパリン添加，あるいは抗凝固剤無添加の真空採血管(Vacutainer®〈Becton Dickinson, Rutherford, NJ〉)を挿入して用いる。ほかに，外径0.8mm，長さ2cmの針をポリプロピレン性注射筒(5～10mL)に装着して陰圧をかけて吸引する方法もある。

- 牛床では鎖または頭絡で頭部を保定するか，保定枠場または頭部保定枠場内で保定する(用手での保定は滅多に必要ない)
- 尾の中央1/3の部分を握り，ほとんど垂直になるまで尾をゆっくり上げる("尾を押しあげる"図1-18参照)
- ペーパータオルまたは綿花で尾の糞便による汚れを拭い取る
- もう一方の手で，第六～七尾椎部で尾の皮膚のヒダ形成部のすぐ尾側正中の静脈を触知する
- 正中腹側の骨の隆起のすぐ頭側で約8～12mmの深さに針を刺入し(真空採血管では採血管内に針を挿入する)，血液が流入するまで針を手前に少し引き戻す
- 最初にうまくいかない場合には，尾の緊張をやや緩めて同じ部位で実施する。そうでなければ第五～六尾椎で試みる
- 静脈穿刺後，穿刺部をマッサージしてはいけない

　ほかに第三～五尾椎で実施することを勧める報告もあるが，解剖学的研究ではより近位だと静脈は椎体の腹側溝の正中よりも右側に存在することが知られている。

　少数例で血腫ができることもあるが，これは2，3日で消退する。この手技で血栓性静脈炎や静脈の完全閉塞が生じることはなく，数日または数週後に容易に繰り返し

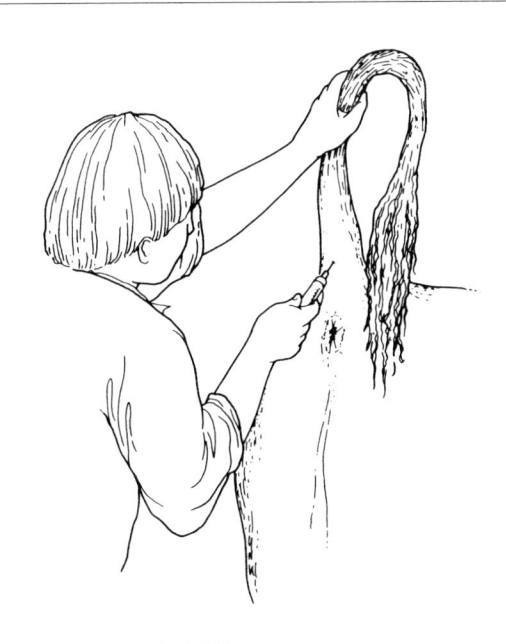

図1-18　尾静脈から採血するための保定方法.

採血することができる。

1-16　遺伝的欠損
■はじめに

　1960年代まで牛の先天異常はほとんどが遺伝によるものと考えられていた。これに関する獣医師，ブリーダーおよび遺伝学者らの態度はわずかではあるが明らかに変化している。"先天性"は"遺伝性の"あるいは"遺伝的"とは同義語ではない。今なお情報が非常に不足している。少数例では外科的に矯正することができるが，このような欠損が遺伝性のものと考えられる場合，その動物を繁殖に用いるのを避ける方策をとるべきである（去勢など）。

　牛の先天異常の発生率は0.2〜3％であり，その40〜50％は死んで生まれてくる。ほとんどの欠損は外部からみて分かる。先天異常は子牛の価値を低め，またしばしば異常のない血縁牛の価値をも低める。先天異常が胚や胎子死を伴う場合，経済的損失は

さらに増大する。その損失は難産によって生じる分娩間隔の延長や，その後の不妊症によってさらに大きくなる。遺伝的な欠損の発生がある場合には，育種計画をあまり人気のない，儲けの少ない家畜の導入に変更する必要があるかもしれない。

獣医師，生産者，遺伝学者の緊密な協力が必要であり，繁殖記録をきちんと取ることがきわめて重要である。

▍実例

各体組織でよくみられる異常例は：

- 骨格系——側湾症，後湾症などの脊柱異常，脛骨の半肢症，多趾症，合趾症などの単一で独立した異常
- 全身性骨格系異常——軟骨形成不全(小人病)，大理石骨病
- 関節の異常——関節湾曲症および先天性筋拘縮(関節硬直)，股関節形成不全，両側性の大腿脛関節の骨関節炎
- 筋系——関節湾曲症，先天的な繋や球節の屈曲，筋肥大
- 痙攣性不全麻痺
- 中枢神経系——内水頭症，二分脊椎，アーノルド・キャリ奇形(小脳が大孔を通って近位頚椎の脊椎管内へ脱出する)，小脳形成不全症，小脳性運動失調，痙攣性不全麻痺，痙攣肢症候群
- 皮膚——上皮形成不全，眼瞼内反
- 循環器——心室中隔欠損，動脈管開存
- 消化器——回腸，結腸，直腸，肛門の閉鎖
- ヘルニア——臍，陰嚢/鼠径，反転性裂体
- 生殖器——精巣形成不全，間性(半陰陽とフリーマーチン)，卵巣形成不全，直腸腟の狭窄(ジャージー種)，長期在胎

上記の筋骨系の多くの異常(筋肥大またはBelgian Blue種のダブルマッスルなど)は難産を引き起こす。

これらの欠損のうちいくつかの外科的矯正は，ほかの頁に記載してある：臍ヘルニア(3-13, 156頁参照)，肛門と直腸の閉鎖(3-18, 168頁参照)，痙攣性不全麻痺(7-21, 299頁参照)。

第2章　頭部および頚部手術

- 2-1 除角芽および除角
- 2-2 前頭洞の円鋸術
- 2-3 眼瞼内反
- 2-4 第三眼瞼（瞬膜）
- 2-5 眼球腫瘍
- 2-6 眼の異物
- 2-7 眼球摘出術
- 2-8 気管切開術
- 2-9 食道梗塞

2-1　除角芽および除角

▌適応

- 家畜管理の改善
- 牛群内のほかの牛や牧夫に対する攻撃的な行動を防ぐ
- ほかの牛への外傷の減少，特に乳房や皮の価値を低める皮膚の損傷の減少

▌手技の選択

　英国では生後1週齢以上のすべての子牛に対してのみ麻酔下または鎮静下で除角を行う(Animal Anesthetics Act, 1964)。例えばスイスなどの他国では年齢にかかわらず麻酔が必須となる。動物福祉のガイドラインによれば，除角(除角芽ではない)は究極的には非合法であるといえる。獣医師は牛群健康管理プランに基づいて，若齢時期に除角芽するように農場主の説得に努力しなければならない。

　非常に若齢な子牛(生後1週齢未満)は腐食剤(NaOH，KOH，コロジオン)の局所適用によって除角芽することが可能である。手袋を装着し，角の付け根の被毛を刈る。軟性パラフィンで周囲の皮膚を保護し，ペースト状に薄くのばした薬剤適用する。子牛を30分間監禁しておく。腐食剤の適用を禁止している国もある(例：スイス)。

　除角芽の理想年齢は1〜2週齢で，この時期には角芽が5〜10cm突出しており，容易に触知することができるため除角用烙鉄だけで除角芽できる(図2-1 AおよびC参照)。出血もまったくない。

　1〜4カ月齢(角長3〜5cm)からバーネス除角器(図2-1 BおよびD参照)，ロバーツ除角鋸または複動式蹄剪鉗で切断後，除角用烙鉄で止血を行う。デンマーク除角器を

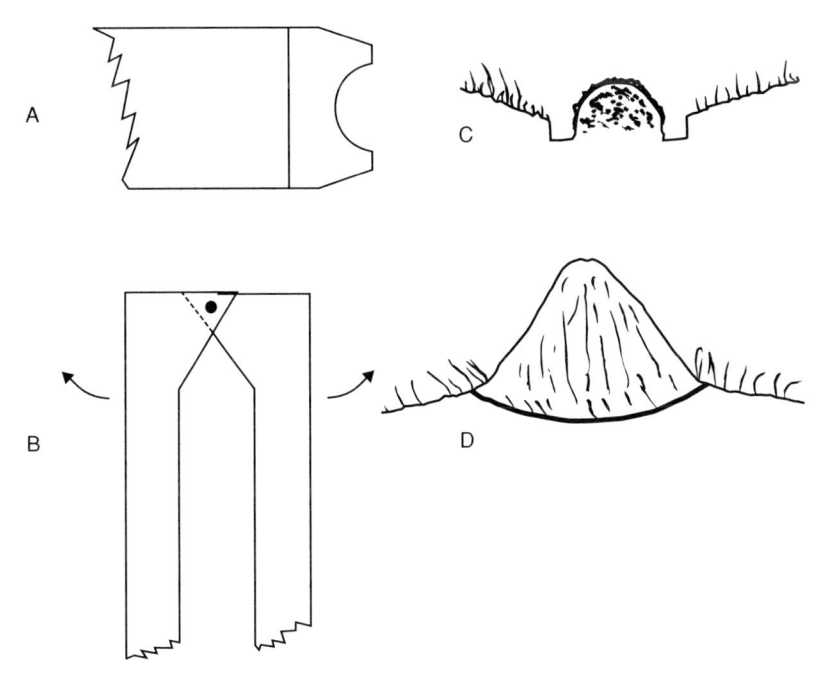

図2-1 2種類の除角芽および除角器具(実寸大ではない).
(A)子牛用電気およびガス式除角芽烙鉄の先端；(B)バーネス除角器の先端；(C)角芽周囲を円周状に焼烙した後の断面；(D)断去する角と隣接する皮膚縁の断面.

代わりに使うことも可能である。角芽と周囲皮膚は角芽周囲の焼烙後，鉗子と鋏を用いて除去することができる。さらに年長な動物(月齢の進んだ子牛，当歳牛，成牛)に対しては切胎用線鋸(Gigli)，バーネス除角器，除角鋸(Butcher)または除角用剪鉗を用いて除角する。

麻酔：角神経麻酔(1-8，37頁参照)
　子牛であれば牛房のなかで容易に実施することができる。9カ月齢を超える牛(200 kg)は枠場またはシュートに繋留し，除角する前に10～20頭を順次麻酔して印を付けておく。
　ヘレフォード種などのある品種ではかなりの比率で無角の牛がおり，アバディーンアンガス種などは生まれつき無角の牛もいる。

▮除角芽手技

- 子牛の後躯を牛房の隅で動かないようにして，助手は下顎を親指とほかの指で掴んで頭部を保定し，肩のあたりに寄りかかるようにする
- 電気またはガスによって熱した除角芽用烙鉄を角芽にあてがい，器具の縁で角芽の上皮を含む角芽周囲の皮膚が焼けるように角度を付けながら，数回回転させる（図2-1C参照）
- 烙鉄を横方向に動かしながら押しつけて角芽を跳ね飛ばすと穴が残る。この穴の中央には小さな軟骨の突出がみられるが，これは角芽上皮ではないため放置しておいてもよい
- 月齢の進んだ子牛の除角芽ではバーネス除角器の刃を角芽基部周囲に正しくあてがい，角芽を切断するとともに皮膚の小片（3～5 cm）も除去する。焼いた除角用烙鉄を止血に用いる

器具の比較

　当歳牛および成牛では切胎用（産科用，Gigli）線鋸による方法が好まれているが，この方法の欠点はかなり力がいることと比較的時間を要することである。利点は切断面がきれいで，出血がないことである。

　鋸による方法は体裁が悪く，止血に時間を要する。

　除角用の剪断器（キーストン除角器など）による方法はもっとも迅速であるが，その欠点は，大量の出血を生じるということ，麻酔をしなかったり麻酔が弱いと剪断中に牛が急激に強く頭を振ることで前頭骨骨折および前頭洞炎などの二次的損傷が起こることである（頭絡をしっかりと固定することによって牛が頭を振ることを回避する）。付け加えるならば，事前に麻酔による痛覚喪失を正しく確認せずに剪鉗による除角を行うことは，人道的問題がある。

　確実な鎮静なしで牛の除角を行うことは非倫理的であり，専門家のとるべき行動ではない。

▮除角手技

- 鎮静が必要なこともある
- 角神経ブロック（1-8，37頁参照）。成牛では，角基部の尾側辺縁でさらに麻酔液を

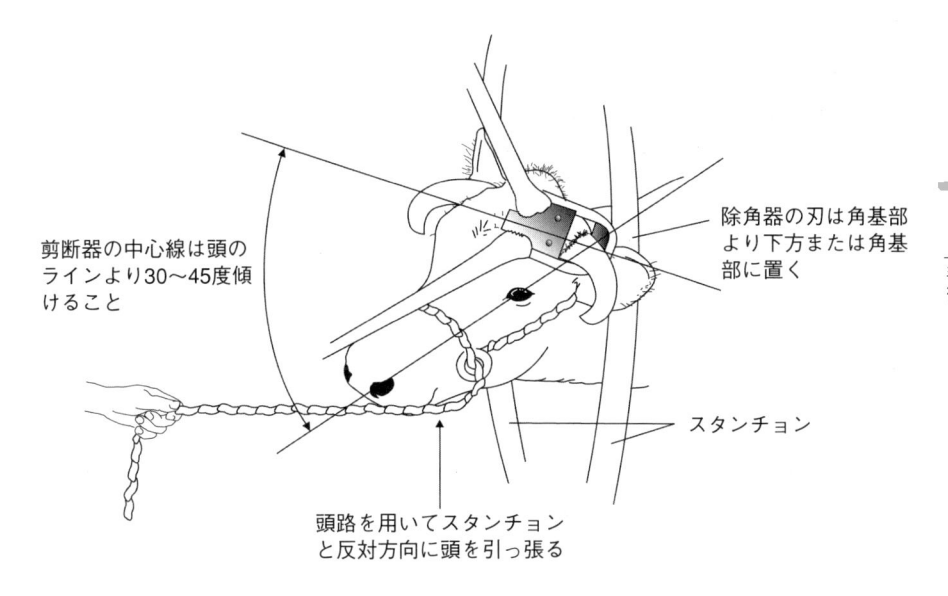

図2-2 牛の頭部および剪断器(キーストン)または鋸の位置.
1. 頭絡をかけた頭部はスタンチョンから遠ざけるよう前方，横方向に引っ張る；2. 切断角度は30〜45度にする；3. 剪断器または線鋸は角一皮膚接合部の皮膚上に置く.

浸潤させる
- 5〜10分間待つ
- 角に隣接した皮膚に痛覚がないか針でチェックする
- 線鋸で切断するときに十分な力を加えられるように，頭を枠場の扉に挟んで前方に伸びるようにする(図2-2参照)．鋸を用いるときも同様に，術者が最適な位置をとれるようにすること
- 線鋸または鋸の切断は外側から開始する
- 切断面が皮膚と角の接合部から約1cm皮膚側を通るように線鋸および鋸をあてがう
- 特に鋸の場合，切断角度が正しいかどうかを確認する．切断中に角度を変えることは非常に困難である
- 線鋸または鋸が角の外側から頭頂部正中方向に皮膚を通って背側に出てくるのを確認する．ホルスタイン・フリージアン種では，中央に残る皮膚の幅は5〜8cmがよい

- 切断中に間欠的に鋸を引くような動作は避けるべきである
- 比較的直径の小さい角(＜5cm)は，柄の長い除角器(バーネス型)を用いて除角することができる。この除角器は最初の除角で十分に取り切れなかった角の小突起を除去するためにも有用な器具である
- 他の除角法として切胎用線鋸で角を5cmほどに切断する方法がある(力を要するが摩擦熱によって出血が少ない)

止血法

- 皮膚周囲の内側面(腹側半月)にある2～3の大きな血管は捻転するか，または捻転/引き抜きを行う；これらの血管は容易に識別することができ，動脈鉗子で掴むことができる。最低6～8回の捻転が必要である
- 両方の角の基部の周囲にゴムの止血帯または紐(車の内管〈インナーチューブ〉を横断したゴムバンドもしくは梱包用組紐など)を巻き付けて角の背側縁がさらに圧迫されるようにする
- 他の方法として血液が噴出している骨細管に木製爪楊枝を差し込むことで代用できる(翌日には爪楊枝を取り除くこと)
- 烙鉄，電気焼烙器などによる焼烙は，がっかりするほど効果がないことがよくある
- 静菌剤(無菌性フラゾリドンまたはスルファニルアミド)または止血パウダー(塩鉄，タンニン酸，ミョウバン)を適量使用する
- 除角手術後24時間は定期的に除角した牛が再出血をしていないかチェックする。再出血は，局所刺激や痛みによって切断面を壁に擦りつけることで生じる

■化粧除角の手技

この手技は北米において品評会用牛によく用いられる。非倫理的手技とされる国もある。

化粧除角では，角基部の皮膚縁をよせて創を閉鎖してしまうため，手術後の外見がよくみえる。この手術は一次治癒のために無菌的に行う。化粧除角では，術後前頭洞炎のリスクが減少するはずである。

- 頭頂を8cm幅に，および角基部周囲を刈毛する
- 定法通り皮膚消毒を行う

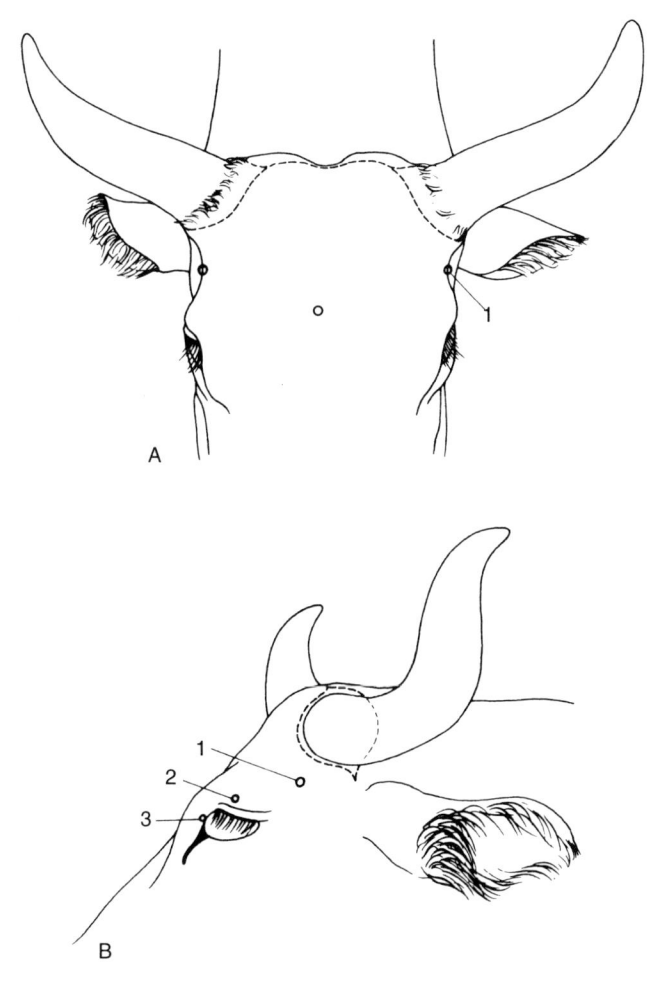

図2-3 化粧除角のための切開線と神経分布．(A)背面図；(B)側面図．
(1)頬骨-側頭神経；(2)前頭神経；(3)滑車神経；---皮膚切開線．

- 角神経ブロックおよび角基部後方と角間正中に浸潤麻酔を行う
- 頭頂部を横断する切開を行い，さらに切開を外側に進めて角と皮膚の境界から0.5 cmの部位を通る湾曲切開を行う。角基部の外側でつながる2つの切開をさらに下顎関節に向かって5 cm延長する(図2-3参照)
- 角を鋸で切断するとき，皮膚に損傷を与えないために切開線から十分に皮膚を剥離

する
- 可能であれば切断面が前頭骨と同じ高さになるように角を除去する(滅菌した骨ノミとハンマー,バーネス除角器)
- 切断面を滅菌ガーゼで拭き,止血を行う
- 剥離した皮膚はその縁が過度に緊張することなく骨表面上で合わさるようにし,外観のチェックを行う
- 単線維ポリプロピレン糸で結節縫合する
- 表面の血液や汚物をすべて取り除き,抗生物質パウダーを適用する
- 14日目に抜糸する

合併症および考察

除角芽および除角の合併症は次の通りである:
- 若齢子牛に対する不注意な静脈内麻酔による副作用(過度の流涎,軽度の運動失調,一過性の虚脱)
- 子牛の角芽を完全に取り除けなかったことによる角の再生成(焼烙の深さが不十分)
- 高齢牛では,感染もしくは夏または秋期間のハエによる前頭洞炎(角の空洞化は8,9カ月からはじまる)および蓄膿症。したがって,ハエの多い季節には除角を避けるべきである(英国では5～9月後半)。また,前頭洞炎のリスクを減少するために頭上の草枷からの乾草や麦わらの給与を避ける

粗雑な手術手技では局所刺激が続き,牛は切断面を汚れたところ(例えば土壌,敷料,壁)に擦りつけるようになる。

ほとんどの感染創は容易に洗浄できるが,前頭洞内の感染では慢性的な排膿による膿が上顎洞に流れ落ち,全身症状が発現することがよくある(発熱,食欲不振,削痩,頭部の傾斜,局所腫脹および疼痛)。円鋸術による前頭洞の排液が必要となる(2-2参照)。

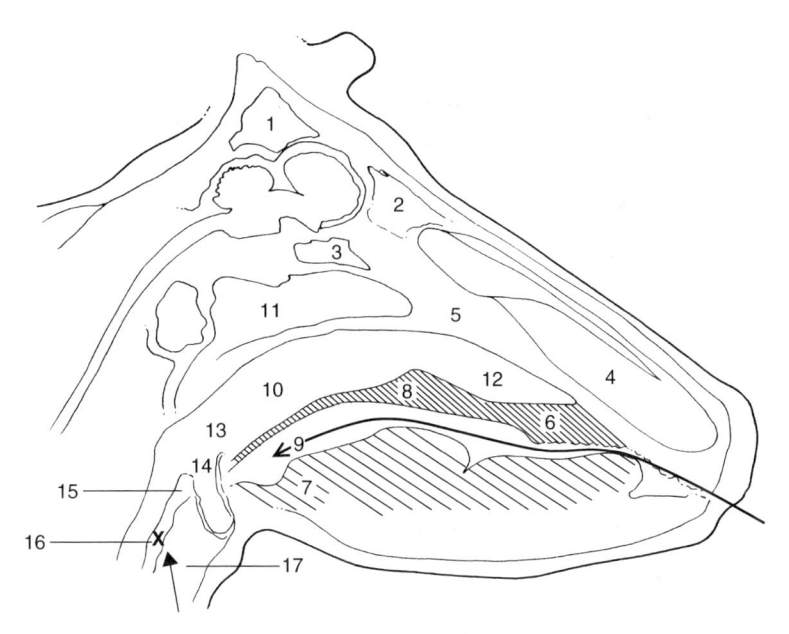

図2-4 頭部の正中断面図，左側(Pavaux,1983より引用).
(1)後前頭洞；(2)前内側前頭洞；(3)蝶形洞；(4)鼻腔；(5)鼻中隔；(6)硬口蓋；(7)舌根；(8)軟口蓋；(9)咽頭峡部(咽頭口部)；(10)咽頭鼻部(鼻咽頭)；(11)咽頭中隔；(12)鼻咽頭道；(13)咽頭の喉頭部(喉咽頭)；(14)喉頭の入口(喉頭口)；(15)食道前庭；(16)食道(頚部)；(17)喉頭腔.
X印は最も一般的な食道閉塞の位置を示す；長い矢印は手の挿入，短い矢印は食道を頭側方向に圧迫しながら押し戻す位置を指し示す.

2-2 前頭洞の円鋸術

■適応

多室構造に多量の膿が貯留し，角基部から慢性的な排膿がみられる前頭洞炎．

■解剖(図2-4, 5参照)

前頭洞は数個の隔離された小室からなる(図2-4参照)。大きな後前頭洞は斜めの隔壁によって前内方と後外方に完全に分けられている。前者は前頭洞の鼻腔への狭い開口部と後眼窩憩室を有する。後者は角憩室と項憩室を有し，これらは頭頂骨，後頭骨および側頭骨下に骨洞をつくり，そこで終わっている。2ないし3つの小室が眼窩前方の高さに位置している。

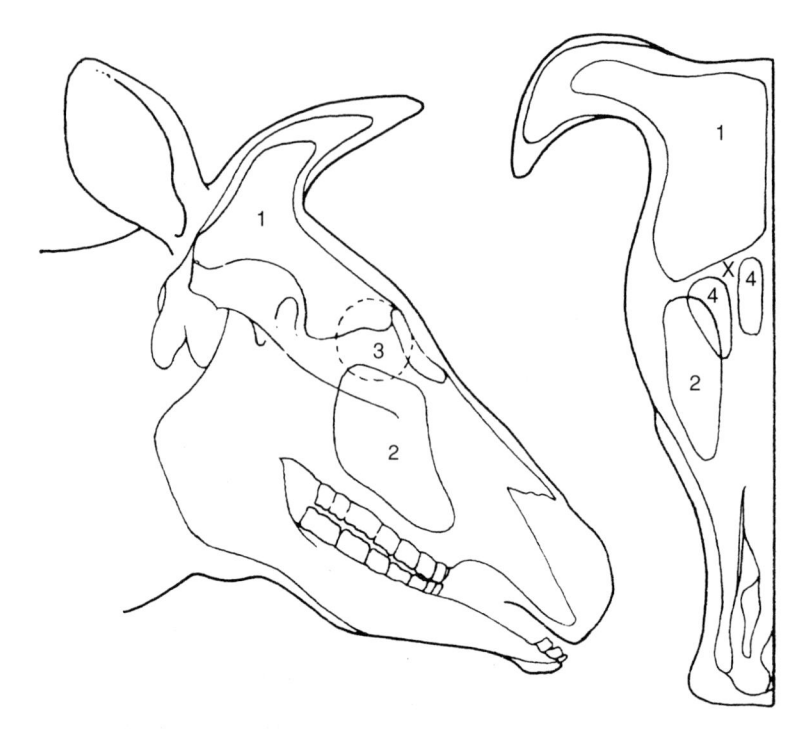

図2-5 骨洞の範囲を示す頭部の長軸および吻側切断面（Dyce & Wensing, 1971から改変）．
(1)前頭洞；(2)上顎洞；(3)眼窩部；(4)前頭洞の前室；X印は前頭洞蓄膿症の円鋸部位を示す．

　前頭洞縁は眼窩前方から眼窩中央を通る横断線，側方は前頭稜および後方は項部（項稜）からなる．正中の中隔は前頭洞を二分する．正常では開通している前頭洞と櫛骨洞との小連絡路は，粘膜の肥厚および化膿性排出物によって閉鎖される．
　前頭洞蓄膿症の臨床症状については，除角の合併症の項を参照されたい(2-1, 84頁参照)．角の折損に起因する症例もあるが，牛の頭を保定できずに振り回されたことが直接的原因である（麻酔の不良）．前頭洞炎の初期では前頭洞後方部位に限局していることが多い．

■手技
- 動物を枠場かシュートに入れ，鎮静薬を投与して動物を適切に保定する
- 角基部周囲と前頭部全体を刈毛し，洗浄，消毒する

- 眼窩上神経麻酔(1-8，39頁参照)または円鋸予定部位の浸潤麻酔により局所麻酔を行う。円鋸部位は両側の眼窩上突起を結んだ線の背側5cmで，正中から5cmの部位である。別の目印——両眼窩の軸側部を結んだ水平線の高さで，2〜3cm反軸側の部位。骨の軟化部位があれば，そこが適当な場所である。もし角部の骨洞が開いているならば，ひとつの穴からほかの穴に向かって洗浄することが可能であり，前頭洞の円鋸部は腹側の方がよい。避けるべき部位は，眼窩上孔と静脈である(図1-4参照)
- メスと鉗子で皮膚，皮下織，皮筋を直径3cmの円形に切除する
- 骨膜剥離子で骨膜を剥離してメスで切除する
- 直径2.5cmのGaltまたはHorsley型円鋸で骨洞上の骨を円周状に除去する
- 浣腸ポンプにより，最初にぬるま湯で，次に過酸化水素(3％溶液を水で等倍希釈した大量の過酸化水素水)で骨洞を洗浄する
- 浣腸ポンプ(Higgison注射器)をいろいろな方向に向けて直接挿入し，骨洞の異なる部位に洗浄液が行きわたるようにする
- 角部の骨洞の開口から洗浄を続ける
- 最後に希釈した塩酸クロルヘキシジン溶液(10mLの5％溶液を水で1Lにする)で，最上部から下側に流して洗浄する。
- 動脈鉗子で主な出血点を止血し，農場従業者に毎日洗浄してもらうように円鋸口を開存しておく
- 頭上の草枷から乾燥や麦わらを給与することを避ける

　慢性症例では繰り返しの洗浄もしくは永続的な貫通洗浄システムが必要となるかもしれない。

　通常3〜4週で創は治癒する。全身症状のあるもの，または経過が長くて重度の症例には非経口的薬物療法(広域スペクトラムの抗生物質を5〜10日間)が適用となる。円鋸口は閉鎖して行くので，注射筒に接続した柔軟なポリプロピレンまたはPCVカテーテルを用いて洗浄を継続する必要がある。カテーテルを縫合して固定しておくことはよいアイディアである。急性症例では，慢性にならなければ予後は良好である。感染が頭蓋の反対側または中枢神経系に波及することはまれである。

■考察

　円鋸が可能かつ安全な部位かを考えるとき，家畜銃で安楽殺する部位が眼窩の内眼角（目頭）と反対側の角基部の対角線が交わると正中線上であることに注目すればよい。

2-3　眼瞼内反

■発生および徴候
- 特定の肉用種でよくみられるが，発生率は低い
- 上眼瞼よりも下目瞼の方でよくみられる
- 程度は異なるが両側性であることが多い
- ほとんどの症例が後天性であり，先天性のものはまれである
- 早期に矯正しなければ，軽度の眼瞼攣，結膜炎，角膜炎および角膜潰瘍を生じる
- 手で外反する，眼瞼に生理食塩水を投与する，眼瞼を水平マットレスで仮縫いするなどの保存的非手術処置によく奏功する

■適応
先天性または後天性の上眼瞼または下眼瞼の内反の矯正。

■手技（Hotz-Celsusテクニック）
- 眼瞼の縁を反転して矯正するために，指でつまんで皮膚襞を作り，切除する皮膚の長さや幅を見積もる
- 眼瞼縁から2mm離れたところで，眼瞼縁に平行に麻酔薬を皮下に浸潤させる
- メスで切開を加え、先に見積もった皮膚を除去する（図2-6参照）
- PDSなどの吸収糸（後日抜糸をしないように）を用いて単一の連続またはマットレス縫合で創縁を閉鎖する
- 合併症はほとんどないが，矯正不足であれば再手術が必要になることもある

2-4　第三眼瞼（瞬膜）フラップ

　第三眼瞼（瞬膜）に設置した縫合糸は背外側の結膜円盤を貫通して皮膚上に出す。こ

の縫合糸を引張って第三眼瞼を角膜表面上に被せて結紮する．

▌適応

広範囲な角膜潰瘍例や外傷性損傷で，抗生物質療法によって病変が早期に治癒しなかった症例．

▌手技（図2-7参照）

- 細いアリス鉗子でつまみ上げた第三眼瞼内に1〜2％リグノカインをはじめに2 mL注射し，次に皮膚の縫合部位に5 mL注射する
- 半円形角針の付いているPGA糸（Dexon®）またはPDS 0ゲージ縫合糸を使用する（図1-2(5)参照）
- アリス鉗子で再び第三眼瞼の縁を掴み，眼瞼面の縁から約5 mmの部位に糸をかける．縫合糸は第三眼瞼の眼球面まで貫通してはならない（二次的な角膜擦過傷が生じるため）
- 糸の両端を外背側の結膜円蓋を貫通させて，外眼瞼交連の2〜3 cm上方の皮膚上に突き出す
- 皮膚上でポリプロピレンのステントに糸を通してすぐに解けるように結紮する．こ

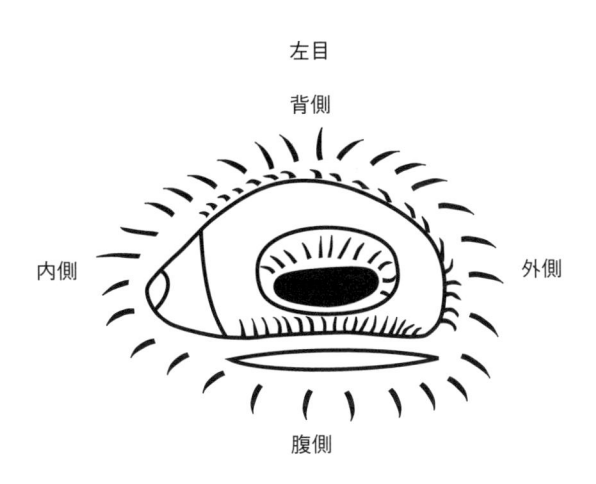

図2-6　眼瞼縁から2 mm下に切開を加えた左側下眼瞼内反矯正術．

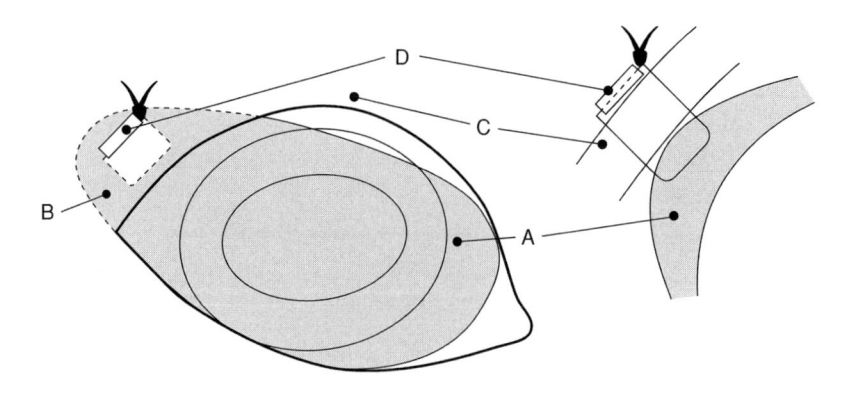

図2-7 右目の第三眼瞼フラップ．
(A)陰の領域は第三眼瞼；(B)背外側円蓋の内側から針を通す；(C)皮膚；(D)長さ1.5cmのプラスチックステントで支持する；角膜表面に縫合糸を接触させないため、第三眼瞼を完全に貫通して縫合しないよう注意する．

の時，損傷部位を含む角膜全体が瞬膜で覆われるように十分なテンションが加わるようにする
- （農家が）瞬膜の縫合を毎日検査する．薬物を局所投与したり，角膜の治癒過程を評価する時には，結紮部を緩める
- 2〜3週間，縫合を留めておき，その後、鋏でそれらを取り除く

▎合併症とその原因
- 不適切な縫合のために早期に第三眼瞼から縫合がはずれてしまう
- 結膜と皮膚の縫合部位が不適切なためフラップが十分に外方に引っ張られない。ほとんどの場合，フラップが引っ張られる位置が内方過ぎる
- ステントがないと，縫合糸が皮膚から引き抜けてしまう
- 縫合糸による角膜表面の機械的刺激（縫合が第三眼瞼の全層を貫通している，または縫合が緩く第三眼瞼が角膜表面上で完全に引き寄せられていない）

▎考察
この簡単かつ一般的な手技の奉効についての比較試験は行われていない。牛の角膜

の治癒力が高いため，予後はたいていよい。

2-5 眼球腫瘍

■はじめに

上，下眼瞼および瞬膜(第三眼瞼)の腫瘍には扁平上皮癌(SCC)または"キャンサーアイ"があり，まれに乳頭腫や線維肉腫などの他の腫瘍がある。これらのなかでは発生頻度のみならず経済性や予後に関してもSCCが最も重要である。SCCは上および下眼瞼(30%)または第三眼瞼(5%)よりも眼球(65%)に多く発生し，局所侵襲性が非常に強く，しばしば局所リンパ節への転移がみられる(耳下腺，環椎または咽頭後部および頚部前方の一連のリンパ節)。

■臨床症状

SCCはほとんどヘレフォード種およびシンメンタール種とその交雑種に限られ，日光から紫外線の照射によって色素のない部位で腫瘍病変が発生しやすい。罹患牛はたいてい4～9歳である。約85%の症例で罹患部の色素が欠如している。

この病変はしばしば増殖性の不規則な塊で，中等度の疼痛や眼瞼痙攣を起こすような皮膚の潰瘍を生じることもある。

初期の病変は強膜または角膜表面の米粒様の斑点，または真皮内の小さく硬い小節のいずれかとして認められる。鼻側および側頭側の角膜と結膜の接合部における灰白色の斑点の前駆物は，その部位で乳頭腫や癌に進展する。眼瞼の病変はしばしば濁った茶色の角様の角化腫としてはじまる。

■治療

治療は隣接構造(骨など)への二次的な拡散や，流出路のリンパ節への転移のない初期の病変に対して行われる。

適用される方法には数種あり，次のものがある：

(a) 切除手術
(b) 冷凍療法
(c) 高熱療法

(d) 放射線療法
(e) 免疫療法
(f) a+b，a+d，c+eの併用

第三眼瞼切除術
- 起立または横臥した動物に対して結膜嚢内に局所鎮痛薬を滴下し，その眼瞼基部に局所麻酔（5mLの2％リグノカイン）を行う
- 鉗子で第三眼瞼を引き出す
- 湾鋏で軟骨まで深く切除する
- 出血をアドレナリン浸潤スワブまたは冷凍療法でコントロールする

▎冷凍療法

　出血が避けられ，単純かつ迅速なので冷凍療法(1-14，72頁参照)は特に有利である。直径5cmで深さ1cmまでの病変ならば液体窒素の小ビン(Nitrospray-Arnolds)が適当である。

- 冷凍から目を保護するために眼瞼と角膜表面の間にスチロフォームかアクリルの小片を挿入しておく。周囲の正常な皮膚に水溶性の潤滑剤またはワセリンを塗布する
- 患部を刈毛，洗浄し，ディスポーザブル手袋を装着する
- 患部の冷凍は最初にスプレーの先端を使って2回（液体窒素）または3回（酸化窒素，二酸化炭素）行う
- 少なくとも外見上正常な5mm幅の組織縁を含めて冷凍する
- 角膜近くの組織はタオル鉗子かアリス組織鉗子で外方にめくり返してから瞬膜の病変を処置するために作られたプローブで凍結する
- 可能ならば病変から5mmのところに熱電温度計を挿入し，−20℃以下に温度が低下したら冷凍を中止する

　SCC治療における切除手術に対する冷凍療法の長所は次の通りである：
- 単純，安価および迅速な方法である
- 術後の疼痛が少ない
- 術前の準備が最小限で術後の薬剤投与が不要である
- 複数の病変がある場合は反復実施することができる

- 出血がない

冷凍療法の短所を次に挙げる：
- 直径が2.5cmを超える病変では完全に氷球形成が起こるまで比較的長い時間プローブを当てておかなければならない。また5cmを超える病変では2段階に分けて治療しなければならない
- 最初の器具の購入費用は高いが，病変部当たりの治療費は安い

その他の方法
- 切除手術：冷凍療法の前に大きな病変を小さくする(debulk)ためにしばしば必要となる
- 高周波高熱療法：プローブを用いて腫瘍と周囲皮膚の多数の表面に温熱(50℃，30秒間)を加える
- 放射線療法：価値のある牛にはラドンやゴールドシードインプラントのどちらも奏功する。浸透力は0.5～1cmだけである
- 免疫療法：ミコバクテリウム細胞壁分画免疫刺激物(Regressin® [Raglamd]，免疫療法としてUSDA認可薬)を局所浸潤させる。腫瘍の直径1cm当たり0.5mL投与する。すなわち5cmの腫瘍塊であれば2.5mLである。非治療部位も自然退行することもあるといわれている

2-6　眼の異物
■はじめに
　草の苞，いが，とげの小片などの異物が特に外側や内側の眼角の角膜表面に突き刺さって異物反応性の角結膜炎を引き起こす。初期例では流涙，眼瞼下垂，不快感などの症状がみられる。慢性例では角膜の瘢痕や色素沈着した角膜炎がみられる。このような異物はしばしば局所麻酔なしで除去される。適当な局所麻酔薬にはアメトカイン(Minims® Amethocaine hydrochloride-Smith&Nephew Pharmaceuticals)またはキシロカイン(4％点眼用-Astra®)またはプロパラカイン(Ophyhaine®，Ophthetic®)がある。

▌手技

- 頭部をしっかり固定し，眼裂の中心野に異物がきて，よく照らされるように頭を傾ける
- 異物を取り除くために22ゲージ針のハブを使って滅菌生理食塩水を異物のすぐ横にスプレーする
- うまく取り除けなかったのならば，細い鑷子または大きなメス刃の鈍性面のような細く平たい表面を用いて異物を移動させ，除去を試みる
- フルオレセインナトリウム(Minims Fluorescein sodium 1％または2％液 Smith&Nephew Pharmaceuticals)を1，2滴滴下し，異物除去後の角膜表面の損傷をみる
- 異物除去後は1日4回3日間，局所に広域スペクトラムの抗生物質(クロキサシリン，オルベニン-Beecham)を注入する。点眼薬より軟膏の方が適している。瞳孔を散大させておくために点眼用1％アトロピンを1日2回(b.i.d.)点眼する。コルチコステロイド(使用禁忌)は残在する角膜潰瘍の修復を妨げる

2-7 眼球摘出術

▌適応

- 眼球内の腫瘍，および重度の原発性または二次性の感染を伴う眼球の広範な損傷。例えば眼球の損傷や破裂を伴う牛の感染性角結膜炎(*Moraxella bovis*±*Neisseria spp.*)に罹患し，前極ぶどう腫または全眼球炎となったもの，および感染が視神経に上行する恐れのあるもの。

牛では眼球摘出術の適応例はまれである。牛では馬や小動物のような整形上の美観は重要ではない。

▌眼球摘出(除去)術

- 麻酔：全身麻酔が望ましい。しかし，キシラジン鎮静下の起立位または横臥位で，後眼球の神経麻酔(1-8，40頁参照)，または眼神経の麻酔および下眼瞼と内眼角の浸潤麻酔による方法もある
- 眼窩周囲を刈毛および洗浄する

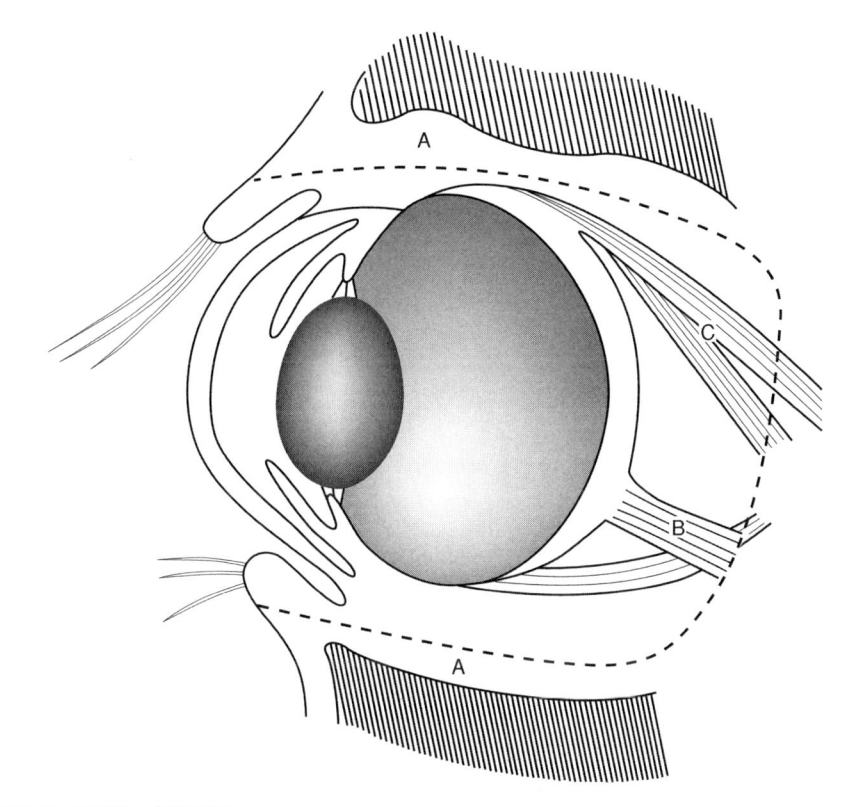

図2-8 眼球除去(縦断面).
　　　眼瞼の点線(A)から開始し，眼球周囲構造物を通過して，眼球，すべての眼窩内構造物，眼瞼縁および結膜を取り除く．(B)視神経および血管；(C)筋肉．上下の斜線部は前頭骨および頬骨．

- 上眼瞼と下眼瞼を連続縫合する
- 露出をよくするために外眼角を切開(2cm)する
- タオル鉗子またはアリスの組織鉗子で牽引しながら，皮膚と結膜の接合部から1cmのところを円周上に切開する．あるいは壊死や腫瘍化した皮膚の位置によって適当に切開を行う(図2-8参照)
- 眼窩縁に向かって結膜の下の方へ切開を進めるが，結膜を切開してはいけない
- 眼筋をいくらか引っ張って，余分な眼球の筋を外および内眼角からメーヨー鋏で鈍性に分離する．視神経の過度の牽引は避ける

- 眼球を掴み，さらに引っ張って眼球を眼球後方組織(結膜嚢は除く)と視神経から遊離させる
- できるだけ多くの健康な眼球後方組織を残す
- 眼血管，視神経および眼球後引筋を湾曲した長い柄の動脈鉗子(23cmのロバーツ鉗子または25cmのケリー鉗子)で鋏む
- 血管を7号のクロミック腸線で結紮する。
- 第三眼瞼とハルデリアン腺を除去する
- 腫瘍や感染組織が完全に除去されたかをチェックする
- 術中の細部に至るまでの止血は時間の浪費であり，ほとんどの例で必要ない
- 皮下織をクロミック腸線で単純結節縫合している間に眼窩腔に滅菌ガーゼを数分間詰め込むか，吸収性ゼラチンを挿入する
- 創のもっとも深いところから縫合をはじめる
- 皮下織を完全に閉鎖する前に詰め物を除去して水溶性の抗生物質(20mL)で洗浄する
- 単線維ナイロン糸の垂直マットレス縫合で眼瞼の皮膚縁を縫合し，縫合による圧迫で十分に止血されるようにする
- 抗生物質を5〜7日間，NSAIDsを3日間全身投与し，必要なら破傷風予防を行う
- 2日後にすべての詰め物を除去する
- 2〜3週間後に抜糸する

あとに残る眼瞼癒着は外見上容認できるものである。視野が狭くなるため，神経質になる牛もいる。

■合併症

合併症はすべての腫瘍組織(SCC)を取り除けないこと，大量の眼窩出血，膿瘍形成，過度の死腔，および過度の張力をかけなければ皮膚縁を並置縫合できないこと(減張縫合が役立つ)などがある。

2-8　気管切開術

■はじめに

喉頭内または喉頭後方の異物，またはその他の機械的な刺激物(埃，*Haemophilus somuns*やその他の病原菌による繰り返しの咳)に起因する二次性の壊死性および化膿性喉頭炎(*Fusobacterium necrophorum*感染および*Areanobacterium pyogenes*膿瘍による)。

気管切開のまれな適応症には咽喉頭の腫瘍，後咽頭の膿瘍，上部気道内の異物または持続性の喉頭痙攣がある。出血，血液と感染組織の吸引などを伴う頭部の手術時には，気管内チューブを挿管して行う。気管チューブは発咳と嚥下反射が回復してから抜管する。

■臨床症状

しばしば緊急療法となる気管切開術の必要な臨床症状は，進行性の呼吸困難，喘鳴および軽度のチアノーゼである。ある動物は腐臭のする呼気が認められ(*F. necrophorum*)，視診，触診の両方で確認できる咽頭の病変がある。全例に対し開口器を装着し，長い柄の喉頭鏡または内視鏡を用いて患部の検査を行う必要がある。

■解剖

気管輪は上頚部の深部触診で容易に識別できる。直径は馬の気管と比べて細い。
奥行はその幅よりもやや長い。気管は左側頚部上1/3の部位で，左側は食道と接近し，右側(左側はわずか)は総頚動脈，迷走交感神経幹，内頚静脈を囲む頚動脈鞘と接近している。気管は大きな胸骨下顎筋および少し小さい胸骨甲状筋の2つの筋膜を介して接近することができる。これらの筋は気管腹側で広い筋帯を形成している。

■手技

- 起立位に保定(または枠場かシュート内)して局所浸潤麻酔(アドレナリン添加2％リグノカイン)下で手術を行う
- 神経質な動物にはキシラジンの前投薬を行うが，循環器や呼吸器の重度の機能不全症状のある動物には前投与を避ける
- 頭頚部を伸長させておく

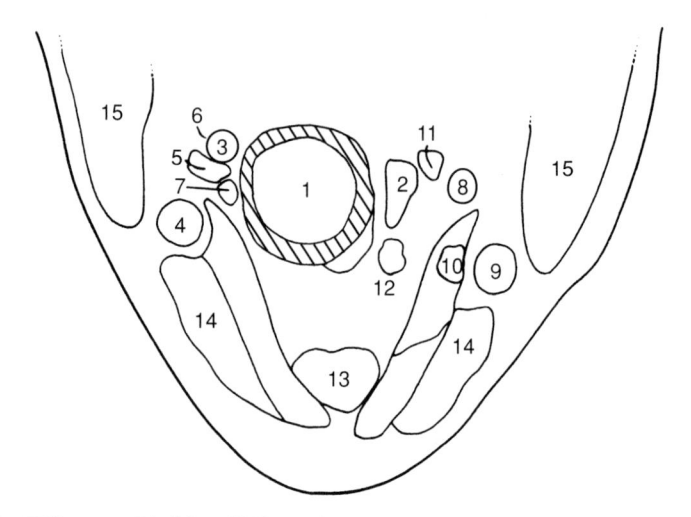

図2-9 第五頸椎面での頸部腹側の横断図,後方を見た図.
(1)気管;(2)食道;(3)右側総頸動脈;(4)右側外頸静脈;(5)右側内頸静脈;(6)右側迷走交感神経幹;(7)右側喉頭反回神経;(8)左側総頸動脈;(9)左側外頸静脈;(10)左側内頸静脈;(11)左側迷走交感神経幹;(12)左側喉頭反回神経;(13)胸骨舌骨筋と胸骨甲状筋;(14)胸骨頭筋;(15)上腕頭筋(Pavauxから引用).

- 頸部上半分の第四〜六気管輪の高さの正中線を確認する
- この部分の皮膚を刈毛,消毒し,緊張した気管壁上の皮膚と皮下織を縦に6cm切開する
- 正中線上で1対の胸骨下顎筋,次いで胸骨甲状筋を鈍性に分離する
- 自在型開創器を挿入する(West型またはGossett型)
- 気管の輪状靱帯を切開し,隣接する気管輪を鉗子で掴む
- 気管チューブの口径に合わせて輪状靱帯に隣接する気管輪から2つの半月状の部分を切除する(図2-10参照)。この切開によって気管内腔が保持される
- 気導管を挿入する。気導管には種々の型がある。小さい(直径25mm)スチール製の馬用のものは緊急用として使用されている。未成熟の動物(子牛)での最大使用可能な口径は13mmである;これらは市販されている(39フレンチゲージ(FG))。あるものは直径14mmまでで(Portex Blue Line®),固定のためのテープが外側についている
- チューブが回転しないように最低2カ所を皮膚に固定する

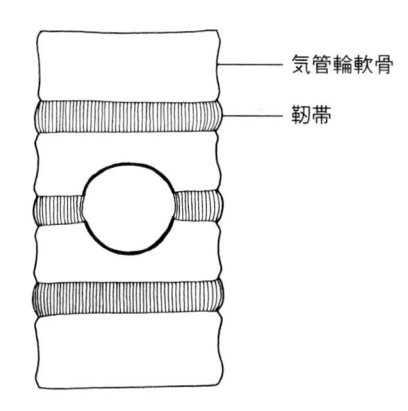

図2-10 気管切開の模式図．気導管を挿入するために切除する2つの隣接する気管輪を示す．

　緊急時で気導管のないときには，長さ50〜70cm，太さ16〜19mm（外径）のビニール製の胃管を挿入し，気管切開創の周囲に縫合し，さらにテープで耳下腺部に止める．

　どのような牛の気導管でも管腔と外面の両方を頻回に（1日2回）洗浄する必要がある．牛では残屑や炎症性排出物の量が馬より多い．

- 原発性の病変が軽減したら気導管を抜去する．原発性疾患には全身的な化学療法だけを実施するか，または手術（子牛における喉頭部膿瘍の排液）と化学療法の併用が必要である
- 創を縫合してはいけない
- 医原性気管支炎にならないように，周辺環境の乾草による埃を避ける

　時にみられる主要な合併症は，切開縁からの肉芽組織の増生によって生じる気管腔の部分的閉鎖である．このような増殖組織は電気焼烙によって切除する．予後は注意を要する．

2-9　食道梗塞

▍病因

　食道梗塞は通常，芋，蕪，砂糖大根，まれにシュガービートパルプ（馬の例）などの食物の丸いまたは不規則な断片によって起こる。通常は内科的方法（フェノチアジン誘導体のような鎮静薬，弛緩薬）と用手で異物を取り除くことができる。閉塞部は通常頸部食道の近位部で，食道のはじめの20cmのところであり（図2-4（×印）），頸部食道の遠位や胸部食道の閉塞はまれである。

　子牛では経口輸液時のストマックフィーダーの破損による胸部食道遠位の閉塞が時々みられる。まれな例では外部からの圧迫によるもの（胸腺のリンパ肉腫，縦隔膜のリンパ腺症）や神経に由来する機能不全（狂犬病）によるものがある。

　食道梗塞では第一胃鼓脹症に注意して治療を行う限りは生命が脅かされることはない。食道切開は最後の手段としてのみ行うべきである。

　食道切開は頸部食道の近位2/3の部分でのみ実施可能である。この部位では食道に比較的容易に近づくことができ，食道は気管の左側の深部筋膜内にあり，その上には左側頸静脈および頸動脈と迷走交感神経幹を包む頸動脈鞘がある。

▍食道切開術（解剖は図2-9参照）

- 閉塞部位を確認するが，もし触診不可能であれば胃管を挿入して確かめる
- 手術は全身麻酔または24時間遅らせ，それまでは薬物療法を行う（キシラジンなど）
- 手術は鎮静下，右側横臥位で行う
- 通常の手術のための皮膚消毒を行ったあと，局所浸潤麻酔を行う
- 厳格な無菌的措置下で手術を行う
- 組織を緊張させ術野を凸状にするよう下にパッドをおくか，あるいは無菌的な準備をした助手に持ち上げさせる。異物を再度咽頭まで後戻りさせるように試みる
- 皮膚を十分な長さ（異物の2倍の長さ）に切開し，食道壁まで鈍性に分離していく
- 注意深く頸静脈と頸動脈幹を背側に反転させる
- 薄い食道壁を長軸状に切開し，術野が汚染しないように唾液や食屑を滅菌ガーゼで拭き取りながら注意深く閉鎖物を除去する。
- 吸収糸の付いた丸湾針を用いて結節縫合で食道壁を閉鎖する（壊死がない場合）
- 縫合は粘膜と筋層を貫通させて5mm間隔で行う

- 2層目の縫合は強度を高めるため外膜の線維層も含めた筋層にPGAを用いた単純連続縫合を行う
- 定法通り皮膚を閉鎖する前に滅菌生理食塩水および抗生物質溶液で術部を十分洗浄する
- 汚染のため二期癒合になりそうな例では，ペンローズ排液管を食道壁の外側に沿って挿入し，皮膚切開創の腹側(後方)に出す
- 排液管は48時間後に除去する
- 食道壁全層に壊死のある例では食道を縫合しないで開放性瘻管とする

　総頚動脈(背側外方)や頚静脈(腹側外方)は食道に隣接しているが，これらの損傷を避けるのは容易である。回復可能な神経由来の食道機能不全牛には第一胃瘻管からの栄養給与で維持することができる。
　遠位の食道梗塞(ストマックフィーダーの損傷，前記参照)では第一胃切開創からの異物除去によって治療できる。

▎予後

　食道切開創を第一期癒合させるのは難しいが，2日間は水だけ，さらに次の3日間はすりつぶした飼料か短く切った飼料のみを与えれば第一期癒合のチャンスは増加する。

第3章　腹部手術

- 3-1　局所解剖
- 3-2　試験的開腹術，左膁部
- 3-3　試験的開腹術，右膁部
- 3-4　第一胃切開術
- 3-5　半永久的な第一胃瘻管形成術
- 3-6　第四胃左方変位
- 3-7　第四胃右方変位，拡張および捻転
- 3-8　その他の第四胃疾患
- 3-9　盲腸拡張と変位
- 3-10　腸重積
- 3-11　腸閉塞を示す他の疾患
- 3-12　腹膜炎
- 3-13　臍ヘルニアと膿瘍
- 3-14　腫瘍を含む消化器疾患
- 3-15　迷走神経性消化障害（Hoflund症候群）
- 3-16　腹腔穿刺
- 3-17　肝臓の生検
- 3-18　肛門と直腸の閉鎖
- 3-19　直腸脱

3-1　局所解剖

　前胃および第四胃の局所構造（図3-1参照）は単純なので，これらは手術アプローチ法の部分に記載した（左膁部の開腹術，外傷性第二胃炎など）。本項では複雑な構造を示す腸管の局所構造について検討する。

腸管

　小腸は，十二指腸（近位部，下行部，上行部），空腸，回腸からなる。大腸は盲腸，上行結腸（近位ワナ，ラセンワナ［求心回，遠心回］，遠位ワナ），横行結腸，下行結腸，直腸からなる。

■位置と走行

　幽門筋はその背側では小網の起始部によって，腹側では大網によってよく固定されていて，第九～十肋間の肋軟骨接合部の高さに位置している（図3-2, 3, 24参照）。十二指腸の近位ループは頭背側に向かい，その始まりの部分は自由に可動するが，次に続く部分は肝臓の臓側面にしっかりと固定されている。またこの部分は胆管と膵管開口部付近でＳ状曲を形成し，下行十二指腸へと続いている（図3-2参照）。下行十二指腸

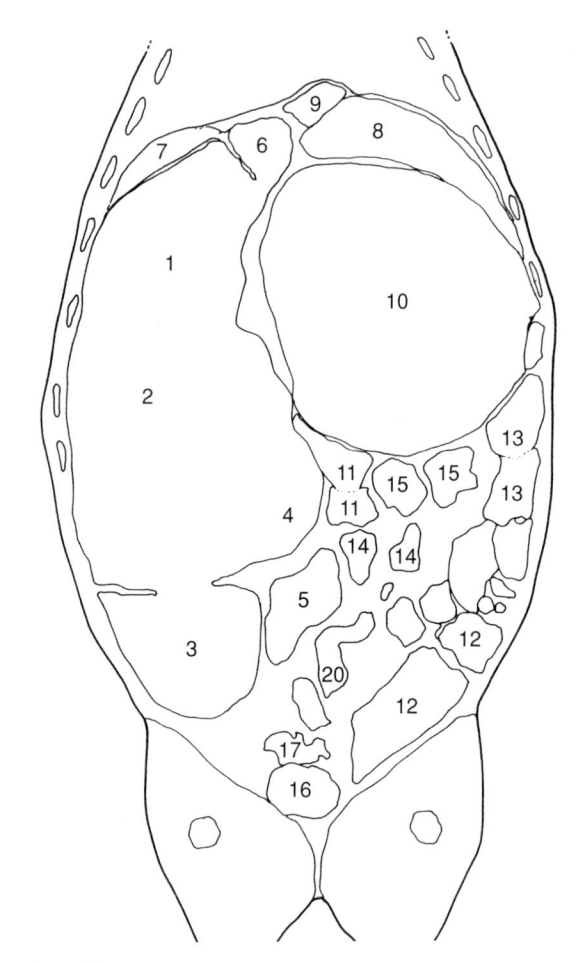

図3-1 胸郭および大腿中位の高さの体躯水平断面図(腹側を見ている).
(1)〜(5)第一胃；前房(前嚢)；(2)背嚢；(3)後背盲嚢；(4)腹嚢；(5)後腹盲嚢；(6)第二胃；(7)脾臓；(8)肝臓；(9)後大静脈；(10)第三胃；(11)空腸；(12)盲腸；(13)〜(15)上行結腸；(13)結腸近位ワナ；(14)結腸ラセンワナ；(15)結腸遠位ワナ；(16)膀胱；(17)子宮角(Pavaux, 1983から引用).

はその背側を十二指腸間膜によって吊られ，腹腔の背外側を尾側に向かって走行している．また，大網の浅部および深部がこの腹側面に付着している．

　十二指腸は後曲で頭側に方向を変えるが，この部位は十二指腸結腸靱帯で下行結腸に付着し，腸間膜根の左側を頭側に向かう上行ループとなる．上行十二指腸は腸間膜

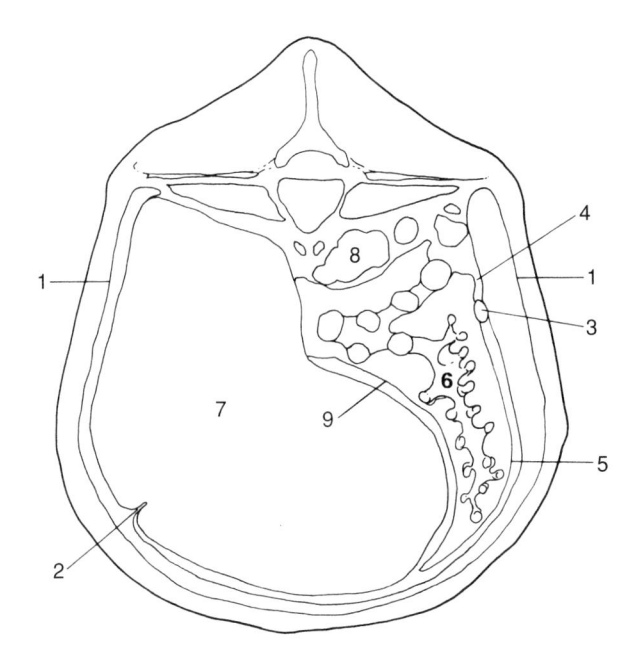

図3-2 第3腰椎垂直断面による大網の配置図.
(1)壁側腹膜；(2)大網表層の第一胃左側縦溝への付着；(3)十二指腸；(4)十二指腸間膜（頭方では小網）；(5)大網の浅層と深層；(6)網嚢上陥凹内の腸管塊；(7)第一胃；(8)左側腎；(9)大網深層の第一胃右側縦溝への付着.

根の右側に方向を変え空腸となる.

　空腸は腸間膜の縁で堅いコイル塊となり，35～50mの長さがある．この空腸の塊が最も大きい腸管容積を占める．近位および中間部の腸間膜は短く，回腸に付着している遠位の腸管膜は長く，網嚢状陥凹の後方に位置する可動性の部分を形成する．回腸は回旋状の近位の部分と真っ直ぐな遠位の部分からなる．空腸と回腸の境界は前腸間膜動脈の終末部分および回盲ヒダの最も頭側の部分である．回腸の遠位部は盲腸と腹側で連結し，回盲口は盲腸腹側面で斜めに存在し，成牛ではこの部分を覆っている脂肪のため容易に識別できる．

　盲腸は可動性のある盲端を持つ嚢であり，その盲端は尾側に向かっている．盲腸の頭側は上行結腸の近位曲に続いている．短い盲腸結腸靱帯が盲腸を背側の結腸と付着させている．盲腸はしばしば網嚢状陥凹の後縁まで及んでいる．

上行結腸の近位ワナは第1腰椎の位置まで頭側に進み，第十二胸椎の位置で尾側に向きを変えて最初の部分は背側に進む。そして再び頭側に向きを変えるが，このときは腸間膜の左側に位置していてさらに腹側に向きを変え，上行結腸のラセンワナの部分になる。このラセンワナの配置は2列の求心回とこれに続く2列の遠心回からできている（図3-3参照）。中心曲はラセンワナの中心部で，その方向変換部位である。円盤状結腸の近位部分は普通，回腸に隣接している。上行結腸の遠位ワナは腸間膜の左側に沿って進み，近位ワナ付近で再び頭側に向きを変える。そして前腸間膜動脈の頭側縁のあたりを右側から左側に走行する横行結腸となる。

下行結腸は結腸間膜に付着していて，腹腔の背側面に沿って後方に向かって走行する。結腸間膜は十二指腸結腸靭帯の部分で伸張しているため，この部分はいくらか可動性を有する。下行結腸は直腸に終わるが，直腸はそのすべてが骨盤腔内に位置する。

腸間膜が相対的に短いことは腸のかなりの部分を体外に引き出すことが困難であるということを意味している。また，脂肪の沈着のため腸間膜内の血管やリンパ節を確

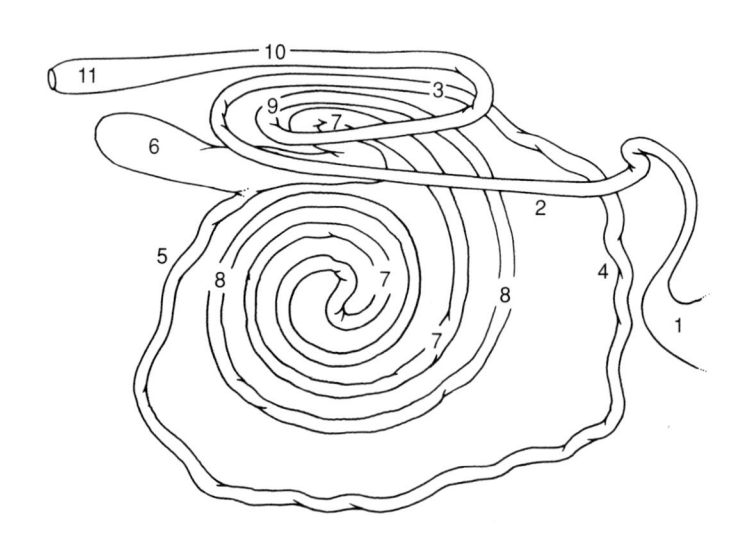

図3-3　右側からみた小腸と大腸の図．
　　　(1)幽門；(2)下行十二指腸；(3)上行十二指腸；(4)近位の空腸；(5)遠位の空腸と回腸；
　　　(6)盲腸；(7)結腸の近位ワナと求心回；(8)結腸の遠心回；(9)上行結腸終末部；　　(10)
　　　下行結腸；(11)直腸，成牛の小腸の長さは40m，大腸は10m．

認することは難しい。上行十二指腸，上行結腸の近位と遠位ワナ，下行結腸の頭側部分はこれらの腸間膜が接近して融合しているため互いに近接している。前腸間膜の血管は十二指腸と結腸の一部を除いた小腸と大腸に分布している。

　大網はその起始部から十二指腸，幽門，第四胃の大湾部に伸び，腸管全体を包み込んで第一胃の左縦溝に終わっている(浅層)。一方，深層は同様に腹側，左に進んで第一胃の右縦溝に付着している。これらの2つの部分は後方で融合し，後部ヒダとなっている。小網は食道から第二胃溝および第三胃底部に沿って延び，第四胃の小湾に付着し，第三胃の壁側面のほとんどを覆っている。

腹部臓器(図3-7も参照)

　左側腹壁に接する臓器(図3-1，2，4，5)
- 頭側と腹側：第二胃
- 外側(第十～十二肋間の背側，第七～八肋間の腹側)：脾臓
- 外側：左縦溝から大網によって覆われた第一胃
- 外側と(腰椎下)背側：腎臓周囲脂肪
- 腹側と後方：時に空腸と回腸のコイル

右側腹壁に接する内臓：
- 頭側と腹側：第二胃と第四胃
- 外側と頭側(第七～十二肋間)：肝臓
- 外側(第七肋間の腹側，第十二肋間の背側)；下行十二指腸と大網に覆われた小腸

通常は腹壁に接しない臓器：
- 第八～十一肋間部で，正中右方の腹側に位置している第三胃
- 盲腸と上行結腸(腹側中央の後方)，横行結腸と下行結腸
- 左腎(第二～四腰椎部)と右腎(第十三胸椎～第二腰椎)
- 子宮と卵巣：妊娠後期(妊娠7カ月)の子宮は左側および/または右側傍部の下方と接する

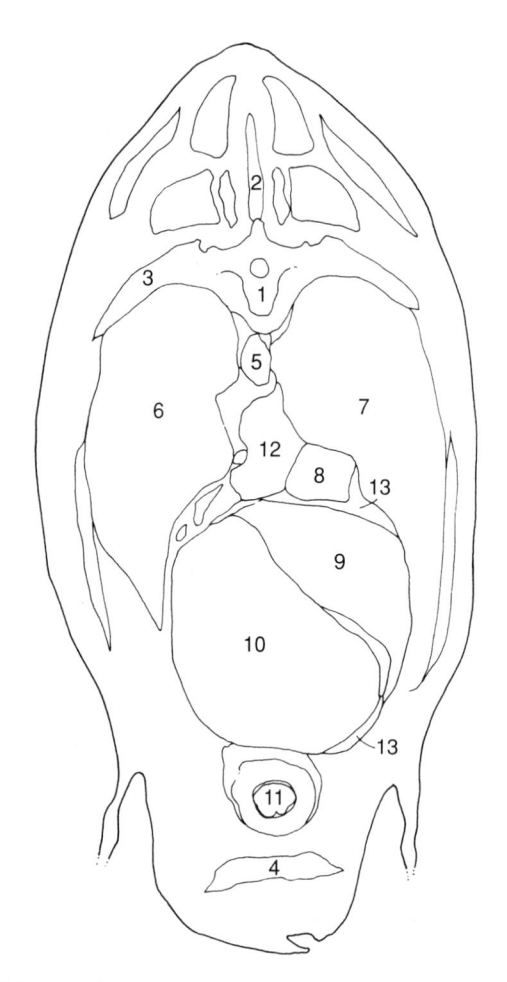

図3-4 第七胸椎の椎体での胸郭横断面(頭方を見ている).
(1)第七胸椎の椎体;(2)第六胸椎の棘突起;(3)第七肋骨;(4)胸骨;(5)胸管と大動脈;(6)左肺;(7)右肺;(8)後大静脈;(9)肝臓;(10)第二胃;(11)心尖部;(12)右肺の副葉;(13)横隔膜の腱中心と胸骨部(Pavaux,1983から引用).

3-2　試験的開腹術,左膁部

▌適応

　特定の適応症は第四胃左方変位(LDA)の疑い(3-6,129頁参照),第一胃切開術,外傷性第二胃炎(3-4,117項参照)または帝王切開術(4-1,174頁参照)である。第四胃左方

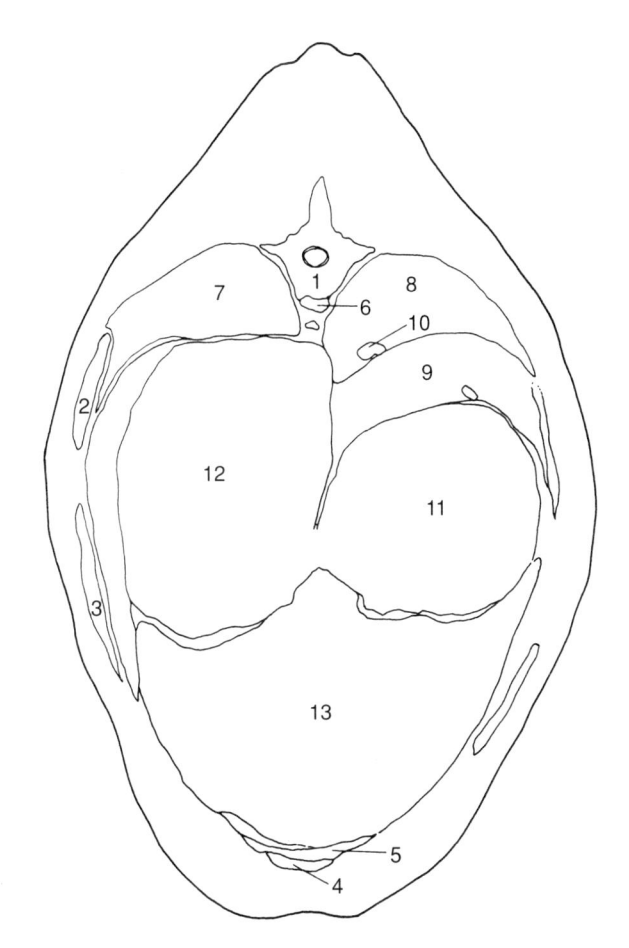

図3-5 第九胸椎の椎体での体躯横断面(頭方を見ている).
(1)第九胸椎体と第九肋骨頭;(2)第八肋骨;(3)第七肋骨;(4)胸骨剣状突起;(5)胸骨部;(6)胸部大動脈(背側に沿い,右側は胸管,左側は左奇静脈がある);(7)左肺(後葉); (8)右肺(後葉);(9)肝臓;(10)後大静脈;(11)第三胃;(12)第一胃前房(前嚢);(13)第二胃(Pavaux, 1983).

変位(LDA)は腹腔を開ければ明瞭である。外傷性第二胃炎は第一・二胃の頭側部分と横隔膜－腹壁間の触診で分かる。陽性例では特定の外科手術を実施する。

　適応例はしばしば明快ではないことも多い。明らかに第一胃に限局した持続性の疼痛を示す牛もいる。小腸や大腸の外科疾患が疑われる場合には，左側膁部開腹術は右

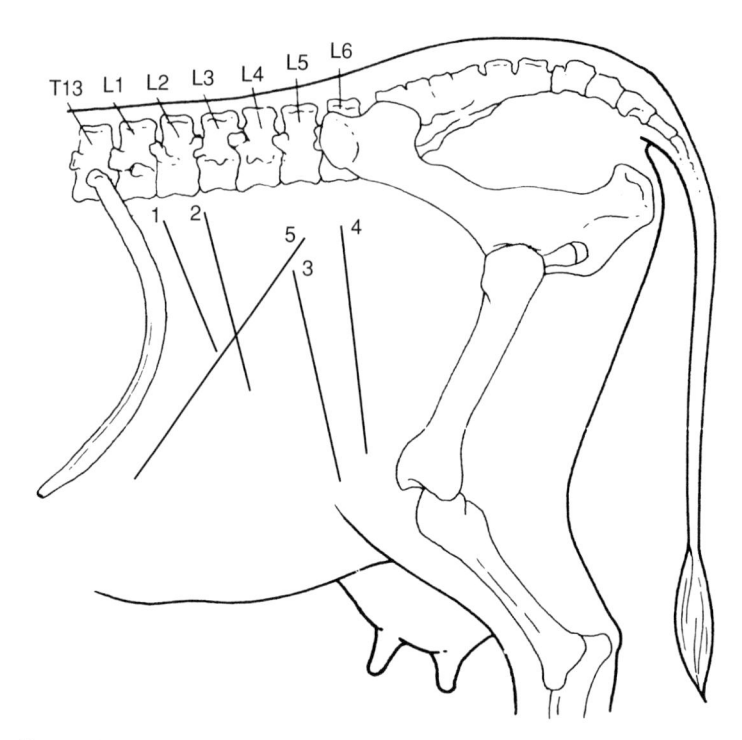

図3-6 様々な左側膁部切開の位置（図1-7，44頁も参照）.
(1)傍肋骨(18～25cm)，頭側膁部：第一胃切開術(牛が大きい場合や術者が小さい場合ではできるだけ頭側にする必要がある。)；(2)左側膁部切開第四胃固定術(Utrecht法)または試験開腹術（25cm）；(3)子宮壁を膁部に誘動することが困難だと予想される横臥位の成牛または初妊牛の帝王切開術における下膁部切開(35cm)；(4)起立位での帝王切開術のための標準的な左膁部尾側の切開(35～40cm)；(5)起立位における帝王切開での膁部斜切開(35～40cm).

側膁部開腹術に比べて有効ではなく，実際的でもない。

今日ではまだ専門施設に限られるが，試験的開腹術および第四胃左方変位(LDA)の治療のため，牛用腹腔鏡手術が開発されている。

■手技

- 脊椎側神経麻酔(T13，L1とL2，1-8，41～45頁参照)または局所浸潤麻酔(1-8，45～46頁参照)
- 少なくとも切開部位の周囲30cmを含む左膁部の広い領域を刈毛，洗浄して手術消毒

をする(図3-6参照)
- 滅菌した有窓布またはゴム製のドレイプをかける
- 最後肋骨の後方約5cmで,腰椎横突起下10cmの部位から肋骨に沿って15cm切開する。
- 一回の動作で皮膚を切開する。続いて皮下の脂肪と筋膜を切開し,腹壁の筋を露出する
- 直鋏の刃を筋表面に対して45度の角度で筋肉内に挿入して,外腹斜筋を鈍性切開する
- 内腹斜筋をメスで7cm切開し,その下の腹横筋膜を露出させる
- 様々な量の疎性脂肪下にある壁側腹膜がみえるように,腹横筋膜に鋏で小切開を加える
- 有鈎鉗子で壁側腹膜をつまみ上げ,鋏で小さく垂直切開を加える
- 皮膚切開の長さと方向にあわせて,鋏で内腹斜,腹横筋膜および腹膜の切開を延長する。勢いよく空気が腹腔内に吸い込まれる音がきこえて気腹が形成される。腹壁に接していた第一胃壁は(癒着がなければ)腹壁が外方に動くと同時に落ち込む(外傷性第二胃炎などの場合に手術前にいくらかの気腹が存在することもある)

ここで腹腔の左側と一部の右側を検査することができる(図3-7参照)

▌視診
- 腹水の量と色調をチェックする;正常では淡黄色である。薄いピンク色がかったものは切開部からの血液が混入したものかもしれない。微細な綿状沈殿物の存在は異常を示し,通常それは化膿性であり,臓側または壁側腹膜の感染病巣の存在を示す。またおそらくそれを想像させる不快な臭いがする
- 切開部付近の壁側と第一胃(臓側)の腹膜に指を走らせると表面は滑らかなはずである。でこぼこは不連続な癒着または慢性腹膜炎にみられる一般的な病変(サンドペーパー様)である

▌触診
- 腹腔内を系統的に検査するために右手と右腕を入れる(図3-7参照)
- 右手を腹側に進めて第四胃左方変位(LDA)の可能性をチェックする。そして手を

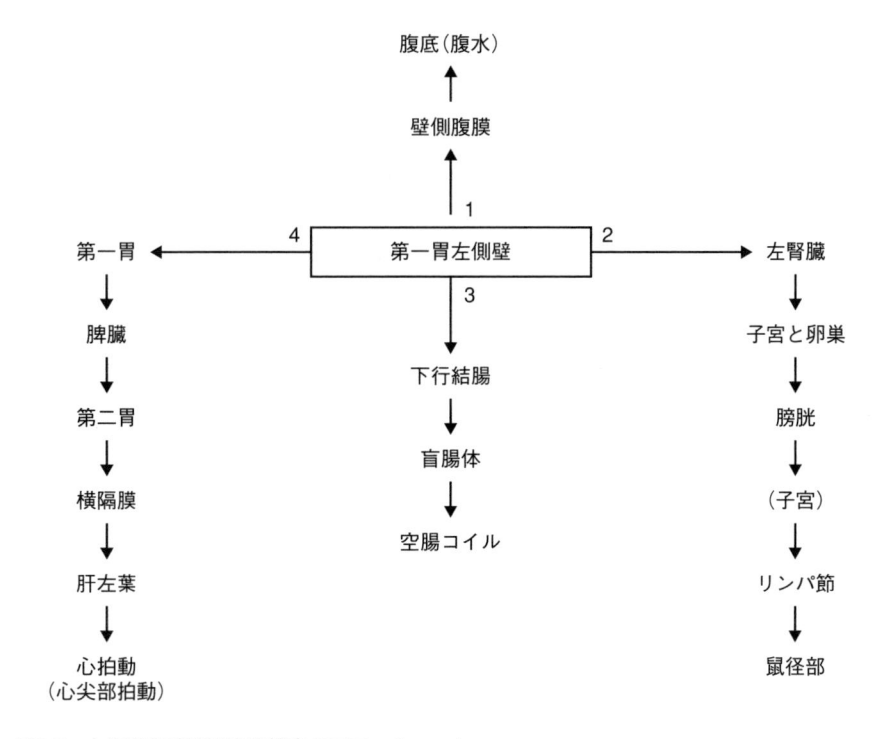

```
                    腹底(腹水)
                        ↑
                    壁側腹膜
                        ↑
                        │1
              4         ▼         2
    第一胃 ◀────── 第一胃左側壁 ──────▶ 左腎臓
      │                 │3                │
      ▼                 ▼                 ▼
    脾臓              下行結腸           子宮と卵巣
      │                 │                 │
      ▼                 ▼                 ▼
    第二胃             盲腸体             膀胱
      │                 │                 │
      ▼                 ▼                 ▼
    横隔膜            空腸コイル          (子宮)
      │                                   │
      ▼                                   ▼
    肝左葉                               リンパ節
      │                                   │
      ▼                                   ▼
    心拍動                                鼠径部
   (心尖部拍動)
```

図3-7 左側膁部試験開腹術検査のフローチャート.
右側膁部アプローチ(図3-8)と同様に腹腔内すべての接近可能な部位の腹腔内疾患を迅速にチェックするべきである．第一胃左側壁と壁側腹膜から始めて，(1)腹腔尾側；(2)腹腔尾側および右側の構造(3)を触診する．これらは左側膁部および左側腹腔頭側領域を精査する前に触診する．

頭側に進めて，外傷性第二胃炎を示唆する第二胃と横隔膜または肝臓との間，または(まれではあるが)第一胃と腹壁間の癒着をチェックする

- 腹腔内の癒着は最近できたもので重要なものかもしれず，あるいは，長年のもので付随的なものかもしれない．ごく最近の癒着(1週間未満)であれば容易に剥離できるが，局所の疼痛を生じる．陳旧な癒着であれば剥離することは困難だが，疼痛はない

- 何度も触診することで腹膜がざらざらになる前に，様々な部位の腹膜表面の手触りを評価する

- 左側で触診できる臓器(図3-1参照)には次のものがある：第一胃，第二胃，脾臓，

肝の左縁，横隔膜，心尖部の拍動，腎周囲脂肪を介しての腎臓，尿管の走行（肥厚していなければ正常では触診できない），膀胱頸を含む膀胱，子宮，左右卵巣，下行結腸
- 右手と右腕を第一胃壁と腹腔の背側との付着部尾側および左腎と下行結腸の腹側に向けて右側腹壁に進ませる。こうすれば左側腹腔の感染を医原性に広げることを避けられる
- 接近可能な臓器には次のものがある：左腎，結腸円盤，十二指腸，空腸と回腸，盲腸(図3-1〜3参照)

■考察

ホルスタイン種の成牛に対して平均的な体格の獣医師が遠すぎて触診できない臓器には次のものがある：第四胃，肝臓側面のほとんど，胆嚢，小腸(空腸ループ)と大腸(結腸コイル)の一部。

3-3　試験的開腹術，右膁部

右側の切開位置は左膁部のそれと符合する(図3-6の2の切開)。切開線の腹側交連が膁部の上半分にあることを確認する。さもないと大網や小腸のコイルが自然に出てきてしまう。十二指腸下行部がすぐ下にあるので，腹膜切開に際しては十分に注意を払う。

■視診

切開下に大網があり，この中を下行十二指腸が尾側に走行していることを確認する。

■触診

- 左手と左腕を腹側に進めて第四胃を触診し，その可動性を確認してから第四胃を掴んで切開創の方へ引っ張り上げる
- 頭側にある肝臓側面(丸みのある辺縁，膿瘍形成または表面の不整に注目する)とこれにぶら下がっているの胆嚢(正常の大きさは10cm×6cm×4cmまで)を触診する。次に手を肝臓と横隔膜の間に挿入して，肝臓の横隔面を触診する。例えばこの時別

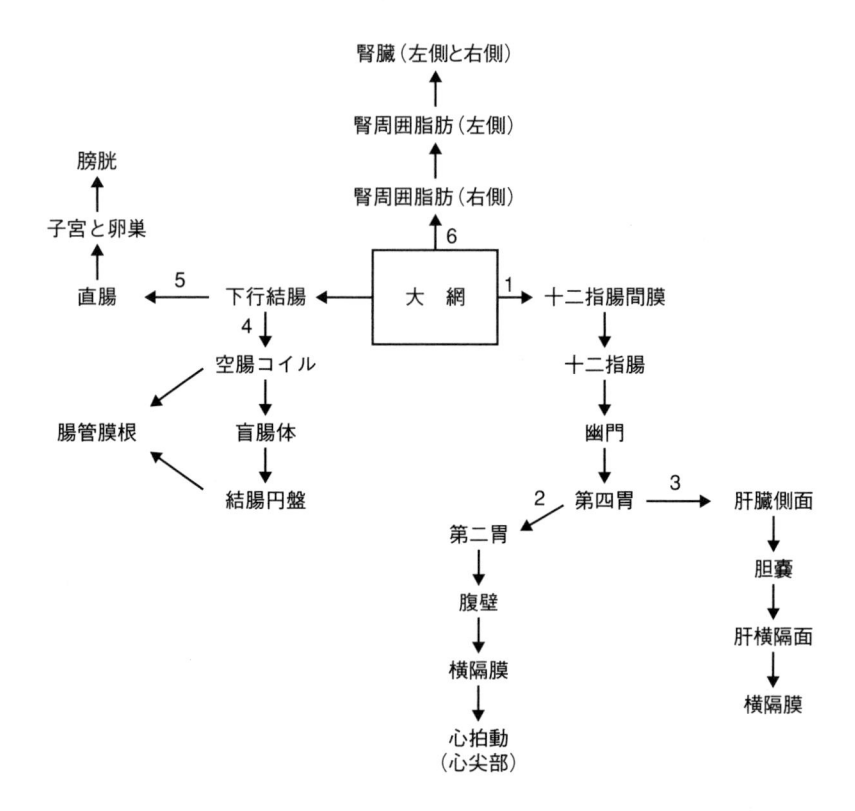

```
                    腎臓（左側と右側）
                         ↑
                    腎周囲脂肪（左側）
                         ↑
                    腎周囲脂肪（右側）
                         ↑
      膀胱                6
       ↑
    子宮と卵巣              ┌─────┐       十二指腸間膜
       ↑      5        │     │  1    ↓
      直腸 ← 下行結腸 ← │大  網│ →  十二指腸
              4 ↓      └─────┘          ↓
              空腸コイル                  幽門
   ↙           ↓               2      3  ↓
 腸管膜根     盲腸体         第二胃←第四胃→肝臓側面
               ↓               ↓           ↓
             結腸円盤          腹壁          胆嚢
                               ↓            ↓
                             横隔膜        肝横隔面
                               ↓            ↓
                             心拍動        横隔膜
                            （心尖部）
```

図3-8 右臕部の試験的開腹術のフローチャート.
腹部疾患が疑われる場合はいつでも接近可能なすべての腹腔をチェックする．第四胃左方変位の症例では第四胃は右側になく（ステップ1），左側腹壁内に存在する．この場合も外傷性胃炎または肝膿瘍に合併する疾病を除外するために，続いてステップ2と3を実施する．小腸や大腸疾患またはこれらの変位が疑われる場合にはステップ4に進むが，残りの腹腔の触診はその後に行う．

の膿瘍がないか確認する
- 掌を外側に向けて外側の腹壁に沿って手を滑らせていき，第四胃や大網の先にある腹方の第二胃まで手を挿入する（癒着や異物の存在に注目）
- 第二胃の横隔膜と接する部位をチェックする（癒着の可能性）
- 十二指腸間膜は十二指腸の背側にあって，この部分の深部には腎周囲脂肪（右腎）が存在することを確認する

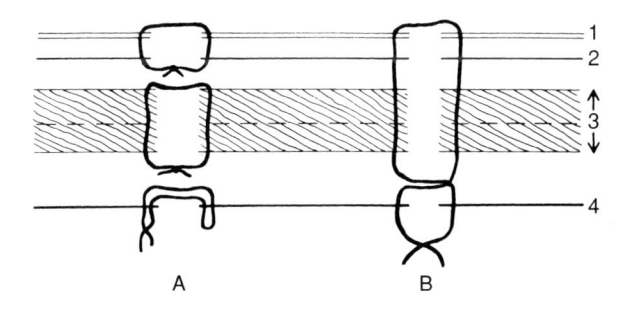

図3-9 2種類の開腹手術創の閉鎖法を示した膁部の横断面.
(A)推奨される3層閉鎖；(B)8の字型単層閉鎖.
(1)腹膜；(2)腹横筋膜/腹横筋；(3)内および外腹斜筋；(4)皮膚.

- 右腎の尾側にある左腎の右側表面を触診する．第一胃の圧迫のためどちらの腎臓も正中からやや右側にある．右腎は頭側の下行十二指腸の背側で，十二指腸間膜の右側にある．左腎は下行十二指腸の中央付近にある
- 最後肋骨から寛結節の間をほぼ覆う大網の後縁の尾側に手を進める
- この部位では円盤結腸，様々な大きさの盲腸，背方に上行結腸と下行結腸があり，さらに空腸と回腸のたくさんのコイルが触診される(図3-3参照)
- 検査のために腹腔外に引き出せる腸管は空腸のほとんど(前方を除く)，盲腸尖と盲腸体，結腸円盤上行部のより腹側のループである
- 正中から吊り下げられ(触診することはできるが，腹腔外に引き出すことはできない)，骨盤腔内に向かう下行結腸，上行結腸の一部分は膀胱，子宮，卵巣とともに確かめる

▌膁部切開創の閉鎖

- 15cmの切開創を3層に閉鎖する(図3-9A参照)
- 腹膜と腹横筋膜は3/8円の丸針に繋げた4号PDS糸で連続縫合する
- 縫合は創の下端から始め，上端で結紮する
- 外および内腹斜筋を別々に閉鎖するか，あるいはいっしょに単層縫合して閉鎖する
- 半湾の角針に繋げた単線維ナイロン糸またはSupramide®を用いてFordの連続固定縫合により皮膚を閉鎖する．5～7mmの厚さの皮膚を貫通させるには大きな針より

も長さ5cm程度の比較的小さな針を用いた方が力を必要としない
- 創傷感染した際の排液のため，創の腹側5cmはあとで抜糸できるように結節縫合で閉鎖する
- 3層の縫合の創縁が並置するようにしっかりと縫合されていることを確認する。筋層は2cm間隔で縫合するべきであるが，皮膚はもう少し広く間隔をとった方がよい
- 単層縫合による閉鎖(図3-9B参照)は迅速に行えるが，見た目が悪く，創に感染が起これば重度になりやすい
- 死腔を残さないようにする

■考察

上述の手技は腹膜，筋肉および皮膚を適切に並置させ，見た目も満足のいくものである。埋没してしまう深部の縫合糸は食肉として人に利用される可能性を考えれば吸収糸を用いるべきである。

■腹腔内と全身の抗生剤治療

ルーチンに腹腔内に薬物を投与する必要はない。動物がすぐに淘汰されないならば，腹膜炎は全身投与によりコントロールする。化膿性の滲出液を排液しても進行過程を抑制するのには役立たない。

腹腔内への投薬は，感染が腹腔内に持ち込まれてしまった場合にのみ考慮すべきである。薬剤としては抗生物質の水溶液または油性懸濁液がよい。乳房炎軟膏は腹腔内や腹壁に適用すべきではない。最も効果的な予防的投薬法はセフチオフル，ペニシリン，塩酸オキシテトラサイクリンの全身投与または持続型オキシテトラサイクリンの1回投与である(1-12，66～67頁参照)。

■試験的開腹術の合併症

- 手術中の虚脱：衰弱した動物の"最後手段としての"試験的開腹術では腹腔内の検査中にしばしば虚脱が起こり，重大な腹腔汚染の原因となる。このような牛はたいてい削痩していて手術に不適であり，術前の身体検査で除外すべきである(1-4，27～28頁参照)
- 手術創の裂開：無滅菌，過度に細い縫合糸，縫合前や縫合中に鉗子で傷付けられた

縫合糸の使用，縫合の破裂を起こすほどの創の重度の腫脹，皮下や腹膜下の膿瘍形成または気腫によって生じる
- 手術創の裂開の治療：このような例では残存している（非機能的な）縫合糸をすべて除去して創を洗浄し，創面切除を行う。もし感染が存在しなければ再縫合するが，排液のために創の下側を3～10cm開放しておく

まだあまり裂開していない創においても多量の排膿のある例では，希釈したグルコン酸クロルヘキシジン液（10mLの5％液に清浄な水道水を加えて1Lにする）で十分に洗浄するために，創の背側と腹側を小さく切開する。切開部は二期癒合で治癒する。
　かなりの壊死組織が残存する場合は，希釈した過酸化水素水（3％，すなわち10倍希釈）で予備的に洗浄すると効果的である（この水溶液は組織層の間に感染を拡散する可能性があるので注意すべきである）。(1-13，70～72頁参照)

3-4　第一胃切開術
▋適応
- 外傷性第二胃炎および外傷性第二胃・腹膜炎における異物の除去
- 急激な多量の濃厚飼料の過食（大麦など）による重度の第一胃食滞，およびまれな有毒植物の摂取（イチイ属など）。後者は通常致死的である
- 試験的手術，例えば第一胃の慢性的な間欠的鼓脹症

外傷性第二胃炎
▋発生
　通常は2歳以上の牛に散発的にみられるが，ある農家では飼料の給与と関連して数週間から数カ月間に次々と発生することもある。乾草やサイレージが給与される冬期間の舎飼い期によくみられる。

▋病因
　牛によって摂取されたほとんどの異物（小石など）は第一・二胃に刺入しないで第一胃内に留まるか，最後は糞便から排泄される。ワイヤー，注射針や釘のような長い金

属製の異物(解体した貨物自動車やタイヤ由来のワイヤー片または錆びたフェンスの材料が代表的)またはまれに箒の剛毛などが第一胃の収縮で頭側にある蜂巣状の第二胃に投げ出され，さらに第二胃の収縮により粘膜に刺入する。一般的な部位は第二胃壁の頭腹側である。5～7mmの深さに刺入すると臓側腹膜を貫通する。腹膜壁の向こう側は一般的に横隔膜であるが，時には腹壁，脾臓や肝臓などにも損傷を与える(図3-10参照)。

　腹膜の刺激により疼痛があるが，これは一時的なものである。異物は第二胃壁内または第二胃内腔に抜け落ちて遊離し，別の部位に再刺入するか後位消化管へ移送される。後者ではほかの障害はほとんど起こらない。穿孔部では滲出を伴う急性の限局性炎症がゆっくり器質化し，癒着を残す。異物がゆっくりと移動する症例では数日間明瞭な持続性の疼痛を示し，異物は最終的に胸腔，肝臓，脾臓または腹壁に達する。第二胃からの異物の穿孔による継発症とその症状は様々であり，死に至ることもあるが，これらについては120頁に後述する。

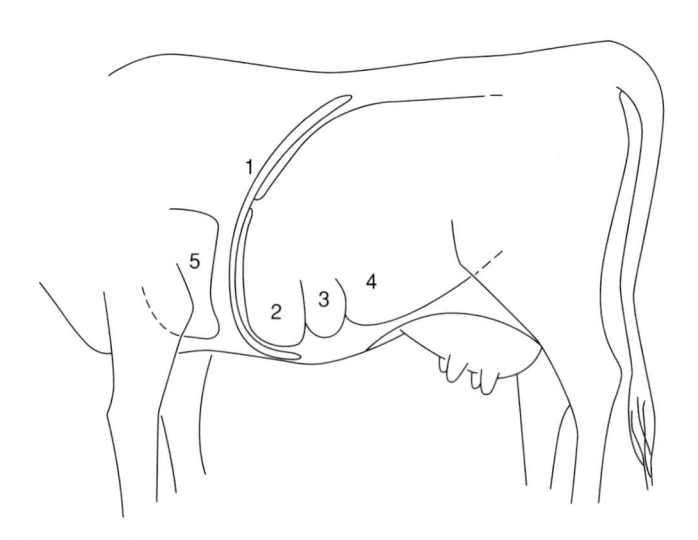

図3-10　左側からみた横隔膜領域の矢状断図．
　　　　(1)横隔膜；(2)第二胃；(3)第一胃腹囊の頭側部；(4)第一胃；(5)心臓．

■臨床症状

急性期

突然の食欲廃絶，不活発や不安な様相，著しい乳量減少，強拘歩様，軽度の背湾姿勢，軽度の第一胃鼓脹，あるいは気腹および軽い呼気性の呻きが認められる。多くの症例は分娩後の早い時期に発症する。動物は前躯を高くして起立したがる。横臥した時だけ明瞭な呻吟がみられることもある。動物を無理に歩かそうとすると強拘歩様を示し，肘を外転させ腹を捲きあげる。糞便は硬く，量は少ない。直腸温は最初39.7～41.1℃に上昇し，第一・二胃運動の減退または停止とともに，39.2～39.4℃に下降する。排尿姿勢をとると疼痛があるため排尿を一時的に停止し，そのあとに多量の尿を排泄する。頭腹側腹部の振とうまたは打診で明瞭な嫌悪を示す。き甲部をつまむと呻吟し，脊柱を沈める動作を避ける。

慢性期

慢性期は急性期の5～7日後から始まり，印象的あるいは特徴的な症状はない。食欲は回復するが，正常とはいえず，しばしば粗飼料より濃厚飼料を好む。軽度の第一胃鼓脹が認められる。また軽度の硬直姿勢をとることもあるが，ほぼ正常である。第一胃運動は存在するが減弱する。

■診断

普通急性期の初期の診断は，突然の発熱，局所性の疼痛と第一胃運動の停止により容易である。慢性例の診断はしばしば困難である。持続性の中等度の発熱，腹痛，食欲不振，泌乳量減少などが散発的にみられる。このような例では試験的開腹術や第一胃切開術が適用となる。第二胃穿孔の60％は自然に完治するが，30％は限局性の慢性腹膜炎を後遺し，10％は重度の継発症へと進展する。

X線，超音波，腹腔鏡，血液学的検査(左方移動を伴った白血球増加)，金属探知機は補助的なものである。このような特別の診断法でも診断の難しい慢性例の場合には万能であるとはいえない：

- 超音波は，腹腔内のフィブリンや滲出液，第一胃の収縮およびその強度の減少を視覚化できる
- 腹腔鏡——高価で時間がかかり，牛を仰臥位にする必要がある

- X線——高出力装置が必要で，読影が難しい
- 腹腔穿刺——蛋白や白血球数の増加はほかの原因の腹膜炎でも生じるので非特異的である
- 金属探知器——穿孔の有無が不明確であり，鉄性の異物のみ陽性である。コバルトマグネシウム，銃弾，遅放出性の駆虫薬で誤った陽性反応を得る
- 血液学的検査——ほかの原因でも白血球の増加が起こる

■保存療法

2〜3日症状をみたところで保存療法を開始する；板か土で前駆を45cm高くし，抗生物質の全身投与を3日間行う。マグネット性の異物除去器(Eisenhut型)やマグネットの治療効果は疑問である。多くの症例では完全にまたは一時的に保存療法によく反応する。

■外傷性第二胃・腹膜炎の継発症の症状

- 胸腔への穿孔：通常，外傷性心膜炎となるものが最も多い(図3-10参照)。消化不良の症状が示された後，約1週間かそれ以上経過してから明瞭な症状が出現する。うっ血性心不全の症状には腹側の浮腫，頻脈，頸静脈拡張，局所疼痛がある。このような症例では，通常1〜2週間以内に死亡する。少数例では胸腔内の異物が一つの肺葉に限局性の膿瘍をつくり，慢性の化膿性肺炎と限局性の胸部の疼痛を起こす。時には胸腔内に迷入し線維素性化膿性胸膜炎を起こす。まれに縦隔膜の反応が起こり，もし広範に起こるとうっ血性心不全となるに十分な圧迫を心臓に加える(うっ血性心不全の原因は心膜炎ではない)
- 腹腔内への穿孔：肝臓，第二胃，第三胃，または第四胃壁の癒着を起こし，多かれ少なかれ限局性の腹膜炎となる。症状は不明瞭で，不活発，発熱，上腹部痛などがある。脾臓の膿瘍形成では敗血症と多臓器への膿血栓の拡散が起こる。まれな例では膿瘍が腹壁下部に達し，皮膚を貫通して自壊し，膿とともに異物も排泄される
- 慢性の第二胃の癒着と膿瘍形成：これらが非常に広範囲に生じて第一胃へ分布する迷走神経にも及ぶことがある。通常，動物は健康に近い状態に回復するが，ある例では慢性の第一胃拡張を示す症候群またはHolfund症候群に発展する(3-15，164〜165頁参照)

■第一胃切開術の手技

　第一胃切開術は急性の外傷性第二胃腹膜炎の治療法としてよく実施されている。またこの手術は化学療法や管理法の変換などの保存療法では反応しない慢性症が疑われる症例にも適用される。

　手術部位は試験的開腹術で述べたように左膁部である（3-2，108～113頁）。切開の長さは18～25cmとするが，第一胃内容によって起こり得る汚染をコントロールするために用いられる方法によって異なる：

- Weingart枠──上述の通りの切開
- McLintockカフ──16cmの切開
- 第一胃壁の壁側腹膜への縫合－切開の長さは決まっていない。いずれの場合も切開の背側交連は腰椎横突起の外側端から約8cm下方とする。

　腹腔内に至ったら（手技は3-2，108～113頁），第一胃に切開を加える前に次の数項目をチェックする：

- 壁側および臓側（第一胃）腹膜の外観，例えば粗雑であれば急性または慢性腹膜炎を示唆する
- 最初に右側腹腔を検査する
- 過度の腹水の存在：手を下方に挿入すると過度の腹水が貯留していれば容易に20～50mLの手一杯の腹水を何回もすくうことができる。膿性の綿状沈殿物を伴った灰色～黄色の腹水は急性または慢性腹膜炎の証拠である
- 第二胃と横隔膜および付近の臓器間の癒着の存在：過去または現在の異物の穿孔を示唆する。癒着時期の推測法は111～113頁に記載した

　第一胃内容による腹腔内の汚染を避けるために第一胃を体外に引き出すか（Weingart枠またはMcLintockカフ），あるいは一時的な連続縫合を行うことで腹腔内を第一胃から分離する。Weingart枠による方法が好んで用いられている。

Weingart枠による方法（図3-11参照）

　ステンレススチールの枠（27×18cm）とともに鉤とハンドルの接合部にフックが付いている第一胃吊出し鉗子（23cm）2本と胃壁鉤（7cm）6本を使用する。腹部への挿入方

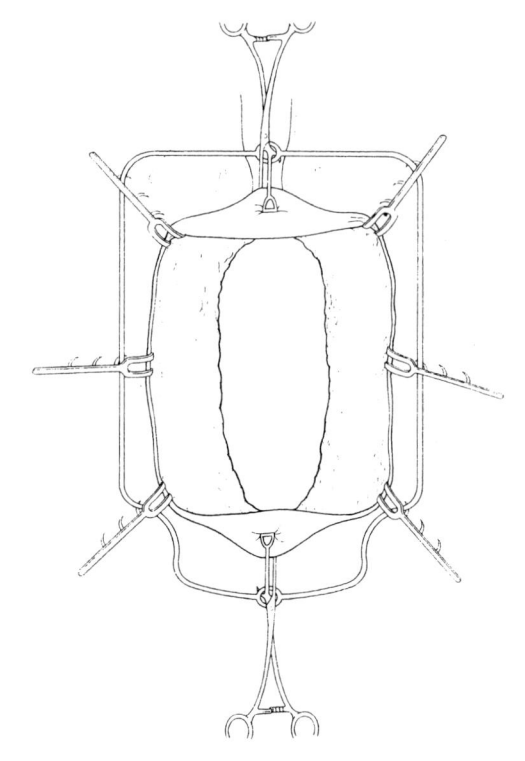

図3-11 Weingart枠の装着．第一胃壁を創外に引き出し，6本の胃壁鉤と2本の第一胃吊出し鉗子で固定する．

法は，次の通りである：
- Weingart枠を皮膚切開創の背側交連にねじ込んで止める
- 第一胃切開を行う部位の第一胃内容物を内方へ押し込む
- 第一胃壁の背側およびその約15cm腹側部の2カ所を鉗子で保持して創外に引き出し，枠に付いている上と下のリングに固定する．これで第一胃は創外に引き出されたが，ここではまだ汚染を防げない
- 引き出した第一胃を完全に覆うように枠と腹壁間を滅菌布またはゴムドレイプなどをかける
- 背側の鉗子の直下から第一胃を切開する
- 第一胃の切開縁近くの粘膜に小さな胃壁鉤を引っかけて，これを引っ張り出して時

計の11時の位置で枠に留める。そして次に1時の位置に留める
- 腕がうまく挿入されるだけ第一胃の切開を腹方に広げ，残りの4本の胃壁鉤を時計の9時，3時，7時および5時の位置で第一胃を枠に固定する。これで実質的に第一胃は腹腔と分離されたことになる

McLintockカフによる方法

　この方法も同様に効果的であるが，大きな問題がある。それはこのカフの滅菌法とゴム製の部分が破れてしまうということにある。
- 腹壁の切開創を覆うためにめくり出た硬いカフの付いた特別のゴム製布を臁部に装着する
- 第一胃を創外に引き出し，上部に2.5cmの切開を行う
- ゴム付きフックを挿入するが，これは滅菌していない助手に一時的に保持してもらう
- 切開を腹側に10～11cm延長する
- 切開部内に硬いカフ端の部分を挿入する。これで第一胃切開縁はしっかりと握持され，第一胃を引っ張るとカフの端は臁部皮膚へ引き寄せられることになる
- 皮膚と第一胃の間に15cmの楕円形の穴の開いた薄いゴム製のシートを装着する
- もうひとつの同じシートをさらにその上に装着し，密閉するために第一胃内のカフの縁を折り返す

縫合による方法

- 角針と非吸収糸（4号）を用いて第一胃壁を皮膚に対して単純連続，第一胃に対してカッシングパターンで縫合する
- 縫合後，皮膚と第一胃の間がしっかりシールされていることをチェックする
- 第一胃を背側交連の2.5cm腹側から，腹側交連の3cm背側まで切開する
- もし第一胃が比較的空虚でも柔軟でもない場合，縫合部が裂けてしまう恐れがある。このような場合は第一胃壁を壁側腹膜の切開縁に縫合しておく
- ひとりで行うときの簡単な方法としては，創外に引き出した第一胃の背側および腹側をそれぞれタオル鉗子（13cm）で一時的に皮膚と固定してから縫合を始める方法がある

どの方法においても次のステップは同じである：

- 大きな口径のプラスチックチューブ(内径3cm)に水を満たしてサイフォン式に余分な液体を吸い出し，邪魔になる固形物を除去する
- U字状の第一・二胃の筋柱より頭側腹方に手を進めて第二胃を系統的に検査する。腹腔内の検査時にすでに癒着が発見されている場合にはその部位に手を進める。そうでなければ第二胃底を素早く検査し，さらに前壁を調べる
- 第二胃の内壁はもちろんのこと噴門と食道溝，および第二胃・三胃開口部も確認して検査する：第二胃・三胃開口部を触って収縮を誘発する
- 遊離している第二胃内の異物を除去するが，第二胃の特徴的な構造である第二胃稜間の第二胃小室に刺さっている長い先鋭異物をよく探索する
- 1cmあるいはそれより短い異物が顔を出しているかもしれないから指先で検査する。ほかの例では異物が第二胃壁を右側に貫通しているのが確認できる
- 指で第二胃壁を持ち上げることによって，例えば第二胃の右側のように手の届かない壁側面の癒着の存在を確認することができることもある
- また，第二胃壁をよく触診して散在性の膿瘍の存在についてもよく検査する
- もし穿孔異物を発見した場合，穿孔の深さと方向を確認して障害を受けそうな部位を推測する。これは予後判定に役立つ。第二胃壁または第一胃壁の膿瘍に対して第一胃・二胃内から穿刺または排膿するべきかどうかの判断は慎重を要する
- マグネットを使用すれば遊離した鉄製の異物を容易に回収することができる
- 第二胃内に永久磁石を設置する

　動物や術者の物理的なサイズのためさらに遠方の検査が困難な場合でも次の手段によって部分的に克服することができる。すなわち第二胃が後方にずり下がるように動物の前駆を高くする，または助手(または二人に厚い木製の板を使わせる)に剣状軟骨部を間接的に上方に押し上げさせることである。

　第一胃内への投薬は第二胃の検査後に実施する。新鮮な第一胃内容液の投与は第一胃微生物叢を急速に正常化させるが，食肉センターから得る場合を除いては第一胃内容液を容易に採取することはできない。

癒着の処置

- 慢性の癒着：慢性の癒着を剥離してもまたすぐに癒着してしまう傾向があるのでたいてい無意味である
- 新しい癒着：膿瘍腔が新しい癒着の内側に存在している可能性があるので剥離してはならない

■第一胃切開創の閉鎖

方法は第一胃の固定法によって多少異なるが，どの方法でも2層の内反縫合を行うべきである。この方法として：

- 4号のPDSで連続カッシング縫合を行う
- 同じ縫合糸で連続レンベルト縫合を行う

Weingart枠による方法

- 胃壁鉤を外し，2層の縫合を実施する前後に腹膜表面を清浄にする。そしてさらに大きい方の第一胃吊出し鉗子を外して第一胃を腹腔内に戻してしまう前にもう一度清浄にする

McLintockカフによる方法

- 2つのゴムシートを外し，汚染を避けるため，第一胃と内部のカフを腹壁から遠くに引っ張り出す。そしてゴム付き鉗子をカフ縁の下側に掛けてからカフを除去する
- 第一胃縁を確実に掴み，鉗子で臁部上に保持すると汚染している表面は容易に清浄化でき，所定の2層の縫合(カッシングまたはレンベルト縫合)を実施できる

縫合による方法

- 露出している第一胃の表面を洗浄した後，2層の縫合を行う。そしてさらに表面の清浄化を図る
- 腹壁の筋の汚染組織を除去する
- 円周上の腹膜縫合を除去する

腹腔内への薬剤の投与は特に必要ない。腹壁の縫合法は前述の通りである(3-3, 113

〜117頁参照)。どの場合も抗生物質の全身投与を3〜10日間行うべきである。

▎外傷性第二胃炎の予防

予防の目的を達成するのは難しい。しかし梱包用のプラスチックの織り紐が登場してワイヤーが姿を消したことによって，潜在的な異物の主要な出所がなくなった。本症の発生の危険性のある農場では，鉄などの危険性のあるものは牧野や通路周囲から排除する。

経済的に可能であれば(特に人工授精所や血統のよい牛をそろえている牧場)，1歳齢以上の牛へのマグネット(Bovivet® 第一胃マグネット，Kruuse)の経口投与を考慮する。最もよいものにケージマグネットがある。これはプラスチックのケースがマグネットを囲んでいるもので，接着する鉄製異物はこのケースのなかに取り込まれて第二胃上皮との接触が避けられる(Hannover型ケージマグネットスーパー11)。マグネットは効果的な予防手段と思われるが，すでに穿孔のあるものに対する保存療法としては役立たない。

3-5　半永久的な第一胃瘻管形成術

▎適応

慢性の反復する第一胃鼓脹症はふつう3〜9カ月の子牛にみられる。食欲減退のため発育不良となる。瘻管形成術によって症状が軽減し，急速に増体する。第一胃フィステル形成術の代わりに子牛用の使い捨ての自在型套管針(Buffラセン型モデル，11cm，Kruuse)を数日間使用することもできるが，その内腔が詰まるのを防ぐため定期的に金属製の套管針で掃除する必要がある。

▎子牛の反復性鼓脹症の病因

線維摂取量が不十分な子牛や第一胃の発達が悪い子牛で生じる。慢性肺炎に継発する縦隔膜のリンパ腺症による胸部食道または噴門部外側からの圧迫による閉鎖，または不十分な線維性飼料の摂取から生じる第一胃の発達不全も病因になる。しばしば胃管は抵抗なしに挿入することができ，機械的狭窄の可能性は除外される。

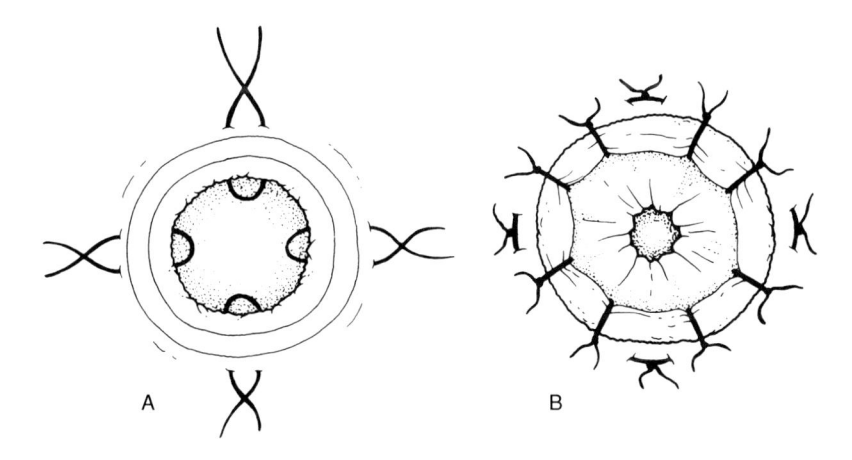

図3-12 第一胃瘻管形成のための第一胃を体壁に縫合する方法．
(A)第一胃壁と皮膚の4箇所の水平マットレス縫合；(B)第一胃を皮膚縁に重ね合わせる8箇所の単純縫合を行う；これによって適当な大きさの瘻管が形成される．

▌症状

多かれ少なかれ持続的な第一胃の過度の拡張があって，少しずつではあるが進行性に状態が悪化する。このような子牛の多くは最後には自然治癒する。通常，反芻は影響を受けない。

▌手技

- 脊椎側神経麻酔(T13，L1，1-8，41〜43頁参照)または局所浸潤麻酔(1-7，39〜40頁参照)。部位は左上膁部で，最後肋骨から腸骨外角までの3分の1の部位
- 10×7 cmの範囲を刈毛し，消毒する
- 胃管を挿管して鼓脹を消失させる
- 皮膚を4×2 cmの楕円形に切除して，筋肉を鈍性に分離する(鋏を用いる)
- アリス鉗子で腹膜をつまみ上げ，切開を加え，これを保持する
- 直下にある第一胃壁をもう1本のアリス鉗子で創外に引き出す
- 最初に固定するために皮膚と第一胃を水平マットレスまたは単純連続縫合する(図3-12A参照)
- 別の方法として，ねじ込み式套管針(Buff型)を必要に応じて数週間，膁部から挿入

してもよい。問題は，管腔が詰まること，第一胃からはずれてしまうこと，腹膜炎を生じることである
- 第一胃を切開し（3 cm），皮膚縁に重ね合わせる4つまたは8つの単純縫合を実施する（図3-12B参照）
- もし必要ならば第一胃壁の切開創の一部を切除して，皮膚の切開創よりやや小さめの穴を開ける

　この第一胃の切開創は線維組織が増殖し，狭窄が起きて3～5週間で治癒する。永久的な瘻管とするためには最低6 cmの第一胃切開が必要である。

成牛の慢性第一胃鼓脹症
▋病因
原因としては：
- 慢性第二胃炎の多くは癒着を形成し，迷走神経の損傷に継発する第一胃運動の減退をもたらす（図3-22参照）
- 破傷風
- 食道，食道溝または噴門のガン（消化管のリンパ肉腫）はまれな原因である
- 慢性の全身性リンパ腺症あるいは例えば肺炎や放線菌症で食道の背側上にある縦隔膜リンパ節の腫大が起こると噯気の排出が阻害される。
- 食道溝，第二胃または噴門の臓側面の放線菌症で，普通1.5～3歳の牛でみられる
- 2～18カ月齢の牛にみられる胸腺型リンパ肉腫

▋診断
　通常，困難である。化学療法に反応しないものは放線菌症ではない。ある例では自然に回復するが，多くの例では持続性である。将来，育種牛となる価値がある牛では，しばしば試験的開腹術および第一胃切開術が適用される。

▋治療と予後
　放線菌症（ヨウ化物および/またはストレプトマイシンなどの抗生物質療法）は別として，成牛の慢性鼓脹症の治療はたいていうまくいかない。半永久的な第一胃の瘻管

形成術は原発疾患を軽減することはできない。予後は不良である。

3-6　第四胃左方変位

■構造
　正常な第四胃は腹底に位置しているが，それは第一胃，第二胃，第三胃の充満の程度や収縮運動に関連している。第四胃は胃底部および幽門部からなる。単胃から類推すれば胃体部も存在するはずであるが，胃底と胃体の区別は不明確であり臨床的な重要性もない。狭くなっている幽門部は右側腹壁に沿って横方向やや頭側に走行し，第十一～十二肋骨下の第三胃腹側部分の外方尾側に位置する幽門へと進む。

■病因
　症状は異なっていても第四胃の左方変位(LDA)，右方への拡張と変位(RDA)および捻転はおそらく共通の病因を持つ。第四胃左方変位の病因には胃内容の排出時間を遅延させる胃の運動性の減退や緊張性の低下が含まれる。この要因には：
- 分娩時の過肥(脂肪)
- 飼料——しばしば高脂肪および/または高タンパクを伴う濃厚飼料の過剰摂取および飼料中の線維の相対的低下
- 飼料の過食または急変(夜間に粗飼料がない)，その他のストレス(難産など)
- ある血統では遺伝的要因
- 分娩と関連する腹部臓器の再配置
- 合併症(例えば脂肪肝，ケトーシス，子宮炎，乳房炎，低カルシウム血症)はしばしば第四胃変位と関連する

■症状
- 乳牛では冬期間の舎飼い時期に分娩後6週以内の牛に多く発生し，今日では初妊牛および子牛でも発生が増加している
- 比較的急激に乳量が減少し，ほとんどの濃厚飼料を嫌うような選択的な食欲不振となる
- 第一胃運動が減退または停止し，反芻が減少する

- まれな症例(消化性潰瘍，穿孔または急性限局性腹膜炎)を除いて，動物は元気で腹痛はない
- 初期では軽度の便秘
- 発熱はない(二次的な腹膜炎または併発疾患を除く)
- しばしばロセラ試験(乳汁)で陽性反応を示す二次性のケトン尿症がみられ，呼気に甘い臭いがする
- 軽度の低クロール血症，低カリウム血症，軽度の代謝性アルカローシスが存在することもある
- 最近に難産，乳熱，子宮炎または乳房炎の病歴を有するものがある
- 進行性および加速的な削痩がみられる

▍診断

　左側膁部での特徴的な聴診音：左腹壁の聴診で特徴的な高い金属性の反響音が左膁部から第十〜十三肋骨間の中央部分で聴取される。聴診器を当てながら人差し指で肋骨を軽くはじくのに一致して反響する音は第一胃が左腹壁に密接して聞かれる濁音とはまったく異なる。疑わしい例では左側腹壁の第十〜十二肋骨間に聴診器を当てながら第一胃の腹囊を右膝で振とうさせてみる(異常な音が高頻度に聴取される)
　時には重度の第四胃内のガスの貯留によって第十三肋骨のすぐ後ろの左膁陥凹部の頭側背方が軽度に膨隆する。
　直腸検査によって第一胃背囊の左側と左側膁部の間に鼓脹性の臓器として左方に変位した第四胃が触知されることはまれである。

▍鑑別診断

　左側膁部有響音の鑑別診断：迷走神経性消化障害の第一胃の弛緩による液とガスによる有響音かもしれない。
　まれに鑑別が困難な場合，"liptac試験"が診断を確定するために用いられる。"ピング音"によって示される領域の中心に体壁から8 cm，14ゲージの注射針を穿刺して液を採取する。pHが3.5未満を示せば変位した第四胃のものであり，5.5よりも高値であればピング音は第一胃由来である。食道カテーテルを第一胃内に挿入すれば，第四胃左方変位によるピング音なのか，第一胃由来のピング音なのかを鑑別することがで

きる。超音波検査によって第四胃左方変位は第一胃上にあって，体液およびガスを満たした臓器として視認することができる。

■保存療法

発症間もない例で経済的要因(手術費)が問題の場合には，保存療法が適用される。治療は原則としてローリング法によって第四胃を整復する。
- 牛を右側横臥位に保定する(Reuff法，一人は頭を保定し，二人はロープを持つ)
- 左側横臥位にひっくり返すが，ひっくり返しながら膝で反時計方向に圧迫することで第四胃が正中に戻るように下腹壁を強く圧迫する
- 代わりの方法として背中を下にした仰臥位に保定して，右45度から左45度に揺さぶって第四胃を正常な位置に戻す
- どちらの方法でも最後は牛を左側横臥位にして第四胃の過剰のガスが排泄されるように5〜10分間そのままにしておく
- 聴診と指による打診により第四胃が左側にないことを確かめる
- カルシウムとブドウ糖を静脈内投与する
- ローリング法で整復した後は，1週間かけて再び濃厚飼料を徐々に給与していく
- この時期には最大の運動を負荷する

ローリング法で整復した第四胃左方変位のある例ではその直後またはまもなく第四胃右方変位になることがある。ほかの多くのものは48時間以内に再び第四胃左方変位になり，もう一度ローリング法をするか手術が必要となる。ローリングによる治癒率は20％である。

手術手技(第四胃左方変位(LDA))

1948年頃スコットランドで第四胃左方変位の手術例が最初に報告されて以来，多くの手術法が記述されてきた。

数種の手術部位および固定法は次の通りである：
- 起立位および横臥位
- 左側または右側，または左右両側の臁部切開
- 傍肋骨，傍正中または正中切開

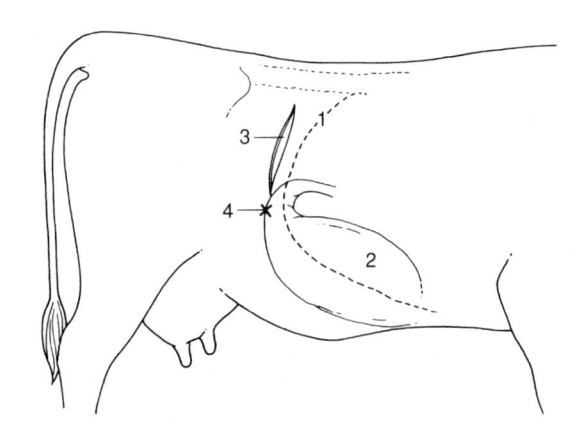

図3-13 右側膁部での第四胃固定術のための腹部切開部位.
(1)第十三肋骨；(2)第四胃底および第四胃体；(3)膁部切開創；(4)第四胃を腹壁に縫合して固定する部位(X印).

- 腹腔内で第四胃を右側膁部または腹底壁に固定
- 左側膁部からの腹腔鏡アプローチ，右側傍正中固定(本書では扱わない)
- 腹腔内からの経皮的固定(ユトレヒト法)
- "盲目"縫合またはびんつり法(一般的)による正中での経皮的固定

種々の手術部位の利点と欠点を表3-1に示した。個人的な好みはさまざまである。

右膁部からのアプローチ
- 第十三胸椎，第一と第二腰椎の脊椎側神経麻酔を行う
- 皮膚は無菌手術のための準備をして，滅菌布を掛ける
- 第二腰椎横突起先端下10cmで最後肋骨後方4cmの部位を起始点として肋骨に沿って15cm皮膚を切開する(図3-13参照)
- 前述したとおり(3-2，108頁参照)筋層を鈍性分離，腹横筋膜と腹膜を切開して腹腔に至り，片手が楽に挿入できるだけ広げる(13cm)。
- 用手によって腹腔内の精査をする(図3-8参照)。左手を挿入し，この手を大網の後縁の後側に進め，さらに腸骨翼の低い部分および下行結腸，結腸間膜および左腎周囲脂肪塊の腹側に向けて手を腹腔の左側に伸ばす

表3-1 第四胃左方変位の様々な外科的整復法.

切開部位	右側腹部	左側腹部(コトレヒト)	右および左側腹部	正中/傍正中	傍肋骨	経皮的固定(びんつり)
麻酔	脊髄側神経麻酔または局所浸潤麻酔	脊髄側神経麻酔または局所浸潤麻酔	脊髄側神経麻酔または局所浸潤麻酔	鎮静(キシラジン)＋局所浸潤麻酔	鎮静(キシラジン)＋局所浸潤麻酔	鎮静(キシラジン)
減圧の容易さ	＋	＋＋	＋＋	(＋)	(＋)	N/A
整復の容易さ	＋＋	＋	＋＋	(＋)	(＋)	(＋)
第四胃固定部位	幽門部	胃底部	胃底部または幽門部	胃底部	胃底部	胃底部
留意点	相対的に非生理的な固定位置、ストレスは最小限	不慣れな術者には手技上の問題がある；第一胃切開も可能 手技の熟練が必要	術者が2名必要；時間と費用がかかる；第一胃切開も可能	保定による問題が起こりうる；上手な創の閉鎖が重要	出血および創傷治癒の問題	良好、助手が必要、早くて安価、しかし固定を誤る危険がある(第一胃など)
著者の個人的好み						
(ADヴィーバー)	1	2	3	5	6	4
(Gセントジーン)	1	3	5	2	6	4
(Aシュタイナー)	1	2ª 3ᵇ	0	3ᵇ	0	4ᶜ

(＋) =通常は横臥したときに自然減圧、整復される
a=分娩前LDA；b=長期間のLDA、c=価値の低い牛

- 変位した第四胃が比較的小さい第一胃と左腹壁の間に挟まれているのが確認できる（第四胃は左腹壁の2/3もしくはそれ以上に広がっていることもある）
- 第四胃の触診可能な部位にざらざらした部位（腹膜炎）や左側膁部と癒着した部分がないかチェックする。腹膜炎はおそらく穿孔性の消化性潰瘍が原因である
- 第四胃内ガスのほとんどを排除する前に第四胃を押し下げたり，右側から大網を引っ張ったりしても第四胃を整復することは困難なことがわかる
- プラスチックチューブを連結した内径の太い針（内径約2 mm）を第四胃壁に対して45度の角度で刺入し，チューブのもう一端は動物の体外に出してガスを排出することによって第四胃を減圧する
- 手のひらで第四胃を腹側に圧迫しながら針をしっかり保持する
- ガス（5～15L）が排除され，第四胃が比較的たるんで左腹底に沈んでほとんど手が届かなくなるまで，およそ5分間待つ
- チューブ内の第四胃液によって腹腔内が汚染されないように第四胃液をチューブ内に残したまま針とチューブを除去する
- 左手を第四胃の背側に置いて正中下方に押し下げる
- 左手の平を左腹壁に沿って肋骨側に向けて挿入し，剣状軟骨と臍との中央の正中線上に進める
- 手を反時計方向に180度返して正中線上にある大網と第四胃を把握する
- 掴んだ部分を引っ張り上げて右膁部切開創からそれが第四胃であることを確認する。もし必要であればゆっくり何度か引っ張り上げてみる
- 第四胃の幽門部を直視下で確認する：淡桃灰色で大網付着部と明瞭に境界し，この部分は硬く指では容易に傷付けることはできない
- もし第四胃を直視できない場合は，正中線上の臓器を掴み上げる操作を反復する；第四胃は容易に右膁部に引き上げることができる
- 一時的に第四胃と大網から手を離して左側に第四胃がないことを触診して確かめる
- 残りの腹腔頭側を素早く触診し，チェックする（肝臓，第二胃，横隔膜）
- 閉鎖する膁部の壁側腹膜と腹横筋に大網を縫合する
- 誤って小腸が狭まっていないかを確認して，糸を強く引き結紮する。この縫合の3 cm背側に第二の大網の縫合を行う
- 別の方法では第四胃幽門壁およびその後方に付着する数cmの大網を腹壁に縫合す

る。縫合針として5号の単線維ナイロン糸を通した約4.5cmの半湾の丸針を用いる
- 定法通り腹壁の切開創を閉鎖する(3-3, 113～117頁参照)
- 抗生物質の全身投与を3日間実施する

　濃厚飼料への食欲が増加してきて治癒するのにはふつう2～3日を要する。合併症のないものは予後良好である(95%)。

■合併症
手術後の合併症には次のものがある：
- 非無菌的手術または第四胃内容の漏出により腹膜炎または膁部切開創の膿瘍形成が起こる
- 癒着が形成される前に第四胃と腹壁縫合の離断が起こると第四胃変位が再発する
- 手術創の裂開は通常腹側で起こる
- 大網の代わりに第四胃幽門部を固定すると，そのあとで機能的狭窄を生じることがある

左膁部からのアプローチ
　英国や北米ではあまり行われていないが，この方法(ユトレヒト法)は簡便なので知っておく価値がある。
- 試験的開腹術(図3-6の切開3)と同様に左膁部切開を行う
- 腹腔内を検査し，第四胃左方変位を確認する
- 前述したように針を用いるか，あるいは第四胃を圧迫して第四胃のガスを排除する(最初に第四胃に糸をかけてから，次にガスを排除する方法を好む獣医師もいる)
- 8cmの直針(角針)に1.5mの非吸収糸(4号のポリアミド重合体)を通して，この針で大網と第四胃体の壁(内腔を貫通しない)を3cm間隔で5ないし6回連続的に縫合する(Ford連続固定縫合)(図3-14参照)
- やや弛緩した第四胃を正中に向かって押し下げる
- 腹側正中からわずかに右側の剣状突起と臍の中央部の体壁に針を貫通する(助手が外側から皮膚を押すことでその位置を確認する)
- 助手に皮膚を貫通した針を外側に抜き取らせる。縫合糸端を動脈鉗子で保持し，腹

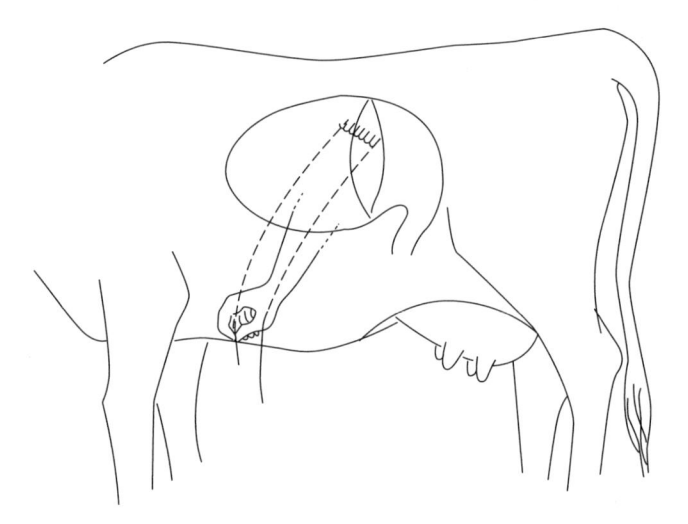

図3-14 ユトレヒト法による左側からの第四胃固定術．
左側膁部において大網付着部を介して第四胃に連続縫合を施す．縫合糸は長い直針を用いて正中より右側の下腹壁を貫通させる．

壁下にぶらさげておく
- 第一の貫通部の3cm後方の腹壁にもう一方の縫合糸の端を通した第二の針で腹壁を貫通させる；助手が再度正確な位置を示す
- 助手が下腹壁皮膚上の縫合糸を結紮する（包帯のロールを結紮下におく）。この間，術者は第四胃が下腹の壁側腹膜にしっかりと固定され，大網や空腸ループが介在しないよう確かめる
- 膁部切開創を定法通り閉じ，1〜3日間抗生物質の全身投与を行う
- 2週間後に第四胃－大網－皮膚縫合糸を鋏で切断するが，このときには大網および大網と腹壁には強固な癒着が形成されている

正中からのアプローチ

整復と固定が困難なことはほとんどない。手術は鎮静（キシラジンの静注または筋注）と局所麻酔下または全身麻酔下で行われる。牛の横を麦わらの梱包で支えて，後肢は術部から離れたところでロープを用いて保定すべきである。牧夫は頭を保定しながら前肢を術部や術者の頭や手から遠ざけるようにする。

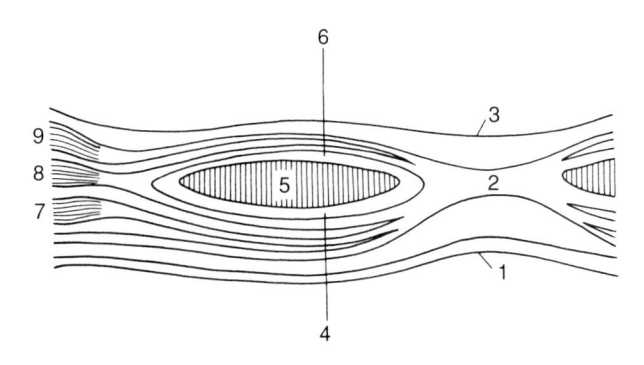

図3-15 下腹壁正中の横断図.
(1)皮膚；(2)白線；(3)腹膜；(4)腹直筋の外鞘；(5)腹直筋；(6)腹直筋の内鞘；(7)外腹斜筋；(8)内腹斜筋；(9)腹横筋(Cox,1981より引用).

- 切開部は臍と胸骨剣状突起の中央で，臓器を直視するため創外に引き出すのなら約15cm，臓器の操作や深部の縫合を触診のみで行うのなら11cmの切開を行う
- 皮膚，皮下脂肪および白線(厚さ約7mm)をメスで切開する(図3-15参照)
- 腹膜上にはいくらかの腹膜下脂肪があるので注意し，これにメスで切開を加え，直鋏で切開を広げる
- さっと全体的に腹腔内を精査する
- 手を左側に挿入して変位した第四胃または(通常あることだが，すでに第四胃が整復されてしまっていれば)第一胃腹囊を確認する
- 第一胃左縦溝から起こる大網を正中の方へ伝っていくと第四胃体が確認できる
- 確認のため第四胃の一部を創外に引き出す
- 第四胃体が縫合ごとに2cm幅で含まれるように腹膜と下腹筋に第四胃を縫合する(4号のポリアミド重合体またはPDSを使用する)
- 縫合糸が第四胃内腔を貫通しておらず(第四胃瘻管や破裂が起こり致死的な腹膜炎の危険性がある)，第四胃漿膜と筋層を通っていることを確認する
- 腹膜－第四胃の連続縫合が終わったら注意深く縫合全体を強く締めてから結紮する
- 5または6号のPGAを通した5cmの半湾の角針を用いて，白線(腹壁を支持する最も重要な層)を単純結節縫合で閉鎖する
- 4号のクロミック腸線を用いて皮下織を連続縫合して白線縫合部を覆う
- 単線維ナイロン糸を用いて皮膚が外反するように水平マットレス縫合を行う

- 抗生物質を1～3日間全身投与する
- 10日後に皮膚縫合を抜糸する

経皮的固定（トグル法またはびんつり縫合）

　費用のかかる開腹手術を避けて第四胃を固定する迅速かつ単純な方法が広く行われるようになった。合併症のない第四胃左方変位であることを確認した後：

- 剣状突起と臍の間で正中より右側を剃毛し，消毒する。右側の腹皮下静脈の位置をマークする
- 40～50mgのキシラジンを静脈内投与し，牛を右側横臥位に保定する（Ruff法などを用いる）
- 牛を素早く仰臥位にし，後肢を伸ばして縛り，牛が安定するように麦わらの梱包を謙部の横に置く
- 術者が腹部の第四胃ピング音を確認している間，助手は左側で乳房の前に膝をつく
- 套管針とその外套（Kruuse UK Ltd, Jorgensen Labs, Colorado, USA）を剣状突起から手の幅分だけ尾側で，正中より同じ幅だけ右側の皮膚，筋層および腹膜から勢いよく刺入する（図3-16参照）
- 套管針を抜いてトグルを挿入し，確実に第四胃内に入っていることを確認する（たいていガスが排出し，pH試験紙で酸性であることをチェックする）
- 助手はトグルの縫合糸を鉗子で保持する
- 套管針の外套を取り除き，迅速に最初の刺入位置より2指幅前後の位置に套管針の刺入とトグルの挿入を繰り返す
- ガスのほとんどを排出させる
- 許容できる数cmの遊びをつくって2本の縫合糸を結紮する（図3-16(b)D）
- ゆっくりと牛を回して胸骨臥位とし，起立させる
- 予防的に抗生物質の全身投与を行う
- 第四胃の位置および問題となる合併疾患をチェックするため，手術2～5日後に往診する

　この経皮的固定方法は2人の助手を必要とし，いったん牛を仰臥位にしたら迅速に第四胃のガスを抜くように実施する。保定が不十分であったために術者が怪我をするとい

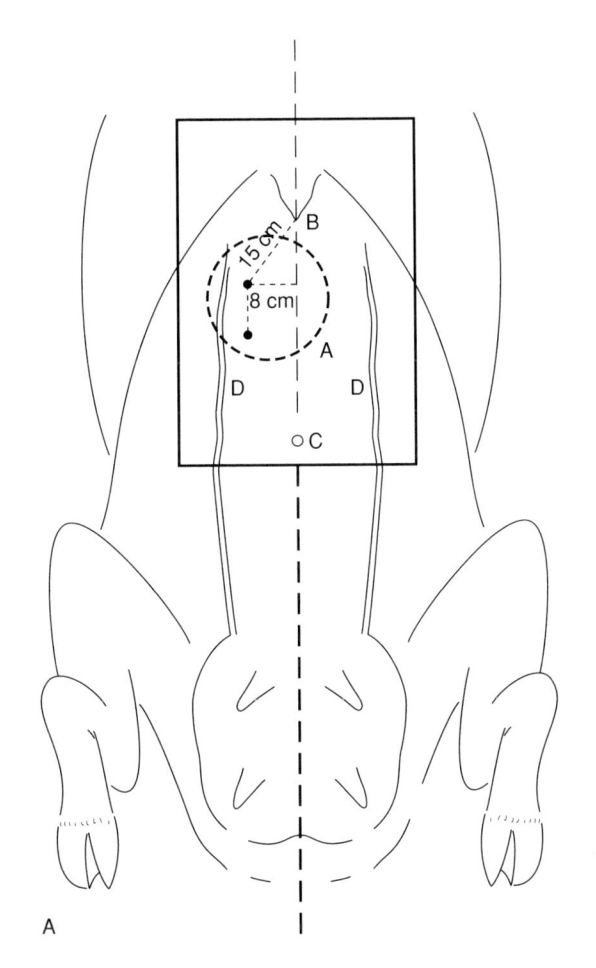

図3-16(a) 頭側の下腹壁皮膚を介する第四胃びんつり法の穿刺部位(A)，剣状突起(B)後方で，正中と右腹皮下静脈(D)との間の穿刺部位を示している．

うことは別にしても，思いがけない重要な事故は，第一胃に套管針を刺してしまうこと，幽門のすぐそばで第四胃を固定してしまうこと，あるいは第四胃壁を縫合糸で裂いてしまうことなどがあり，すべてが腹膜炎になる可能性がある．

　本法は，第四胃のガス貯留期間が比較的長く，初診時に左膁部に明瞭なピング音が認められる症例で容易な傾向がある．この手技ではほかの腹腔内臓器の合併疾患（慢性癒着，肝膿瘍など）を明らかにすることはできない．

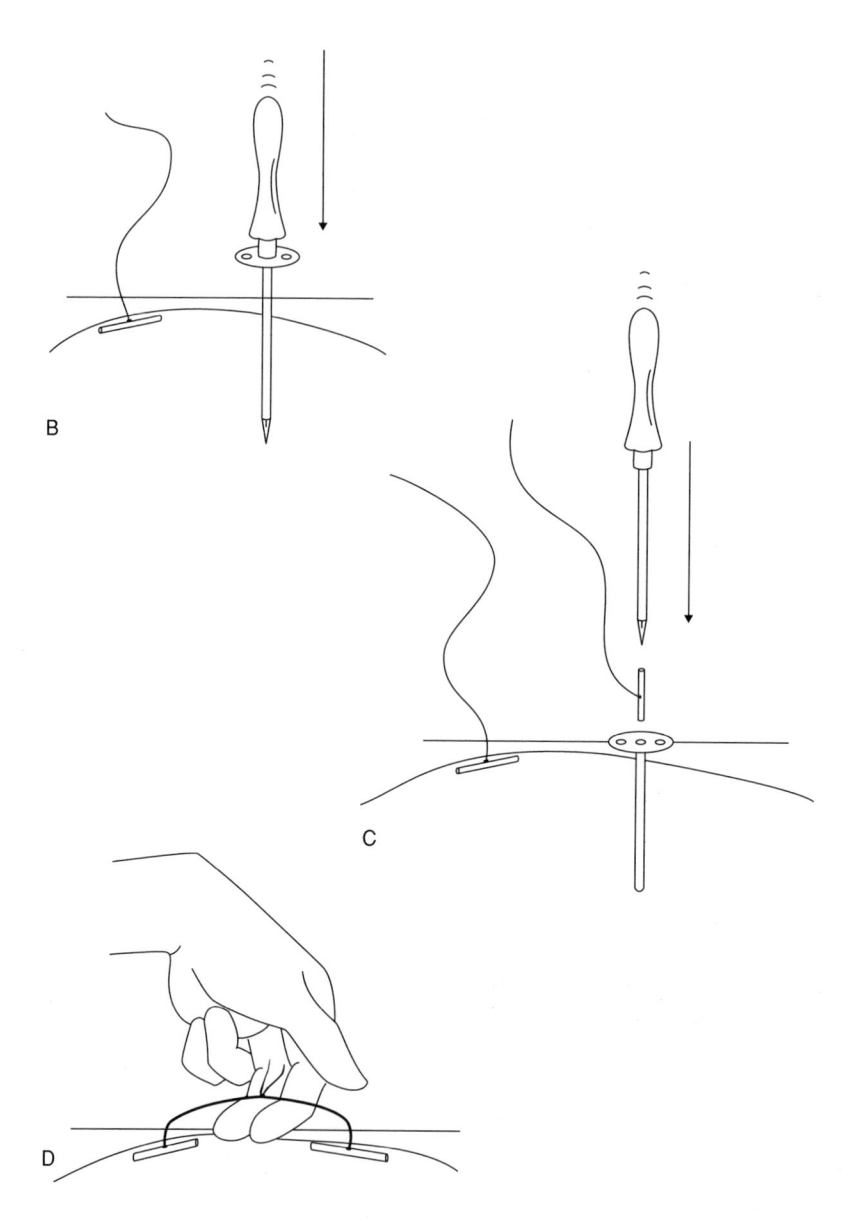

図3-16(b) (B)最初のトグルの挿入は済み，2番目の套管針を刺入させたところ；(C)套管針を抜き，外套を通してトグルを挿入する；(D)指が2本入る程度の余地を残してトグルの縫合糸を互いに結ぶ．

■手術法に関する考察

手術上の問題点とその解決法：

- 第四胃の位置が分からない場合——右側膁部切開時にこの問題が生じた場合，特に不慣れな術者では左膁部切開が必要となる
- 第四胃の左腹側壁との癒着を剥離できない場合——右膁部からの開腹では癒着部位に手が届かないため再び左膁部からの開腹が必要となるか，あるいは癒着が古くて広範囲に及ぶため剥離できないほど強固なのかもしれない。ごく最近の癒着であればこれを剥離すると穿孔性の潰瘍の中に第四胃の内腔が露出するので注意が必要である。このような合併症を示す例はまれである（5％未満）
- 右側膁部からの開腹で第四胃を整復できない場合——指先で第四胃や大網を穿孔させないようにして手のひらでできるだけしっかり正中にある臓器を保持する限り，何回も穏やかに牽引する分には害はない。手が剣状突起の尾側約20cmの部分の臓器を握持しているか確認する
- 幽門部を確認できない場合——大網に隣接した第四胃の尾側の部分を確認して手を背側に進めると，第四胃の幅は約3cmで，大網と小網に付着した脂肪が第四胃縁で重なり合っている部位を見つけることができる。この部位が幽門で，分厚く緻密になっており，第十肋骨下で下腹壁に至る中途に位置している

3-7　第四胃右方変位，拡張および捻転

　第四胃の右方への拡張と変位はおそらく第四胃左方変位(LDA)と共通の病因を持つ。第四胃右方変位(RDA)の発生率は低く，分娩直後の時期とあまり関連していない。第四胃左方変位(LDA)をローリング法で治療した結果，第四胃右方変位(RDA)になることがあるが，これは拡張した第四胃が右膁部内で様々な距離を移動したものである。まれに第四胃が明らかに左方と右方に交互に変位する例もあるが，これは第四胃が数日間に片側膁部から他側へと"スウィング"するものである。右方拡張は若い雌牛や去勢牛で散発的に発症する。

■第四胃右方変位（RDA）の症状と診断

- 選択的な食欲不振および緩徐な体重減少

- 右側膁部の下または中央部が拡張し，この部位で高調な拍水音や時にピング音が聴取される
- 第四胃右方変位(RDA)症例はたいてい第四胃左方変位(LDA)よりも第四胃液量が多い
- 右膁下部の振とう聴診で拍水音を生じるが，疼痛を示すことはまれである
- 時には多量の水溶性下痢がみられる
- 直腸検査では平滑で拡張した臓器が右側恥骨縁前方で触知されるが，その尾側背方の後面までしか手が届かない。第四胃右方変位が局所血管の障害を伴って，あるいは伴わないで右側捻転になこともある。第四胃右方変位が急に捻転を生じる症例は少ないが，発症すると数時間で状態が急変し，予後は注意を要するものとなる。緊急手術を直ちに行う必要がある

　第四胃右方変位牛は自然に回復することもあるが，多くは進行性に活力を失い，徐脈が出現する例もある。予後は注意を要する。

▌第四胃右方変位の保存療法

　牛を運動させるために放牧するか運動場に出して，かさのある飼料に優先的に近づけるようにする。ある例では一般的な対症療法に良く反応する。分娩したばかりの牛にはボログルコン酸カルシウムを静脈および皮下の両方に投与する。反応しない例では常に第四胃捻転になる危険性がある。捻転例の多くは慢性の第四胃疾患を思わせる経歴がある。生産価値の高い牛では，捻転を生じる前にできるだけ速やかに手術を行う。

▌第四胃捻転の症状

- 腹部の異常：牛はショックを呈し，虚脱状態となり，頻脈，軽度から重度のチアノーゼを呈する
- 衰弱し，経過が長くなると横臥し，特に右側で重度の腹部拡張があり，右膁部の振とうにより明瞭な拍水音が聴取される
- 直腸検査で大きく平滑な強く緊張した臓器が恥骨縁前方の右腹側で触知される
- （オプション）腹腔穿刺で大量の赤褐色液の存在を認めることがある

- 重度の低クロール血症および低カリウム血症，PCVおよび総血漿タンパクの増加がみられる
- 酸性の胃液が第四胃内に貯留するために代謝性アルカローシスとなるが，末期には代謝性アシドーシスになることもある
- 第四胃内には50Lまで胃液が貯留することもある
- 捻転は重度で致命的な第四胃静脈の循環障害を生じ，第四胃壁は虚血状態になって暗赤色を呈し，さらに青黒くなっていく。このときには破裂が起こりうる

　鑑別診断には，盲腸拡張および変位，捻転または重積による小腸狭窄，機能的第四胃狭窄がある。

　最も多くみられる機械的な動きは，最初に大湾が背方に変位し，次に第四胃が反時計回りに180～360度捻転する(図3-17参照)。剖検所見においても，何が変位の最初の動きであるのか明らかになることはほとんどない。病理学的には静脈と動脈の重度の狭窄が第二胃と第三胃間だけでなく第三胃と第四胃結合部にも起きることが確かめられている。下行十二指腸は外からの圧迫と変位の程度によって重度の狭窄を生じるため，完全に閉塞する。捻転の方向は牛の右側からみて時計方向または反時計方向と記述されている。後ろからみた場合は"螺旋状のコルク栓抜き様"の反時計方向である。

■第四胃右方変位および第四胃捻転の手術法

- 重度の体液不足の症例では水分と電解質の輸液(表1-11参照)(例えばブドウ糖加0.9％生理食塩液または乳酸リンゲル液10～50Lの静脈内投与)を行った後，右鐮部切開により第四胃の右方への拡張を整復する。捻転症例は初期に代謝性アルカローシスを示し，末期にはアシドーシスとなる
- 右鐮部で腰椎横突起下10cmを起始点として傍肋骨切開を行う
- 変位の様式やほかの合併症がないか腹腔内を検査する
- 第四胃からガスを抜く。特に捻転症例において，必要であれば最初に第四胃漿膜面に直径4～7cmの巾着縫合を行った部位から第四胃液を排除する
- 巾着縫合の中心部に小切開を加え，巾着縫合を結紮しながら胃カテーテルを第四胃に挿入する
- 巾着縫合をしっかりと結びその上に1回または2回のマットレス縫合を行う

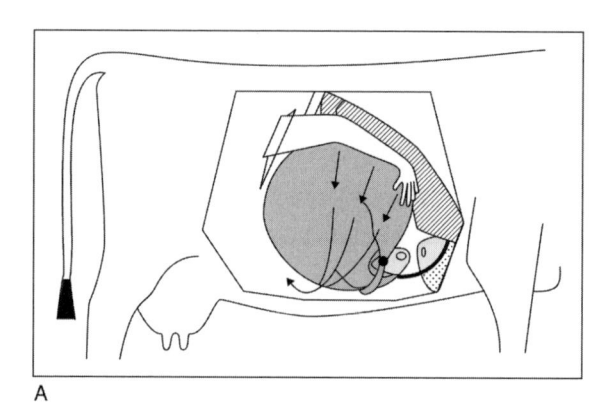

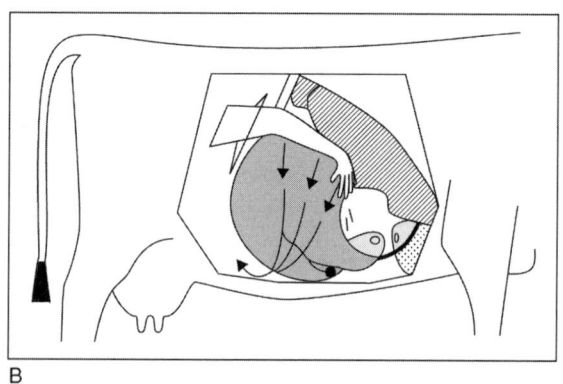

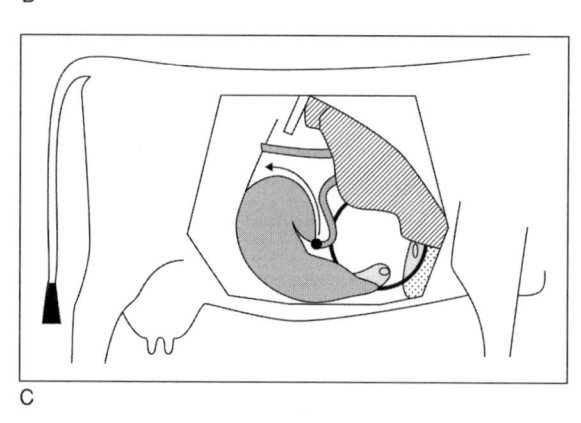

図3-17 第四胃右方変位および捻転の3つの型，および整復手技（Dirksen, Gründer & Stöber, 2002より引用）．
(A)左側360度捻転（後方からみて反時計回り）と用手整復の方向；(B)左側180度捻転と整復方向；(C)単純な第四胃右方変位（約90度までの回転）．

- 第四胃炎(び漫性の充血)や潰瘍(肥厚部位，表面のフィブリン沈着)の徴候がないか空になった第四胃を注意深く検査する
- 方向を確認するため幽門の位置を見つける
- 手のひらか前腕で大湾部を頭側腹方へ押して変位を整復する
- 幽門部と下行十二指腸の位置が正しいか確認する(第四胃底，幽門部，幽門および近位十二指腸はすべて右側腹壁に面している)
- 幽門輪を縦に3〜4cm切開(深さ約1cm)する幽門筋切開術を実施する。もし不注意に内腔まで切ってしまったらクロミック腸線で数回縫合する
- 大網(幽門尾側の)を腹壁に縫合する(135頁参照)

　長期間経過した第四胃捻転牛は起立不能あるいは，起立していられる場合でも，手術の適応症ではない。人道的にそのような症例は緊急に食肉センターに搬入すべきである。これらの動物は，枝肉の価値がなく，動物は通常毒血症であるためにしばしば食肉検査で不合格となる。進行例に手術を行うのであれば，第四胃に大量のCl^-，K^+およびH^+イオンが隔離され，二次的な代謝性アシドーシスが生じているので，乳酸リンゲル液または等張重曹液の術前および術中の静脈内輸液療法が必要である。予後観察または予後良好の症例は，心拍数90回/分未満，血清尿素10mmol/L未満，または血清Cl^- 85mmol/L以上のものである。心拍数が120回/分(bpm)以上で12％の脱水を呈する経過の長い第四胃捻転牛は生存できる可能性が低い。第四胃捻転の診断と整復手術が早いほど予後は良好である。

　手術はリスクが少なく起立している症例や既に抗生物質を使用していて食肉として価値のないものについて実施すべきである。術後に60gのNaClと30gのKClを含む20Lの微温湯を1日2回，胃カテーテルで投与する。第四胃捻転(torsion：180度まで)と第四胃軸捻転(volvulus：180〜360度)とを鑑別するべきである。米国において前者は，血清Cl^-が85mmol/L以上を維持していれば用心深く治療する。英国ではほとんど後者であり，罹患牛は初診時に横臥していることが多い(図3-17参照)。

3-8　その他の第四胃疾患

その他の手術を要する第四胃疾患には次のものがある：
- 第四胃食滞
- 子牛の第四胃鼓脹および捻転
- 穿孔性または非穿孔性の潰瘍

第四胃食滞
▌はじめに
　過度の粗飼料給与や不十分な水の摂取などの不適切な飼養管理下の子牛では，第四胃食滞が原発性に生じる。また第四胃食滞は第四胃捻転の整復手術，リンパ肉腫，腹腔頭側の癒着形成による二次的なものもある。

▌治療
- 右膁部中央の切開による診断的開腹術が適用
- 第四胃内容物を用手で破砕する
- 食道カテーテルでパラフィン油(水20L＋パラフィン5L)を1回，ないしは24時間後に繰り返し投与する

　ゆっくり治癒する症例もある。進行症例では右側傍正中切開による第四胃切開術が必要なこともある。

第四胃鼓脹および捻転
▌症状
　6週齢から3カ月例の子牛で典型的にみられる。バケツでのミルク給餌後すぐに頭を伸長させて明かな不快感を示し，軽度の疝痛および右側膁部の鼓脹がみられ，末期では沈うつを示し，左側膁部も膨満する。全身徴候は急速に重症化し，子牛は数時間以内に死亡する。
　鑑別診断——第一胃鼓脹(この年齢の動物では起こらない)，盲腸鼓脹および変位，空腸捻転または重積。

▌治療

循環性虚脱に陥って横臥した子牛では一般的に安楽死させるべきである。軽症例では：

- 静脈内輸液，左側横臥位または仰臥位で局所麻酔による傍肋骨または傍正中切開
- 第四胃を創外に引き出し，ガス（鼓脹）または液体をゆっくり排除し，内容を空にする
- 第四胃の変位を整復した後，腹腔内に戻す

第四胃潰瘍
▌はじめに

食肉センターの統計では子牛および成牛の両方にみられる一般的な病変である。若齢の成牛では分娩後4週以内に罹患する傾向がある。第四胃潰瘍はまれに明瞭な臨床疾病となる。

- タイプ1：非穿孔性潰瘍，出血は最小
- タイプ2：重度の失血を起こす潰瘍
- タイプ3：急性限局性腹膜炎を伴う穿孔性潰瘍
- タイプ4：び漫性腹膜炎を伴う穿孔性潰瘍

タイプ1のほとんどが潜在性であり，タイプ2～4は臨床症状を示し，致死的であることが多い。成牛では乳房炎，子宮炎および肺炎などの併発疾患がよくみられる。第四胃潰瘍は分娩したばかりの牛で発生する傾向があり（第四胃左方変位の発生と関連），過密飼育やフリーストール牛舎などによるストレスと関連している。

▌症状

- 必ずしも腹膜炎と関連しない腹痛
- 子牛では潰瘍とともに第四胃の拡張を示す（触診で疼痛がある）
- 黒色便および粘膜の蒼白（タイプ2）
- 腹膜炎では発熱と頻脈
- 腹腔穿刺（3-16，164頁参照）は腹膜炎の確定に有用である（例えば，網嚢膿瘍の破裂を伴うような急性で致死的な症例）

■治療法
- PCVが15%未満のタイプ2潰瘍では，全血輸血が必要である
- 腹膜炎の治療には抗生物質の全身投与が必要である
- 静脈内輸液
- 左方変位している第四胃の診査：整復時に癒着のある第四胃の潰瘍に外科的切除が必要なことはめったにない
- 原発疾患を治療する
- 子牛では幽門筋切開術が第四胃拡張と潰瘍の予後を改善するかもしれない

3-9　盲腸拡張と変位
■定義と解剖（図3-3，5参照）
　盲腸には鈍円形の尖端があり網嚢上陥凹から尾側に突き出ている。盲腸の変位とはよじれ，捻転，軸捻転または反転を指す。盲腸の位置はその内容によって変化するもので，ガスで満たされていれば背方に浮上し，多量の液があれば沈下している。正常な盲腸は直腸検査で確認することはできない。

■発症と症状
- 発生は少なく，4歳以上の成乳牛にみられる。盲腸拡張の症状は第四胃右方変位に類似し，盲腸変位は第四胃捻転に類似している
- 原因は不明であるが，おそらく低カルシウム血症と盲腸内の高濃度揮発性脂肪酸が盲腸運動に対して抑制的に働く
- 舎飼いまたは放牧牛で選択的食欲不振（濃厚飼料を嫌う）がみられ，泌乳初期より泌乳期中に多く発生する
- 不明瞭な腹部の不快感および疼痛があり，盲腸拡張では軽度，盲腸変位では重度である
- 右側後方の腹部がいくらか拡大し，上臁部の振とう（第四胃右方変位および捻転よりもさらに尾側上方）によって拍水音が認められる
- 糞便量が減少し，色は濃く，粘液に覆われていることもある
- 直腸検査では糞便は少ないかまたは認められず，盲腸拡張では直径15～20cmのロー

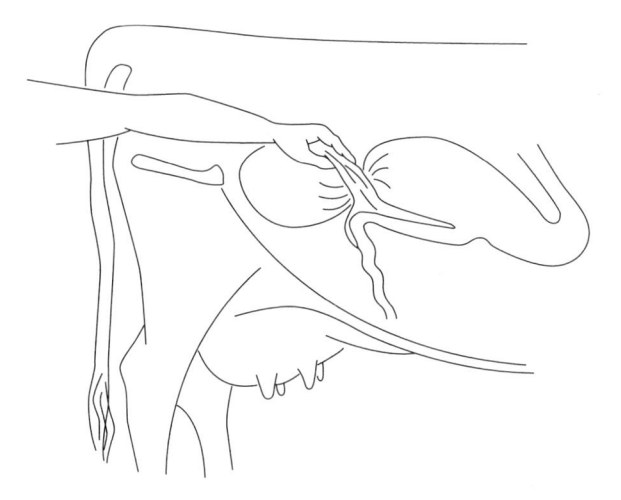

図3-18(a)　盲腸捻転および反転：直腸検査所見．
　　　　　腹部の長軸断面図：盲腸捻転では盲腸尖と緊張した回盲ヒダが触知される．

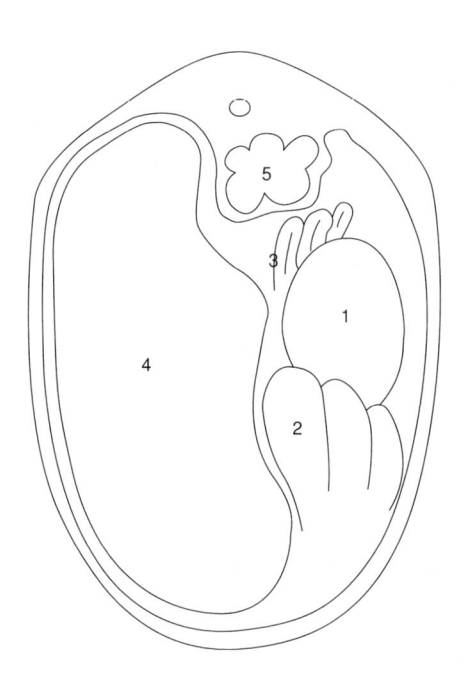

図3-18(b)　腹部の横断図：(1)拡張した盲腸，(2)円盤結腸の拡張したループ，(3)盲腸反転では小腸を触診できることもある；(4)第一胃，および(5)左腎．

ルパンの端のような塊が触知される(図3-18(a), (b)参照)
- 盲腸の位置は右側の比較的上方(盲腸拡張), 右側下腹四半部頭側に拡張した臓器として(盲腸体の反転)あるいは疼痛性の回盲靱帯(盲腸変位)として認められる
- 盲腸変位はより重度の全身徴候を示すが, 疾病の進行は第四胃右方変位や捻転よりも緩慢である
- 血液学および生化学的検査所見は盲腸拡張の場合, ほとんどが正常である——盲腸変位もほぼ正常であるが, 腸の運動静止によって低クロール, 低カリウム性代謝性アルカローシスを呈することもある
- 鑑別診断——第四胃右方変位, 第四胃捻転, 腸間膜根の腸捻転

確定診断は右側膁部開腹術による。

▍治療法
盲腸拡張症例では内科療法が適用となるものもある。
外科的アプローチでは:
- 切開部位は右側膁部背側で第四胃右方変位のそれより尾側である
- 盲腸を創外に引き出し, 壊死や壊疽の始まりがないか注意深く検査する
- 盲腸尖から排液(盲腸切開術－巾着縫合を先にしてからメスまたは内径の太い針を刺入する)した後, 捻転を整復する
- 盲腸および上行結腸の腹腔内の近位ループから硬い内容を外へもみだす
- 盲腸尖の虚血の検査:最も簡単な手術法はこの部分を盲腸体内に内反させてその上を縫合してしまう方法である
- 術前, 術後に抗生剤を全身投与し, 可能ならば静脈内または経口輸液を行う

▍予後
予後は良好(盲腸拡張)または要観察(盲腸変位)であり, 再発率は20％までである。盲腸切除術(部分的盲腸切除術)はめったに必要とならないが, 比較的簡単に実施できる。牛は盲腸容積の減少によく適応する。

3-10 腸重積

　重積(腸管の陥入または折り重なり)は小腸(空腸，回腸)に時々生じる。誘因は不明だが，蠕動亢進，腸炎または下痢といつも関連するとは限らない。子牛から高齢牛までどの年齢の牛でも罹患するが，子牛の方が罹患しやすい。腸管の完全な閉鎖が起き，時には二重の重積(両側に5層の腸壁が重なる)に発展する。

■症状
- 突然急性の腹痛が起こる
- 呻く，腹部を蹴る，横になったり起立したり，後肢をばたつかせたりする
- 急性症状のあと12時間以内に鈍麻，食欲不振，乳量の激減などの症状が続く(外傷性第二胃炎に似ている)
- 初期の頻脈(心拍数120/回)は消失し，黒色便から排便停止となる
- 24時間後においても異常な姿勢を持続し，牛は木馬様の姿勢を取るか，横になって呻く
- 罹患部位は通常，遠位空腸である。まれに回腸盲腸接合部が陥入部位(腸重積の内筒)となり盲腸内または近位結腸内に陥入する

　この状態は5～8日間続き，徐々に悪化して行き完全閉塞による代謝異常のため，死亡する。代謝異常とは血液濃縮および脱水を伴なった血漿クロール濃度の進行性の低下である。

■診断
　直腸検査で直径約5 cmに拡張した数本の腸管ループとたぶん硬く疼痛性でやや可動性のある握り拳状の塊を右側の比較的低い部位または骨盤口直前で触知することにより診断される。子牛では両側腹部の触診で硬いでこぼこした塊が触知される。もし塊に手が届かなければ，診断は右側の診験的開腹術に基づいて行われる。しかし，直腸検査または超音波検査で認められる重度の小腸拡張は小腸イレウスによる場合もある。

　鑑別診断：腸の軸捻転，腸間膜捻転。両者は急速な臨床経過をたどり，聴診で拍水音を伴う右側下縢部の膨満を示す。

▍治療法

　嵌入部が抜けて自然治癒する症例もあると主張されているが，著者は経験したことはない。

- 高張または等張食塩液による静脈内輸液
- 脊椎側神経麻酔下(1-8，41～42頁参照)で右側臁部の開腹術を行い，罹患腸管部分と腸間膜部の局所麻酔をする。可能であれば全身性の鎮痛；全身麻酔でも可能
- 12カ月未満の子牛を除いて起立位での手術が好まれている
- 初期病変では罹患腸管を創外に引き出し，用手で整復する
- 腸管壁が失活し，用手による整復が不可能な症例では，鉗子で分離し，腸管と腸間膜を切除して，端-端吻合または最適ではないが側々吻合を行う
- この時，腸間膜根を引っ張ると非常に強い疼痛が起こり，このことで動物は虚脱に陥るかもしれないので注意を要する。したがって，はじめにリグノカインを罹患した腸間膜分節に浸潤させておく
- 腸管の狭窄をきたす縫合法は避けるべきである：腸管の半周ずつをカッシングの単層パターンで縫合するのが適当である。レンベルトまたはカッシング縫合でもう1層縫合する獣医師もいる(針付2号PDS)
- 重積部前後の腸管の口径の違いは，口径の狭い重積尾側の腸管を45～60度の角度に切断することで口径を合わせる
- 最初に腸管の腸管膜縁と反腸管膜縁を単縫合すれば吻合操作が容易になる
- 腸間膜欠損部の閉鎖はヘルニアを予防するために必ず実施する
- 縫合糸として45mm 3/8円の丸針に通した7号の"Softgut"(Davis & Geck)または3.5号のPGAが好んで使用されている
- 縫合線部からの内容漏出が問題となることはまれである
- 無菌操作を厳格に持続しなければならない。さもないと広範な局所性腹膜炎が起こり，多数の腸管の癒着が起こる
- 腹部切開創を閉鎖する前に腸管表面の臓側腹膜を多量の滅菌生理食塩液で洗浄する
- 術後管理として，5～7日間の抗生物質投与および1週間の乾草と緩下剤性の飼料(例えばふすま)を給与する

　術後24～48時間で黒ずんだ軟便が排泄されれば，手術が奏効した証拠である。

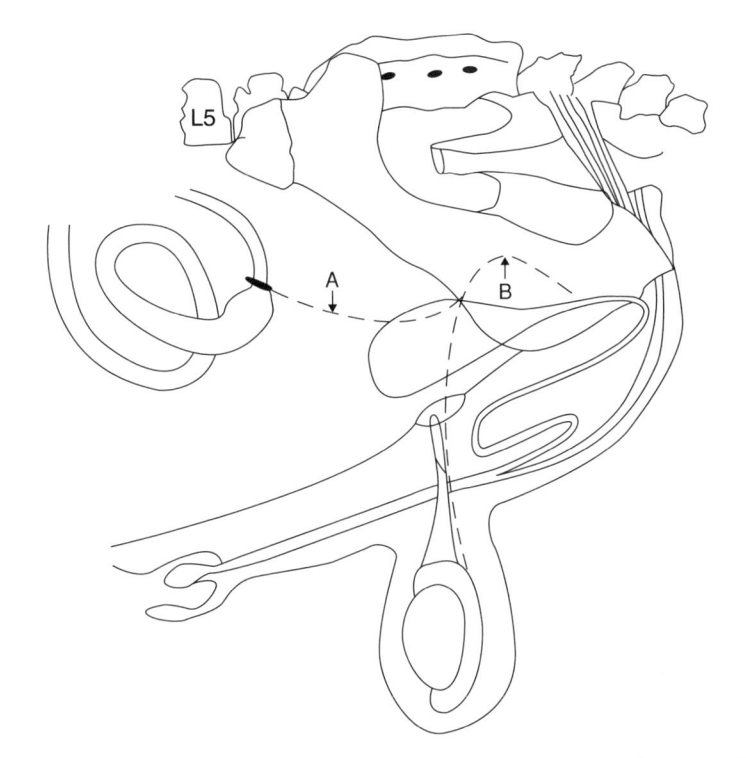

図3-19　"Gut-tie"は精管の断端が反動で小腸周囲に癒着したり，内腔を塞ぐことで腸閉塞を生じる（図1-11と比較する）．
(A)異常な精管の断端；(B)精管の正常な位置．

　盲腸陥入は主に若い子牛で特にみられる．しばしば用手で整復できるが，よく再発するため切除が好まれる（150頁参照）．

3-11　腸閉塞を示す他の疾患

腸の閉塞は時にはほかの腹部の異常によっても起こり，次のものがある：
- 大きな有茎の脂肪塊（脂肪腫）
- 腸間膜内の広い領域にできた脂肪壊死
- 異常な位置に生じた線維帯
- 陰嚢ヘルニア，腸捻転，損傷した精管への腸管の捻転および嵌頓

損傷した精管の嵌頓（"gut-tie"）

去勢手術時に過度に精索が牽引されて，また再び巻き戻ると，精索や腸管周囲の腹膜ヒダとの癒着 "gut-tie" が起こり，精管と腹壁間の腹膜ヒダの裂溝に腸管が入り込んでしまう。そして絞扼はまれであるが，閉塞を生じる。通常，空腸に起こり，腸内腔の閉鎖がゆっくり生じるとともに症状が徐々に進行する（図3-19参照）。

▌症状
- 食欲不振，不活発，排糞量の減少，膁部の拡張
- 膁部の振とうや触診は確定的ではない
- 直腸検査により，鼠径輪付近で拡張した小腸と1本または複数の異常な紐状構造物を触知できることが多い（図3-19参照）
- 診断は病歴や症状に基づいて実施される試験的開腹術による
- 右側の内鼠径輪で常にこのような問題が起こる（小腸の解剖学的位置による）

▌治療法
- 直腸から癒着した精索を静かに引っ張ってみる単純な操作によって速やかに回復（成功率90％）することもあるが，危険性をはらんでおり，経験の少ない人には推奨できない。小腸壁を破ってしまう危険性をよく理解するべきである
- 起立位または左側横臥位で右膁部の開腹術を行う
- 癒着した精索または精管を触診のみによって切断または切除する
- 腸管を創外に出してその生存性をチェックする
- まれな例では腸管の切除と吻合術が必要となる
- 定法通り膁部切開創を閉鎖する（3-3, 115〜116頁参照）
- 術後3日間，特に小腸切除術を行った場合，抗生物質の全身投与を行う

3-12　腹膜炎
▌はじめに

腹膜炎は通常，び漫性または限局性の原発性疾患に次ぐ二次的なものである。原因には第四胃潰瘍の穿孔，第二胃壁または肝膿瘍の破裂，異物による第二胃の穿孔，子

宮破裂による感染，あるいは帝王切開時の感染導入などがある。非無菌的手術が原因となる例もある。

■症状と診断

初期例では広範性の腹痛があって，自発性の呻吟があるかもしれない。急性反応として発熱(40.5℃まで)，頻脈，背湾姿勢，食欲不振および第一・二胃運動の減退が起こる。腹膜からの滲出によって広範な癒着を形成するような慢性例では，一般的に慢性的な体重の減少や消耗を生じる。診断は通常容易で，病歴，典型的症状，直腸検査(癒着部位)に基づく。疑わしいものには腹腔穿刺を行う(図3-23参照－抗生物質感受性試験用にサンプルを残しておく)。

■治療法

腹膜炎の治療では，抗生物質が組織や血清にみられるような濃度に到達しない体腔内に感染があるという特殊な問題がある。全身性の化膿性腹膜炎は予後の望みがなく，その動物は安楽死させるべきである。

適切な抗生物質の選択(下記参照)は別にして，急性期初期の治療としては次のものがある：

- 静脈内輸液による支持療法
- エンドトキシンショックに対処したり，膜の安定化を図ったりするためのフルニキシンメグルミンまたはコルチコステロイド療法
- 初期治療における5,000単位ヘパリンの筋肉内投与，1日2回を3日間
- 乳酸リンゲル液による間欠的な腹膜洗浄(5～10L，1日3回または4回；膝部背側から入れ，腹側正中から出す)。腹膜洗浄はフィブリン凝塊によって排液部が詰まってしまうので牛では効果的ではない

選択薬としては：

- テトラサイクリン，例えばオキシテトラサイクリン(1日22mg/kg)
- サルファ剤(スルファジミジン，スルファジアジン，3種混合サルファ剤)。
  効能外使用および休薬期間については，1-12，69頁，表1-15参照のこと

3-13　臍ヘルニアと膿瘍

▍はじめに
　臍ヘルニアはホルスタイン種やほかの品種にごく普通にみられる手術を必要とする疾患である．これは不完全な表現率で優性形質として遺伝されるか，あるいは環境要因に条件付けされているようであり，性別は関係ない．

　しばしばヘルニアの合併症として臍の膿瘍形成もみられる．時には膿瘍が原発性の病因のこともある．繁殖用家畜(例えば種雄牛)の単純で大きなヘルニア(非感染性)の手術は勧められない．何故ならこのヘルニアは遺伝するからである(1-16，75-76頁参照)．

▍症状
　例外的には出生時に大きな臍ヘルニアがみられることがあるが，大部分は2，3週後に初めて気付く．腹膜で裏打ちされているヘルニア嚢の直径は3〜12cmで，これに対応するヘルニア輪は典型的にはおよそ1〜7cmの長さで，1〜3cm幅である．

　ヘルニア嚢の内容は腹水，大網であるが，大きなヘルニアでは第四胃である．時に小腸や大腸が含まれる．

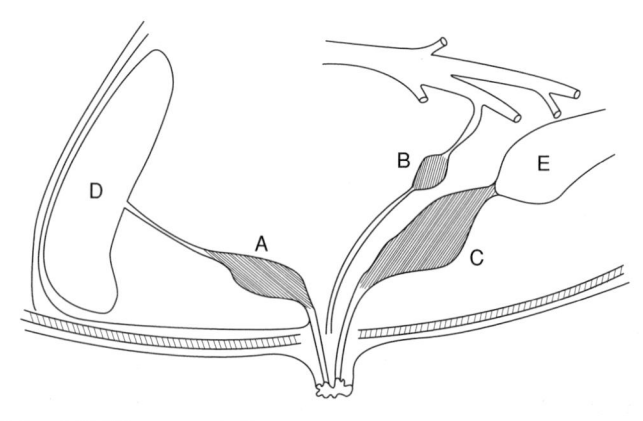

図3-20　腹腔内への臍感染の3つの部位．
　　　　(A)臍静脈(化膿性臍静脈炎)；(B)臍動脈(化膿性臍動脈炎)；(C)尿膜管(化膿性尿膜管炎)；(D)肝臓；(E)膀胱．

■診断

病歴および腫脹部や近接する下腹壁の触診によって診断するが，腹腔に病気が及んでいる症状があるか見極める。触診による疼痛は感染の過程であること（図3-20参照）あるいは嵌頓が疑われる。超音波検査によって腫脹した臍の内容や腹腔臓器との関連を明らかにすることができる。

■手術の適応

麻酔ストレスによる生命の危険性があること，また膿瘍の被膜が安全に切除するのに十分な厚さがないので，4週齢未満の子牛は緊急時にのみ手術を実施すべきである。また，その他の手術適応症は次の場合である：

- 子牛の年齢，大きさ，使用目的に関係なくヘルニア内容の還納が不可能（嵌頓または絞扼）な場合
- ヘルニアの大きさが増加していく場合
- 3～6カ月齢でヘルニアが存続している子牛では自然治癒の見込みがなく，おそらくヘルニアが大きくなっていくので手術適応となる

術前合併症：

- 被嚢された膿瘍の場合，手術は厄介で危険な場合もある。しかし，必ずしも汚染を避けられないわけではない
- 排膿している臍の内腔を繰り返し洗浄して創面切除を行う。3～5日間の抗生物質の全身投与が必要な場合もある。もし術前に排膿がまだあれば，手術開始前にガーゼを感染巣に詰めて，皮膚をしっかり縫合しておくべきである

■手術手技

- 月齢の高い子牛では術後に手術部位に腹圧がかからないようにするため，24時間絶食して第一胃容積を減少させておく。これはまた手術中，全身または局所麻酔中のいずれでも第一胃鼓脹の程度を減少させる
- 前方の硬膜外麻酔を併用または併用しないで深い鎮静と局所麻酔を行うか，あるいは全身麻酔(1-9, 57～60頁参照)とする
- 子牛の横に麦わらの梱包を置いて仰臥位に保定するが，肢は術野から遠ざかるよう

に前方および後方に固定する
- 雄子牛では包皮腔を洗浄して詰め物をする
- 腹部を広く刈毛し，洗浄して消毒を3度する
- ヘルニア輪の直径が10cmを越える場合，無菌の人工メッシュ材の使用を考慮しておく（下記参照）
- ヘルニア基部周囲の皮膚を楕円形に切開し，さらにヘルニア輪の前端と後端まで正中線に沿って切開を続ける
- ヘルニア嚢が露出するように皮下織を鈍性切開する
- ヘルニア輪の縁に達するまで鈍性切開を続ける。ヘルニア嚢と腹壁の境界を注意深く切開して指を腹腔内に挿入する
- 消化管が壁側腹膜や臍と癒着していなければヘルニア輪の薄い縁を円周上に切開してヘルニア嚢を切除する
- ヘルニア嚢と腹腔内容との癒着は静かに剥離する。もしヘルニア内容を傷つけずにヘルニア嚢を切除できない場合は，白線を縦方向にヘルニア輪の前方に向かって切開してヘルニア嚢内の臓器と一緒に腹壁から切り離す。この場合はあとになって腸管切除が必要となる
- 縫合のために，切開部の長軸縁を並列させる
- ヘルニア輪を前後に延長して楕円形を長円形に変えるような不必要な緊張を設けることは避ける
- もしヘルニア輪の閉鎖によって過度の緊張が加わる場合には正中線から左右3cmの腹直筋の外側筋膜を縦方向に切開する。この切開は筋層や腹直筋の内鞘まで行ってはならない
- 体壁の欠損部は，創の交連からポリグラクチン910，PGAまたはPDSなどの吸収糸を用いて単純結節縫合で閉鎖する
- 大きなヘルニアでは，近－遠－遠－近パターンを用いる
- もし結紮するのに創が寄らない場合は，先に糸を全部かけてしまってその両端を止血鉗子で緩く確保しておく。そして全部の糸を一度に強く引っ張ると最後にはヘルニア輪を閉鎖することができる
- 内側のヘルニア嚢を切除せずに腹腔内に還納し，腹腔を開けないでヘルニア輪の縁を同様に閉鎖することもできる（非開腹ヘルニア整復術）。しかしヘルニアが再発す

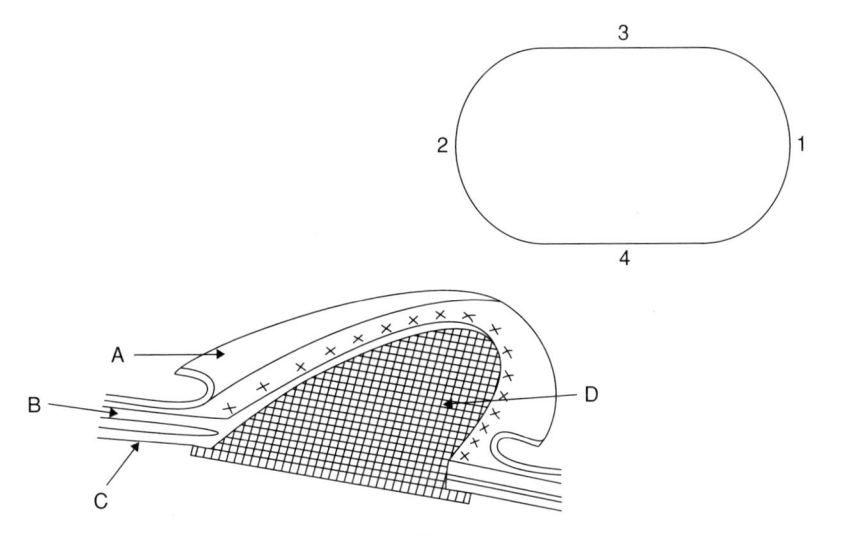

図3-21 大きな臍ヘルニアへのメッシュによる補綴．
(A)皮膚および皮下組織；(B)白線および腹直筋内鞘；(C)腹膜(ヘルニア嚢は切離してある)；(D)メッシュは腹膜と腹直筋内鞘/白線に1cm重ねて縫合する；(右上図は装着順序を示し，頭側(1)から実施する)．

ることも多い
- 皮下織を5号のクロミック腸線で連続縫合して，先の縫合部を完全に埋没させる。深部縫合層を埋没させ，死腔を残さないようにすることが極めて重要である
- 皮膚縁を垂直マットレス縫合(単線維ナイロン糸)で閉鎖する
- 過剰な皮膚を切除して死腔ができないようにする
- 抗生物質の全身投与を3～5日間実施する
- 創は24時間後に暖かいポビドンヨード希釈液で洗浄し，24時間は腹部を覆っておくことが望ましい。子牛は独房に1～2週間閉じ込めておく
- 術後2日間は水と少量の濃厚飼料のみを与え，その後は通常の飼料に戻す

次の点は手術上きわめて重要である：
- 被嚢化した感染部位を開放しない(臍膿瘍など)
- 無菌手技
- 念入りな止血

- 脆弱な組織の丁寧な取り扱い

▎人工材による修復

　牛では臍ヘルニアやその他の腹壁の欠損に人工材が必要なことは滅多にない。適用例は単純閉鎖を試みたが失敗してしまった大きなヘルニアや，第四胃固定術または帝王切開術後の切開創ヘルニアなどである（図3-21参照）。
　適切なメッシュ材は次の通りである：
- 編み性プラスチックまたはポリプロピレンメッシュ——強く不活性で操作性がよくて，安価である。例えばMersilene® (Ethicon)，Marlex® (Davol)，Proxplast® (Goshen)，二重にして使用するのが望ましい吸収性のVicryl® (Ethicon)などがある

　ステンレススチールガーゼ（非常に強く，不活性である。操作性が悪く，高価である），およびプラスチックやポリプロピレンのような性質を有し，高価なタンタル (Fansteel metals, Chicago)はほとんど使われていない。

▎手技

　内側のヘルニア輪と壁側腹膜を切離せずにそのままにして，ヘルニア嚢を腹腔内に反転させ，メッシュを壁側腹膜の外面に埋没するのが理想的であるが，メッシュを腹腔内に挿入するのを避けることができないことも多い。
- メッシュの大きさが欠損部よりやや大きめであることを確認する
- まず欠損部の円周上の等距離の前後左右の4点を縫合する。通常遠位の接触面は大網である
- メッシュを適当な大きさに整形して単純結節または垂直マットレス縫合によってヘルニア輪の硬い線維組織に縫合する（図3-21参照）
- メッシュを結合組織層で覆う。メッシュは皮下に装着してはならない
- 皮膚を縫合（結節の垂直マットレス縫合）する前に余分な皮膚を切除して死腔ができないようにする

■臍ヘルニア整復手術の合併症

- 漿液腫が形成され，ついには漿液腫の液に感染が生じ，膿瘍化する
- 血腫：治療せずに放置してよいが，もし皮下に感染が起これば直ちに排液処置を1度実施してポビドンヨードで腔内を1日2回洗浄し，抗生物質の全身投与を始める
- 皮下への大網の突出を伴うヘルニア整復部の破裂：嵌頓，癒着，び慢性腹膜炎への移行を避けるため，早急に再手術を行わなければならない

■被嚢化した臍膿瘍の外科治療

- 重度の汚染や腹膜炎を避けるためには被嚢の外側からの切除が必要である
- 初期においては膿瘍が腹腔内のどちらの方向に向かっているかを触診または超音波検査あるいは両方で確認する。すなわち臍静脈(化膿性血栓性静脈炎)なら肝臓に向かう頭側であるし，尾側ならば膀胱尖(化膿性尿膜管炎または化膿性臍動脈炎)に向かっている(図3-20参照)
- 滅菌探子を使った注意深い検査がよく役立つ
- 傍正中切開による開腹術でこれらの感染した脈管の検査と切除ができる。

臍静脈の感染は感染が肝へ波及し，血行性に肺，関節(感染性関節炎)および他臓器に拡散するので重大な問題である。この状態では切除は禁忌である。肝への波及のない化膿性血栓性臍静脈炎であれば，全身麻酔下での下腹壁への造袋術が経済価値の高い動物で適用となる。

化膿性血栓性静脈炎および化膿性尿膜管炎の症例のほとんどは，全身麻酔下で容易に切除できる。感染尿膜管，動脈または静脈の外科的摘出は完全に行うべきである。手術者が判断した健常組織の断端は大網に縫合する。尿膜管に連続する膀胱壁の一部を切除することもあり，この断端は連続内反縫合で閉鎖する。

術後管理——5日間の抗生物質の全身投与

3-14　腫瘍を含む消化器疾患

消化管領域の腫瘍は，これから挙げるものを除いては一般的ではない。口腔内ではアクチノバシルス症および放線菌症と鑑別診断が必要なものもみられる(線維腫，肉

腫)。腸の新生物は時に重積の原因になり，腸切除と吻合によって取り除かなければならない。脂肪腫は時に成牛，特にチャンネル島種の牛で迷走神経性消化不良や体重減少の原因となり，ほとんど治療ができない。

扁平上皮癌

扁平上皮癌(SCC)はある高地地方において世界中の癌のなかで最も発生が多く，また消化器症状を示すのでこの問題を少し取り上げる。SCCは消化器のあらゆる部位(口腔咽頭，食道，食道溝，第一胃)に増殖性，硬性および潰瘍性の塊として発生し，時には扁平細胞性乳頭腫が先行する。

発生はもっぱら高地地帯で数年間にわたってワラビ(*Pteridium aquilinum*)に曝露された高齢牛(8歳以上で通常，肉牛)である。毒性因子はプタキロシドである。SCC例の約50%に急性ワラビ中毒の病歴がある。

非浸潤性の無茎性イボを形成する乳頭腫ウイルスとの関係はまだ正確に分かっていない。罹患牛の約1/3には地方病的な血尿症が認められる。

■臨床症状

4つの病型が存在する：

- 口腔咽頭——状態の悪化，流涎，発咳，口臭，顎下リンパ節の腫大，食びを含む鼻漏，下痢が認められる。大きな真菌状の塊が舌根，咽頭，口蓋にできたり，数個の小さな病変が存在する
- 食道——1～3カ月におよぶ体重の減少，反芻食びの口内からの落下，食道内の塊の触知，軽度の口臭，流涎，発咳，食道内のゴボゴボ音，下痢，胃管挿入時の抵抗，口腔咽頭の乳頭腫などが認められる
- 慢性の第一胃鼓脹——軽度である。突然に発症したり，重度であることはあまりない。1～6カ月間に及ぶ状態の悪化，激しい下痢，口腔咽頭の乳頭腫による胃管挿入時の抵抗が認められる
- 消耗性の下痢——1～9カ月に及ぶ状態の悪化と慢性の下痢がみられる。最初，下痢は多量で水様性である。後に第一・二胃内に線維性塊を残す。また口腔咽頭に乳頭腫が残ることもある

■診断

　開口器(飲水型)と照明を用いて，さらに触診で口腔咽頭を注意深く探査する。できれば内視鏡を用いる。

　第一・二胃と関連した慢性の鼓脹を含む臨床症状を持つ症例には試験的開腹術を実施する(大きな病変は見つからない)。さらに第一胃切開術を行えば直径12cmに達する1個またはそれ以上の大きな真菌性または潰瘍性の塊が食道溝および噴門内またはその付近に発見されるかもしれない。

　第一・二胃の病変部を完全除去しても広範な粘膜への浸潤があるので，症状の改善は不可能である。病理学的診断のためバイオプシー材料を採取する。このような例ではほとんど事前に口腔咽頭の病原が認められている。

　回復の見込みはないので淘汰すべきである。

3-15　迷走神経性消化障害（Hoflund症候群）

■はじめに

　迷走神経性消化障害は腹部の拡張と第一・二胃運動の不活発を示す慢性の第一・二胃疾患であって，第一胃に分岐する迷走神経の機能不全と関連すると考えられている。機能不全には運動亢進または減退があり，二次性の第四胃鼓脹を生じる。

■解剖

　左右の迷走神経(図3-22参照)は食道の背側と腹側の神経幹を形成し，食道溝，第二胃・第三胃口，第三胃および第四胃を含む第一・二胃壁に直接分岐している。両方の神経幹を切断すると前胃の運動が完全に停止する。背側枝のみの切断ではほとんど完全な第一胃の麻痺が起こるが，これは必ずしも永久的ではない。また，第二胃への影響は少ない。腹側枝の切断の影響は一定ではなく，前胃の麻痺はほんの僅かなものからほとんど完全なものまで様々である。

■臨床症状

　臨床症状は胸部縦隔膜の迷走神経または外傷性第二胃炎からの二次的な広範な腹膜炎による腹腔前方の迷走神経の損傷が起こったと考えられた後に発現する。

- 第一・二胃から第三および四胃への食び移送が第三胃の機能的狭窄および運動性減退により著しく障害される
- しばしば徐脈を呈する（＜60回/分）
- 体重の減少と腹部拡張の病歴を有する成牛で，分娩前後のことが多い
- 多くに急性の外傷性第二胃炎の病歴がある
- 後方から牛をみると10時と4時の位置，または'papple'（pear洋梨状の右側，appleりんご状の左側）すなわち左側上膁部と右側下膁部が拡張する
- おそらく第一胃の拡張は運動の減退またはアトニー，食物摂取の減少および排糞量の減少と関連している。第一胃内容の異常とともに第一胃運動亢進を伴う場合もある
- 左側膁部で注意深く深部触診を行うと，第一胃内容物が完全に均一で，3層（ガス/硬い固体状/液性）に分離していない

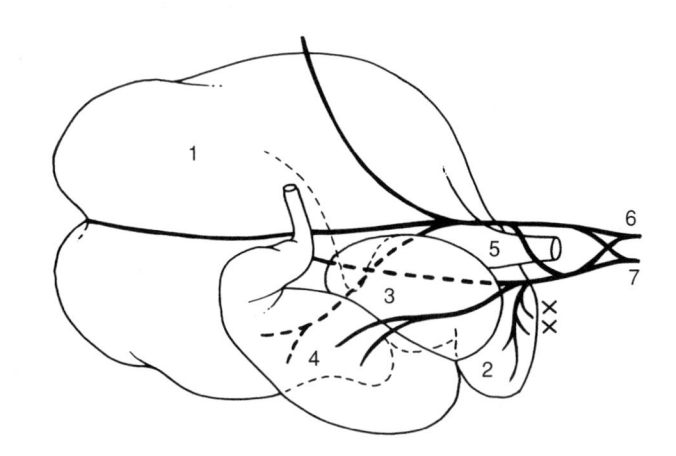

図3-22　牛の胃の迷走神経分布（右側面図）．
(1)第一胃背嚢；(2)第二胃；(3)第三胃；(4)第四胃；(5)噴門；(6)および(7)噴門部で食道と平行して走行する背側および腹側迷走神経幹．第二胃壁(X印)の膿瘍は，特に第三胃と第四胃に分布する神経に障害を与えやすいことに注意する．背側迷走神経幹(6)は主として第一胃に分布する神経である（Dyce & Wensing, 1971 から改変）．

▍治療法

　第二胃の前面と横隔膜間の腹腔をチェックするために試験的開腹術と第一胃切開術が必要となる。第一胃切開によって治療に反応する放線菌症が見つかる可能性もある。ヨウ化ナトリウムの静注，ストレプトマイシンおよびジヒドロストレプトマイシン(Devomycin D®，Norbrook)を1，3，5，7，9日に投与するか，広域スペクトラムの抗生物質(テトラサイクリン)の全身投与を行う。

　迷走神経を含む広範な癒着形成例：どの治療法も一時しのぎのものであるが，数日間輸液が実施される場合もある。第二胃周囲膿瘍の切開は，症状を一過性または完全に改善させることもある。

　成牛のほとんどの慢性例では予後不良である。

3-16　腹腔穿刺

　腹水は診断目的で採取され，一般的には腹膜炎や腹腔内出血(穿孔性第四胃潰瘍など)が疑われる場合である。

▍手技

- 右側下腹で，臍頭側の下垂したほとんどの部分(前方腹部)または膁部の内側のヒダと乳静脈の間の部分(後方腹部)をそれぞれ正中から5cmの部位を毛刈りし，擦り洗い(希釈ポビドンヨード液)する(図3-23参照)
- 枠場内で尾を挙上して保定する
- 16ゲージ，3.7～5cm針を皮膚から刺入し，筋膜および壁側腹膜を超えて"ポン"と腹腔内に入るまでゆっくりと針を進める
- 針の先端は腹腔内で自由に動かせる
- 液体が滴下しなければ，初めに針を回転し，少し角度を変える
- 5mLの滅菌シリンジを装着し，ゆっくりと内筒を引く(まれにしか成功しない！)
- 正常な腹水は淡黄色(＜5mL，無臭)
- 大網の脂肪などの腹部臓器が入ってくれば，新しい針でほかの部位を穿刺するべきである

▌考察

　腹水は総白血球数検査のためにはEDTA管，培養目的であれば滅菌試験管に採取する。肉眼検査だけで，び浸性腹膜炎，腹腔内出血および尿腹などの状態では正常な腹水と異なることが鑑別できる。

漏出液：透明，無色，低タンパク（＜2.5 g/L），細胞数が少ない

滲出液：変色，混濁，高タンパク（＞2.5 g/L），細胞数が多い

3-17　肝臓の生検

▌適応

　銅や微量元素濃度の定量；脂肪肝やその他の肝疾患の診断のために実施される。

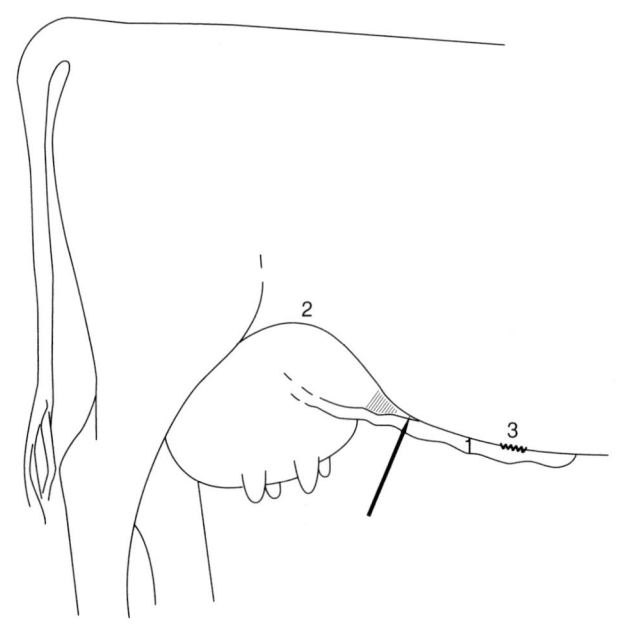

図3-23　腹腔穿刺が可能な部位は，（1）右腹皮下静脈（乳静脈）と（2）膝壁で囲まれた三角形の部分である．矢印は針を穿刺する部位；（3）は臍の位置を示す．

▌手技

- 右側第十一肋間(背線の非常に長い牛では第十肋間)の中央で脊椎から20cm下方の部位(打診によって肝濁音界をチェックする)を15×15cmに刈毛し,消毒する(図3-24参照)
- 皮膚と肋間筋を5～10mLの2％リグノカインで浸潤麻酔する
- 皮膚と筋を1cm切開する
- 套管針と外套(長さ20cm,外径6mm,製造元は付録3を参照)を肋間の切開部に刺入する
- 壁側腹膜を穿孔し(この時感触があり,おそらく動物は疼痛反応を示す),肝臓表面に達する
- 套管針を引き抜き,やや回転させながら外套を水平から70度傾けて,頭側へ20度の方向に進める(すなわちやや頭側下方の左肘に向ける)

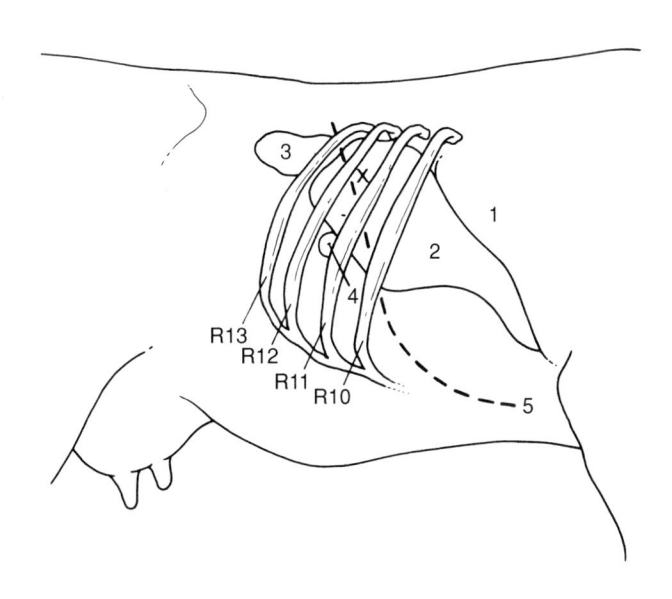

図3-24 牛の腹壁の右側面図,肝濁音界を示す.頭側の境界は第九肋骨周囲である.重度の肝腫大では肝臓後縁が最後肋骨の後方で触知できることもある.肝臓穿刺部位は肋骨ケージの約1/3下がったところである(Smart & Northcote, 1985より引用).
(1)肺;(2)肝臓;(3)右腎臓;(4)胆嚢;(5)横隔膜-胸膜線;X印肝臓穿刺部位.

- もし必要なら外套を少し引き，やや方向を変えてもう一度行う——肝臓を穿孔するとき，独特の柔らかい摩擦感が感じられる
- アダプターとシリンジを(必ずしっかりと)接続して，陰圧を加えながら外套を回転させ引き抜くと肝臓組織が得られる
- 陽圧を加えるか，套管針で肝臓組織(典型的な大きさは直径 4 mm × 4 cm)を乾いたガーゼの上に押し出す
- 抗生物質のパウダーを皮膚の切開創に適用するが，縫合は不必要である。この手技は1週間間隔で安全に実施できる。バイオプシー器具の製造元は付録3，317～319頁に記載してある。

▌合併症
- 肝臓血管の偶発的穿刺——すぐに套管針の外套より出血がある。硬い組織(血管周囲の線維組織)に当たったら外套の刺入を辞めて，やや方向を変える
- 肝臓膿瘍に刺入すると重度の腹膜炎となる
- 限局性腹膜炎——不衛生な手技による
- 創の感染——不衛生な手技による

3-18　肛門と直腸の閉鎖

　子牛の肛門と直腸の閉鎖(無穿孔肛門)はまれで，鎖肛の方が多い。この致死的な欠陥が遺伝するかどうかはよく分かっていない。尾の欠損や脊髄融合不全などのほかの欠損が同時にみられることもある。

▌診断

　子牛の管理をきちんと行わない農家では，生後2～3日に診断される。排糞がみられないのに気づき，子牛の腹部は少し膨らんでいる。
　会陰には肛門らしい痕跡がある。鎖肛ではこの痕跡は皮下織内でやや膨らんでいて，両膁部を押すかまたは自発的な努責によって腹圧が増加するとより明瞭に膨隆する。このような膨隆がなければ直腸閉鎖があるかもしれない。
　肛門のみの閉鎖か，肛門と後位の直腸両方の閉鎖なのかについての類症鑑別は，手

術によってなされる。

■手術方法
- 子牛の手術はできる限り早期に行うべきで，後方の硬膜外麻酔（1 mLのアドレナリン無添加2％リグノカイン）下で実施する。
- 肛門周囲の直径10cmの部位を洗浄し，刈毛する。厳密な無菌操作は必要ない
- 肛門の痕跡の皮膚を直径1cmの円形に切り取る
- アリス鉗子で皮膚周囲を反転させ，助手に握持させる
- 鎖肛では指で骨盤正中に拡張した直腸の盲端が容易に確認できる
- ここで直腸壁を皮膚に縫合する
- そうでなければ周囲の結合組織を静かに剥離して直腸の後部を創外に引き出す。
- 直腸の背側，腹側，左右両側の4ヵ所に支持縫合を行って，直腸を保持する。次に1～2cmの垂直切開を加えると内腔から胎便が噴出する
- 肛門周囲と皮膚を4号のクロミック腸線で単純結節縫合するが，時計の11時と1時の位置の2つの背側の縫合から始めて，次に腹側の7時と5時の位置に縫合を行う
- さらに側方の縫合を加える
- 可能な限り皮下およびさらに重要な骨盤腔の汚染を避ける
- 直腸外の胎便を湿ったガーゼで取り除く。感染を頭側に波及させるので創を洗浄してはならない
- 抗生物質の全身投与を行う（5日間）
- 内腔の直径は最低でも2cmに維持しなければならないが，最初の治癒機転によって局所の線維化が起こるので数週間後に拡張が必要なこともある
- 2週間ミルクを与える
- 繁殖に供してはならない

直腸閉鎖
■治療法
　直腸の閉鎖を伴う子牛ではこれを確認するのは困難である。また下臁部に盲腸の瘻管（人工肛門）を造らなければ治療させることはできない。これは実験的には可能であっても経済的，現実的および動物福祉の面から正当化することはできない。通常，術

後に瘢痕性の狭窄が起こる。

　肛門の手前2cmで閉鎖しているような軽度の直腸閉鎖では，背側の直腸間膜を注意深く鈍性に剥離して，鎖肛と同じように皮膚に縫合することによって治癒できる。

　残念ながら多くの例では直腸間膜の不慮の裂傷や無理な緊張によって血液供給が重度に障害され，粘膜の壊死が起きて直腸壁が破裂したり，骨盤腔から腹腔への糞便汚染による致命的な腹膜炎が生じる。したがって直腸終末が少なくとも3cm欠損している肛門と直腸の閉鎖例では安楽死が勧められる。

3-19　直腸脱

若齢子牛，当歳牛，まれに成牛にみられる直腸脱には次のような状態がある：
- 不完全な直腸脱——粘膜層のみが脱出し，局所に浮腫がある
- 完全な直腸脱——尾側の直腸が完全に外反し，直腸の漿膜面同士が接着している

■病因と症状
- 最初の症状は強い努責である
- 重度の急性サルモネラ症やコクシジウム症のように脱落上皮片や血液の排出を伴う重度の腸炎
- 下痢を伴う高蛋白飼料の急激な摂取
- その他のまれな病因——尿石症(重度の力み)，重度の第一胃鼓脹症，高エストロジェン含有物の摂取(坐骨直腸窩の弛緩を生じる)，腟脱の継発症および狂犬病

■診断
　診断は容易である。後方の硬膜外麻酔下(1-8，47～49頁)で脱出部を洗浄すれば，挫傷や裂傷の程度を確認できる。

■治療法
　3型に分類できる。すべての方法は硬膜外麻酔下で行う(2％リグノカイン，1～2mL)
(a) 粘膜の損傷を伴わないごく最近生じた不完全な直腸脱：

- 整復し，肛門周囲皮膚の皮下に巾着縫合を行う
- 針は腹側から刺入して背側に出すようにするが，非吸収糸（滅菌ナイロンテープなど）が汚染を受けないようにできるだけ糸を皮膚上に長く露出しないようにする
- 縫合糸は腹側で蝶結びをして，徐々に緩められるようにする
- 縫合は適度に排糞でき，再び直腸が脱出しない程度に行うべきである。1カ月齢の子牛では指2本入るくらいがよい

(b) 粘膜の損傷を伴い，ごく最近生じた不完全な直腸脱：
- 裂傷部を縫合する。もし不可能であれば直腸切除術または粘膜下織の切除術を行う（下記参照）

(c) 完全な直腸脱：
- 重度の損傷がなければ整復を試みる。脱出部をエプソム塩またはタンニン酸溶液に浸けると浮腫性の腫脹が小さくなる

もし整復が不可能であれば，粘膜下織の切除術と直腸切除術の2通りの方法がある。

粘膜下織の切除
- 直腸周囲に2つの円周上の切開を行うが，切開は粘膜と粘膜下識までとする。ひと

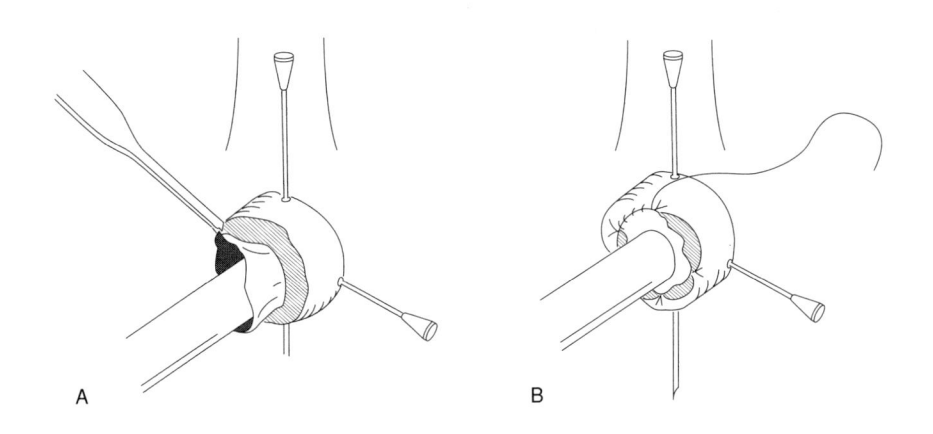

図3-25 直腸脱に対する階段式切断(A)および粘膜の縫合(B)．

つ目の切開は直腸が反転している部位で行い，もうひとつの切開は粘膜と皮膚の接合部から1cmの部位とする
- この2つの切開を直角に結ぶ長軸方向のもうひとつの切開を背側で行う
- 2つの円周上切開に囲まれた直腸粘膜の"袖"の部分を切除する
- ガーゼによる圧迫止血および大きな血管の結紮を行う
- 4号のPDSの単純結節縫合によって粘膜縁同士を寄せ合わせる
- 前述したように巾着縫合を行う

直腸の切除術
2通りの方法が用いられている。

手技1：階段状切断術
- 縫合中は，直腸管腔にプラスチック注射筒の外筒を挿入し，脱出した直腸を固定す

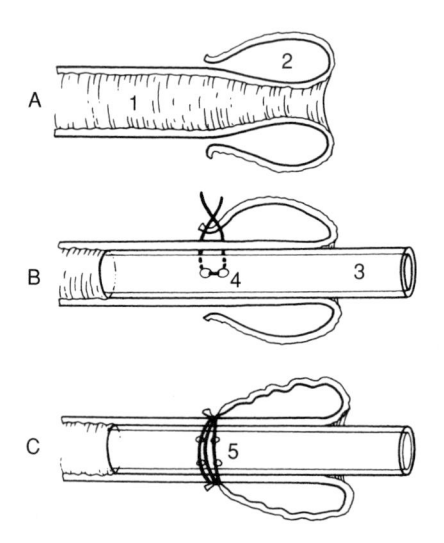

図3-26 注射筒またはプラスチックチューブを用いた直腸脱の整復法．
(A)(1)直腸内腔；(2)脱出壁．(B)皮膚ー直腸粘膜境界部とパイプ(3)側面の穴(4)を貫通させて縫合する．この縫合の180°反対側に2番目の縫合を行う．(C)パイプが直腸内腔に適切に挿入されたら，縫合糸を皮膚の上で強く引っ張り，脱出部の血行が遮断されるように縫合糸を円周上に縛り付ける(5)．脱出した直腸およびパイプは虚血壊死のため数日後に脱落する．

るために2本の皮下注射針を十字に刺入する（図3-25参照）
- 壊死部位の頭側を円周状に切開をする。しかし，内側の粘膜と粘膜下織は切らない
- 階段状になるように，最初の円周状切開の3cm尾側を切断する
- 縫合の緊張を減じるために余った組織(内側の粘膜層)を用いて円周状縫合を行う
- 皮下注射針とシリンジ外筒を取り除き，前述の巾着縫合を行う

手技2："直腸リング"法と呼ばれている方法（図3-26参照）
- 両端が開いたプラスチック注射筒またはチューブを脱出部の最も近位部に単線維ナイロン糸を用いて円周上に固定する
- 遠位の直腸の血行が効果的に遮断され，約10日後に脱落する

■考察
　手技2ではプラスチック・ケースがはずれたりしていないか，さらにケースの内腔からうまく排糞されているかをしばしば確認しなければならない。この方法は簡単だが乱雑である。また牛房の壁やほかの牛に接触してケースがはずれてしまうと失敗する。

　もしキシラジン-リドカイン混合液または持続性の局所麻酔薬(ブピバカインなど)を用いて硬膜外麻酔を実施すれば術後の努責を遅らせることができる。

■合併症
- 直後の過度の狭窄――より大きい口径のケースを管腔にもう一度縫いつける
- 過度の出血――直腸壁の全層を含んで血管を縫合してしまう
- 術後の重度の持続的な努責――持続性の硬膜外麻酔を反復する。気腹をつくる(左側膁部に針を刺入し，Higginsonシリンジを接続して通気する)，巾着縫合を緩める
- 過度の線維化による肛門の狭窄――線維組織の深さだけ肛門の背側および腹側を切開し，創の頭側の交連部から尾側の交連部まで縫合する

　予防法は最初に直腸脱に至った基礎原因(たとえば飼料)に注意を向けることである。特に何頭も発症した農場ではとくにそうである。

第4章　雌の泌尿生殖器手術

```
4-1 帝王切開術（子宮切除術）    4-4 会陰裂傷
4-2 腟および頚管脱              4-5 卵巣切除術
4-3 子宮脱
```

4-1　帝王切開術（子宮切除術）

■適応
- 胎子の過大（母牛の未成熟，八重尻，遺伝的不適合，長期在胎）
- 胎子の奇形（反転性裂体など）
- 相対的または絶対的な骨盤の狭小（母牛の未成熟，損傷による骨盤の変形）
- 胎子の娩出困難な胎向または胎勢の異常
- 整復不能な子宮捻転，子宮破裂，頚管の完全または不完全な拡張不全
- 母牛の腟または外陰の閉鎖または形成不全
- 貴重な系統を残すために生存子牛を得るのが最重要で，自然分娩の危険を避けるための繁殖プログラム

　近年まで尿膜水腫や羊膜水腫は2段階の帝王切開術（第1日目：子宮内容液の緩除な排液；第2日目：帝王切開術）が推奨されていた。今日このような例では牛が横臥してしまう前に糖質ステロイドかプロスタグランジン処置を行い，反応しない例には数日後にオキシトシンの静脈内点滴を行えば予後は良好である。

■不適応
- ボディコンディションが非常に低い牛（悪液質など）
- 胎子が死亡しているほとんどの例
- 子宮内感染のあるほとんどの牛

　胎子が既に死亡して衰弱した牛や長時間の難産牛においてさえ，帝王切開術は切胎術より好まれている。

帝王切開術の切胎術にまさる点は：
- 胎子を生存させる可能性がある
- より早く安全な手技である
- 切胎術が不可能な例(頸管の拡張不全)にも応用できる

■手術手技：膁部

　キシラジンの前投与は子宮筋の緊張を増加させるので推奨できない。子宮を回転させたり，子宮を部分的に創外に引き出すために可能であれば子宮弛緩薬(塩酸クレンブテロール，300μgなど)を筋注または緩除に静注するべきである。

　可能であれば腰椎側神経麻酔(T13，L1～3，1-8章，42頁参照)下において起立位で手術を行うが，弱って衰弱している牛は手術前に横臥保定するべきである。このような例では鎮痛処置として前方の硬膜外麻酔が適用できる(60～120mLの2％リグノカイン)。その他の方法として，30mLの後方硬膜外麻酔および逆"7"または"L"字状の膁部の麻酔を行う(45頁参照)；尾を後肢に結ぶ。

　右側を切開する特別な理由がない限り(例えば右膁部に存在する過大胎子，第一胃の過度の拡張)，右膁部より左膁部の手術が好まれている。右側では小腸ループが術創から脱出しやすく，損傷や感染を受ける可能性がある。

- 努責の強い牛には後方の硬膜外麻酔(5mLの2％リグノカイン)を処置する。努責によって子宮の正確な切開を妨げられたり，膁部の切開創から第一胃壁さえも脱出するからである
- 膁部全体を刈毛，擦り洗い，消毒して滅菌ドレイプをかける
- 左膁部の中央または後方に30～35cmの垂直切開を行い(図3-6の線4を参照)，膁部の血管を注意深く止血する
- 腹腔に手を挿入し，第一胃を前方に押して，腹腔の腹側と尾側を触診する
- 胎子の位置と子宮壁の状態を素早く評価する
- 胎子の出っ張った部分(例えば肢，頭位の子牛では飛節)上の子宮壁を掴んで，妊角の大湾部を腹壁の切開創の方に誘導する
- 妊角の大湾部を創外に引き出す
- 子宮内に重度の感染(例えばひどい気腫胎)がない場合は，子宮内溶液の流入は腹腔を汚染する危険はほとんどない

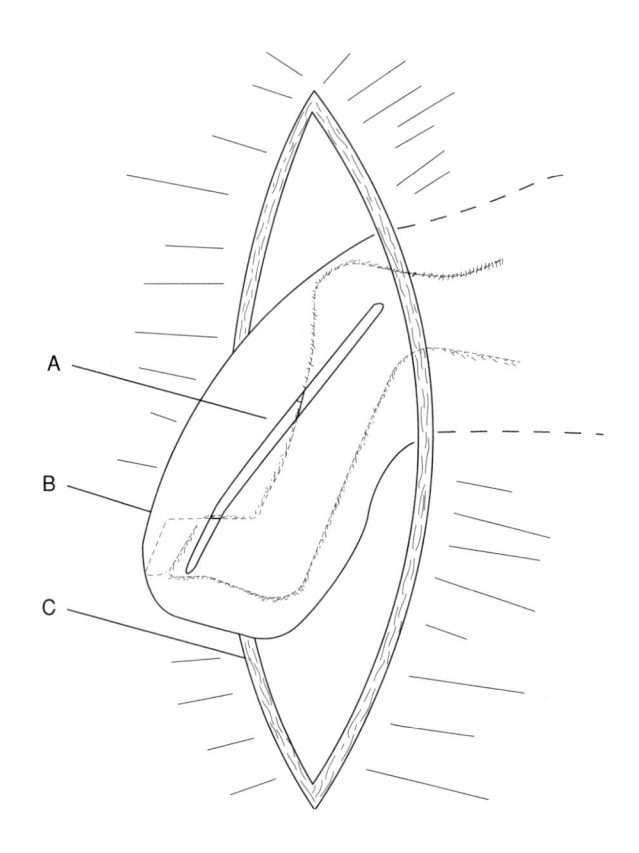

図4-1 右後肢中足および趾の上の子宮切開(大湾),胎子の部分を創外に引き出している.
(A)子宮切開創;(B)創外に引き出した子宮角;(C)左膁部切開創.

- 子宮壁を通して胎子の肢(例えば趾や踵骨)を握り,それを膁部切開創で確実に保持する
- 胎子の肢近くの大湾に沿って子宮壁を子宮角の先端に向かって切開する(図4-1参照).この切開(切胎術)はメスまたは指刀を用いて胎子の趾直下から飛節(尾位の場合は前肢の手根部)まで延長する
- 母牛の子宮小丘を切開しないようにする(図4-1参照)
- 肢を創外に引き出してロープ/チェーンがかけられるように注意深く子宮切開創を尾側に広げる

- 子宮が臁部切開創に十分保持されるようにロープを軽く牽引しておくよう助手に指示する
- もう一方の肢を確認するために子宮内に手を挿入することができるように子宮の切開創を延長し，この肢を同じように創外に引き出してロープ/チェーンをかける
- 親指と人差し指でそれぞれの眼窩を押さえて頭を最適な位置に動かす
- 非常に大きい胎子や子宮角の先端が臁部切開創まで引き寄せられない場合で直視下の切開ができないときは，胎子の四肢上で盲目的に切開を行い，これを握って臁部切開創に引き寄せる
- 通常は上方に牽引するが，適切な方向に胎子が穏やかに牽引されていることを確認して，必要であれば子宮壁が裂けないよう子宮の切開をメスで延長する
- 特に反転性整体の症例や，筋肉拘縮のある胎子および気腫胎では，牽引中の操作は注意深く，緩徐に行う
- 非常に過大な胎子や関節硬直がある場合には，皮膚の切開創を40cmに広げなければならないこともある
- 臍帯は自然に断裂するようにする
- 胎子を摘出後の子宮切開部は臁部切開創で保持し，分離して脱出している胎盤を除去し，残りはそのままにする
- 母胎側の子宮小丘から胎盤を剥離しようとしてはならない
- 助手がいなければ，非挫滅子宮鉗子(Vulsellum鉗子)を使ってその場所に子宮を固定しておく
- どんな場合でもほかに胎子がいないかチェックする
- 子宮内への投薬は，不必要である
- 胎子が元気になり，臍帯を消毒している間に急いで子宮の縫合を始める
- 必要ならば滅菌生理食塩水で子宮を洗浄する
- 連続カッシング縫合で子宮を閉鎖し，続いてその上を連続レンベルトまたはカッシング変法(結節を埋没させるユトレヒト子宮縫合)で縫合する
- 子宮壁の縫合：単層縫合するのであれば，切開創の尾側から，二重縫合するのであれば頭側から縫合を始める．縫合糸は5号か6号のPGAまたは7号のクロミック腸線を用いる(図4-2参照)
- 子宮が収縮，緊張および膨張していて内反縫合では縫合が裂けてしまう場合には単

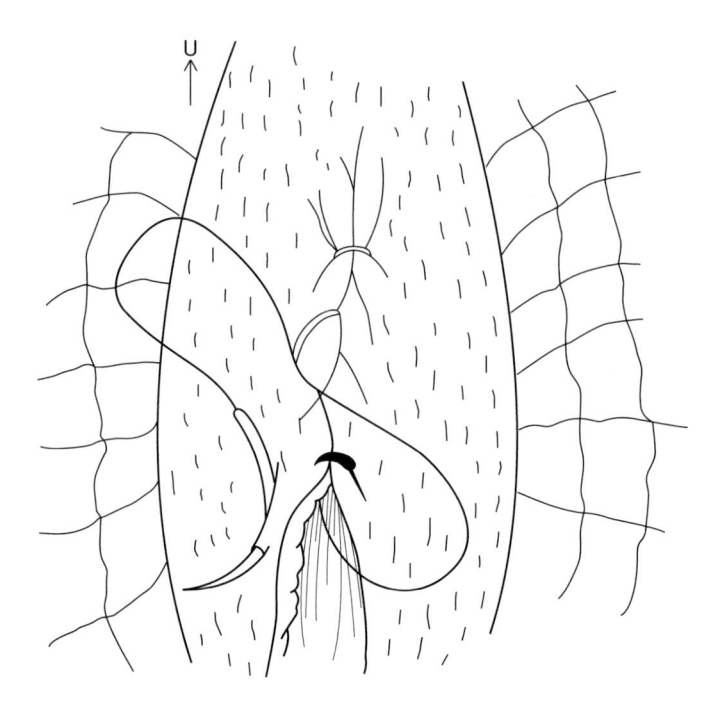

図4-2 結節を埋没させるユトレヒト子宮縫合法．
針は切開線に対して僅かに角度をつけて刺入し，子宮内腔を貫通しない．縫合は子宮液の漏出を防ぐために密に縫合する．胎盤を避けるように注意する．

　純縫合を行う

　腹腔からの胎水やほかの汚染水の排除は通常不要である．重度の感染のある液の場合はスワブや吸引によって排除すべきである．抗生物質の腹腔内投与または非経口投与が必要である．定法通り朦部切開創を閉鎖する．子宮の収縮を促進するためオキシトシン(50iu)を注射する．

■術後管理

　摘出した子牛が死亡していれば胎盤停滞からの感染を予防するために抗生物質の注射を5日間続ける．重度のショックや横臥した病畜では次の症状を評価する：一般状態，直腸温度，心拍数と性状，可視粘膜の色調，毛細管再充満時間，起立意欲(62頁参照)．

重症例ではフルニキシンメグルミンと多量の抗生物質投与ばかりではなく大量の静脈内輸液(25L)が必要である。

子牛にはできるだけ早くボトル(乳頭つき)，食道給餌器，または胃管(胃内挿管)で母牛の初乳を与える。母牛はできるだけ早く授乳させるように起立させる必要がある。

通常，胎盤は手術後24時間以内に剥離して排出され，これは予後良好のサインである。このときに持続的な感染性の排泄物がある例には抗生物質を全身投与すべきである。

術中の汚染や縫合層への過度の血液や液体の貯留のため，膁部切開創の治癒機転はしばしば二期癒合をとる。

帝王切開術の死亡率は低いが(約10％，予後の悪い牛では手術をしないために低い)，死亡の理由は：
- エンドトキシンショック
- 持続的な重度の子宮内出血(陰門からの)
- 敗血性子宮炎および腹膜炎

■手術手技：正中

肉用牛の初産牛および大きく拡張した子宮や感染子宮に対して腹側正中はよい切開部位である；複数の人による保定が必要となる。
- 右側横臥位から仰臥位の中間の角度に保定し，肢を固定する
- 臍の12cm前方から後方は乳房までの手術野を刈毛，擦り洗いして30cm有窓滅菌ドレイプを体にかける
- 臍の前方5～7cmから後方に必要なだけ切開する
- 脂肪，筋膜，白線，腹膜を長軸状に切開する
- 大網の遊離縁を前方に押し上げ，胎子の肢を引っ張り，妊角を創外に引き出す
- あとの手術操作は膁部切開時と同様である。閉腹前に子宮切開部の上に大網を引っ張っておくことができる
- PGA(PGA縫合糸)または単線維ナイロン糸(7号)で単純連続縫合するかまたは結節外反マットレス縫合で白線を縫合する
- この縫合はクロミック腸線による単純連続縫合層によって埋没する
- 単線維ナイロン糸で皮膚と皮下織を結節マットレス縫合する

■帝王切開術のほかの切開部位についての考察

ほかの多くの部位で切開が行われているが、主な欠点と利点は：
- 左側膁部中央の斜め切開(腹部外方またはリバプールアプローチ)は、過胎子の子宮へのアクセスが最もよくなる。切開は寛結節末端の腹側で、8～10cm頭側から始め、ちょうど最後肋骨のすぐ後ろで終止する(図3-6(5)参照)
- 乳房皮膚が付着する約20cm背側の膝ヒダの内側の下膁部斜切開(ハノーバーアプローチ、横臥位)；血管の多い筋層を避ければ著しい過大胎子において子宮を困難なく操作できる；横臥位にしっかりと保定(ロープ、足架)しなければならない；治癒過程の合併症を考えれば好ましい切開部ではない(図3-6(3)参照)
- 左または右側の傍正中切開：利点と欠点は前述と同様(胎子の摘出は容易であるが、農場での保定が問題である)

証明されていないが、子宮と腹腔臓器との癒着は、結節部など縫合糸の露出と関連すると主張されている。この改善策としてユトレヒト大学から提案されたクロミック腸線による埋没縫合法については比較試験を行って確認する必要がある(図4-2参照)。

■術後の受胎率

帝王切開術後の受胎率は正常分娩後の受胎率と比べて低い(89％に対して約72％)。同じ牛を反復手術することは比較的多いが、同じ適応症はまれである。切胎術と帝王切開術後の受胎率について多くの例を比較したデータはない。

4-2 腟および頸管脱

■はじめに

腟および頸管脱は妊娠末期または分娩直後の過肥の肉用種(特にヘレフォードとサンタゲルトラディス種)および乳牛(ホルスタイン種とチャンネル島由来種)によくみられる。

妊娠8または9カ月から発生した慢性例では分娩直後に発生する例とはまったく異なる問題が存在し、次の妊娠でも再発するので分娩後に淘汰することが最もよい解決法となる

▍誘因

- 腟周囲の結合織への過度の脂肪蓄積
- ホルモン作用による仙結節靱帯の弛緩(内分泌不均衡)
- 妊娠末期の腹部容積の増大による腹腔内圧の増加
- 粗飼料の過剰摂取
- 極寒な気候と貧相な体格(大きくたるんだ外陰部)
- 腟の損傷による分娩後の重度の努責
- 確証はないが,あるヘレフォート種の血統では遺伝的要因が指摘されている

▍分娩前の慢性例に対する治療法

　後方の硬膜外麻酔を行ったあと,完全な洗浄と腟脱の整復を行う。

　まだ分娩に遠い妊娠牛(妊娠7カ月など)の軽症例の腟脱は陰唇背側を閉鎖するCaslick変方で処置することが最適である。分娩時には外陰の破裂を防ぐためにこれを切断する。妊娠末期の重症例には2種類の方法で管理するとよい。

▍手技1.Bühner法による陰門周囲の縫合(図4-3参照)

- 外陰周囲を手術するために洗浄し,露出した腟を注意深く洗浄する
- 外陰用の長針を用いて陰門周囲の深層にナイロンテープの皮下縫合を行う(Gerlach縫合,Arnolds,Jorgensen)
- 長さ45cm,幅0.6cmの滅菌ナイロンテープを通した針を外陰の腹側交連下3cmの部位から刺入し,背方に向けて深部の結合織を貫通して外陰の背側交連と肛門間の中央に突き出す
- テープの一端を下部刺入口に残しておき,もう一端を針穴からはずして針を引き抜く
- もう一側の陰唇縁に沿ってテープを通していない針を再び刺入して先ほどの刺出部の傍に突き出す。そして針穴にテープを通してテープを腹側に引き出す(図4-3参照)
- テープの緊張加減を容易に調節できるようにテープを結紮する

　外陰口は容易に指4本が挿入できるようにする。約1cmの長さだけのテープが背側と腹側の陰門の皮膚に出るようにする。もし分娩予定日1カ月以上前であれば背側と

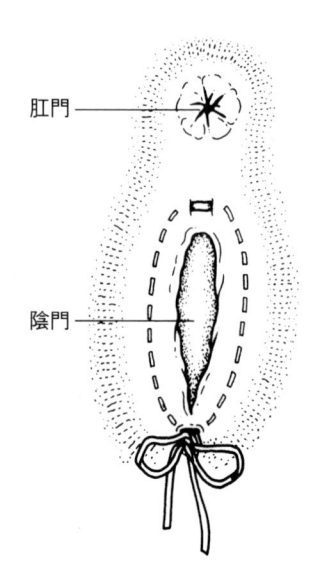

図4-3 陰唇におけるBühner縫合．臍帯テープを通したGerlach針を腹側陰唇交連から刺入し，緻密な線維組織を貫通させて背側交連の上に突き出す．テープを通していない針を反対側の陰唇に同じように下から上に向けて突き通す．針にテープを通して腹側に引き抜く．素早く針を外して適当な強さに結ぶ．縫合糸は陰唇交連部だけでみえる．

腹側にそれぞれ1 cmの水平切開を行い，それをマットレス縫合してテープを完全に埋没してもよい．妊娠末期に処置したのであれば分娩時に結節付近の縫合を切断して除去すれば，分娩の最初の徴候を注視可能である．

数日間は陰門に浮腫があるが，最小限の組織反応しか起こらず，刺激はほとんどない．時には結合織の括約筋様のバンドが形成されて腟の再脱出を防ぐが，背側の会陰切開術が必要になるような難産の原因になることもある(4-4，188〜191頁参照)

■手技2．横断縫合法

ナイロンテープで両陰唇の深部を横断する2または3回の水平マットレス縫合を行う方法で，上述の変法であるが，やや劣っている．本法ではより重度の局所反応，疼痛や刺激があって，麻酔が切れたあとも努責が持続する．必然的に縫合が皮膚を裂いてしまう危険性が増す．

- 陰唇横のちょうど"毛の生え際"の外側にテープを通した針を貫通する
- 短いゴムかプラスチックチューブ(羽柄)を通すか,単純にチューブ上で結紮すれば,縫合により皮膚を裂く危険性は低くなる

分娩後の腟脱に対する治療法

　上述の手技1が適している。しかし初めて発生した分娩直後の例では,最初に長時間作用する(8時間以上,1-8, 47〜48頁参照)硬膜外麻酔がほとんどの例に奏効する。さらに努責は気腹を行うことによって防げる(3-19, 172頁参照)。

■手技3. Caslick変法：

　本法は腟脱を整復後,外陰内腔の背側の3/4を手術によって閉鎖するものである：
- 陰唇背側の粘膜を背方に長さ5cm,幅1.5cmに切除する
- 細いナイロンまたはカプロラクタン(Vetafil®)で並置面を縫合するが,同様の非吸収縫合糸による2回の深部のマットレス縫合でこれを支持する
- この縫合は2〜3週後に除去する
- 繁殖性回復の予後は良好で,次回分娩直前に縫合線を切開する

■手技4. 頚管固定術(図4-4参照)

はじめに

　まれに適用される開腹術である。腟脱を予防するさらに進んだ根治的な治療法で,価値のある非妊娠牛に正しく適用すると非常に効果的である。左膁部切開創から頚管の腹側と正中すぐ外側の恥骨前腱を縫合するものである。

手技
- 大きな強湾角針と太い非吸収性多線維糸(7号のポリプロピレン)を用意する
- 助手に腟から頚管外口の腹側に子宮頚管鉗子をかけさせ,この部位が確認できるように前方に押してもらう。これは正確な整復と尿管や膀胱を避けるために必須である
- 頚管の腹側に糸を通した後,2倍長の縫合糸を恥骨櫛の5cm前外側の恥骨前腱に貫通させる(図4-4参照)

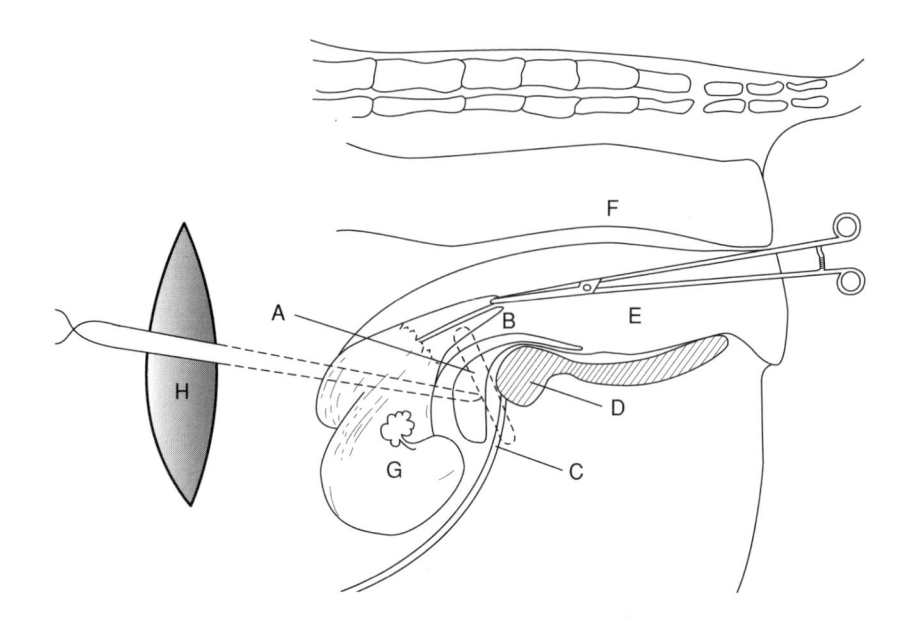

図4-4 左臁部切開創を介した子宮頸管固定術(縦断面図).
子宮頸管腹側部を通した縫合糸(A)(B)助手が長い柄の子宮鉗子(E)を腟から操作する；
(C)は前恥骨靱帯を通した縫合糸；(D)恥骨と骨盤の腹側部(斜線)； (F)直腸；
(G)子宮；(H)臁部切開および縫合糸の挿入；(J)膀胱.

- 腹腔外で結紮し，小腸の陥入を避けながら親指と人差し指で縫合糸に沿って結節を誘導する
- 最低4回の結紮を行う
- 最後に鋏で縫合糸の端を3cm残して切る

このWinkler変法は原法の腟からのアプローチより容易かつ安全である。

4-3 子宮脱

■はじめに

子宮脱は分娩第3期によく発生し(分娩の約0.5%)，一般的に妊角の完全な反転が起

こる。介助分娩の第2期後に引き続いて起こることもある。帝王切開術に継発する例はほとんど知られていない。ほとんどすべての例が分娩後15時間以内に発生する。

　栄養状態のよい経産牛(分娩前の高蛋白摂取)と栄養不良や慢性疾患牛の両方に起こる。高エストロジェン摂取が誘因となることもある。

　病因は不確実であるが，子宮の反転と脱出は分娩第3期の子宮無力症と関連するようである。多くの牛で低カルシウム血症を併発し，乳熱の臨床症状を伴う。

■治療

　もし牛が横臥しているならば脱出した子宮を清潔かつ湿らしたシートに包み，さらに汚染されることを防ぐよう牧夫に電話または携帯電話で指示する。もし起立していて十分な助けが得られるならば，獣医師が到着するまで子宮を清潔な布でやや高い位置に保持しておくべきである。牛は安静にしておくこと。

- 直ちにボログルコン酸カルシウムを皮下または静脈内に注射する
- 到着したら努責を排除するために後方の硬膜外麻酔(5 mL，2％リグノカイン＋0.5mL，2％キシラジン)を行う
- 最初に子宮をぬるま湯で洗浄し，次に温かい生理食塩液およびエプソム塩(硫酸マグネシウム液)で洗浄する。胎膜がすでに自然剥離していればそれを除去する
- 子宮の破裂や子宮内に拡張した膀胱がないか調べる。拡張した膀胱は子宮からの用手による圧迫またはカテーテルによって排尿すべきである
- もし起立不能であれば，牛を胸骨横臥にして両後肢を後方に伸長し，会陰部が地面と45度の角度に傾くようにする。この体位は子宮の整復を容易にする(図4-5参照)
- 横臥した牛の両飛節間の広い場所に布を敷いてその上に子宮を置く
- 子宮を持ち上げてその低い縁が坐骨の高さになるようにする。産科用潤滑ゼリー(KY®ゼリー)を塗った手のひらで陰唇に最も近い部分の塊を円周状に静かに圧迫を加えながら整復を開始する
- 子宮に穴を空けないように優しく取り扱う！
- 最初に子宮の一部を整復したら脱出部が陰唇より上部に保持されているように整復部を保持する
- このようにして漸次子宮全部を整復して，子宮が頚管より前方の正常な位置に到達していることを確認する

- 数分間の操作で整復できない場合，非妊娠角の入り口(たいてい陰門の高さの位置)を見つけて握り拳を挿入し，安定した圧をかけながら骨盤腔内へ押す
- 子宮角に反転部が残っていないかチェックする(腕を延長させるために空のカルシウム剤容器を用いる)
- もし完全に子宮を反転できない場合，子宮内に生食液を満たす．その後，消毒した胃管を用いてサイフォン式に排除する
- 整復後，子宮の退縮を促進するため，オキシトシン(50～100IU)を注射する

限局的な腟損傷は無視してよいが，大きな深い裂傷は腸線で縫合すべきである．広範な腟上皮の壊死や創傷がある牛では，粘膜下織の切除が必要となるが，出血が多く時間のかかる手技なので特殊な例にのみ適用する．

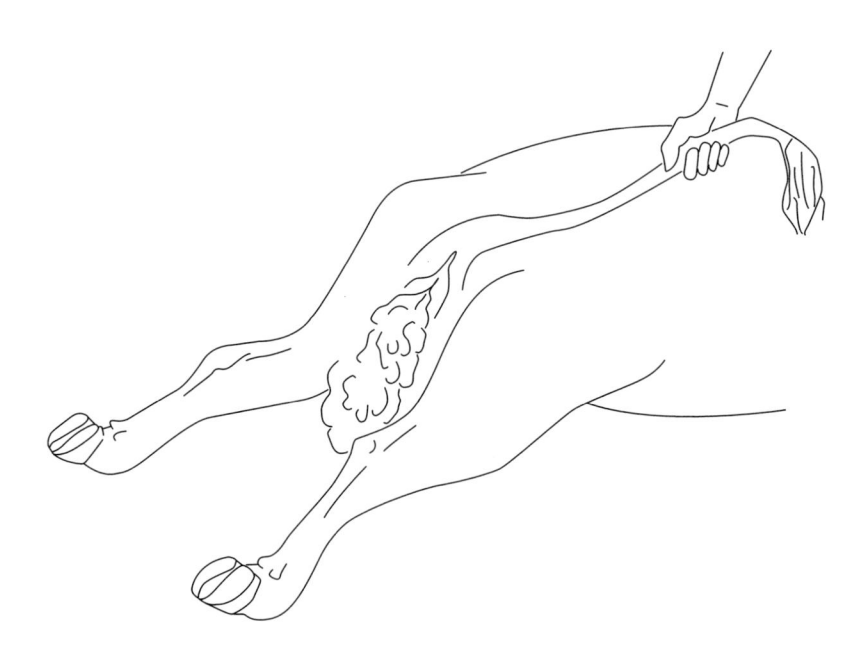

図4-5 脱出した子宮を整復するために選択される体位．
両後肢は後方に伸ばす．骨盤はこのポジションで約30度下向きに傾く．起立位の牛は，操作を容易にするために後方硬膜外麻酔を行う．

■合併症

　会陰部の知覚が戻った後に子宮が再脱出することはまれである。再脱出を防止するため2〜3日間Bühner法による陰唇縫合(4-2, 180〜181頁参照)をすることには賛否両論がある。腟と子宮をチェックするために12〜24時間後に再度往診するとよい。

　ほかの合併症には出血，子宮炎，毒血症，敗血症，不全麻痺，膀胱と腸管の脱出を伴う子宮破裂などがある。

　次回の分娩時に子宮脱が再発することは驚くほどまれである。

子宮の切断術（子宮切除術）

■はじめに

　子宮切除術は整復をしても牛が死亡してしまうような子宮に重度の損傷（裂傷，壊死，凍傷，壊疽）のある牛や，脱出後長時間経過して整復不可能な牛に適用される。子宮切除術は淘汰処分に変わる唯一の方法である。予後は要注意または不良である。主要な問題は出血とショックである。術前に全血輸血または7.2%高張食塩液の投与を行うとよい（1-11, 64頁参照）。手術は硬膜外麻酔下で行う。

　術部を洗浄して消毒する。2種類の手技がある。

手技1
- 頚管直後にナイロンテープで数回の穿刺固定と周囲縫合を行う
- 縫合部の約5〜10cm後方で子宮を切除し，さらに断端縁に止血のための縫合を行う

手技2
- 子宮壁の背側を子宮角分岐部まで切開を行う
- 左右の子宮広間膜を確認して扇形に広げる
- 大きな血管は個々に，小さな血管はまとめて，連続して血管を結紮する（7号のクロミック腸線）
- 縫合部の1cm遠位で子宮広間膜を切開する
- 切断部を腹腔内に引っ込ませる
- 頚管の直前でマットレス縫合を行う
- マットレス縫合の1cm後方で子宮を切除する

- 切断部と腟を骨盤腔内に戻す
- 抗生物質の全身投与を3日間行う

術後の問題

　子宮血管からの出血とショック。乳牛では子宮切除術時に卵巣切除術(4-5，191頁参照)も実施してしまえば1～2年間は搾乳ができる。

4-4　会陰裂傷
▎分類
- 第1度：外陰/腟前庭/腟粘膜の裂傷
- 第2度：外陰/腟前庭/腟全層の裂傷であるが，直腸や肛門は含まれない
- 第3度：外陰/腟前庭/腟全層の裂傷のみでなく直腸腟の裂傷で，肛門括約筋または直腸腟の瘻管形成も含まれる

　本項では主に最も重度な状態である第3度会陰裂傷について述べる。

▎臨床症状
　損傷は常に分娩時の胎子の頭または肢によるものである。もし獣医師が立ち会う難産でこのような損傷が起きることが予想されるなら，重度の裂傷を防ぐために背側会陰切開術(10時または2時の位置)を施す。外科的に実施した会陰切開創の修復は比較的容易である(190頁参照)。

　ぎざぎざで不規則な裂創はすぐに浮腫を生じ，糞便によって汚染を受けるので，もし交配に供するのであれば手術を実施しなければならない。腟内の糞便から慢性の炎症過程が開始し，これは直ちに頚管に達する。発情時に感染物は腟腔の形や方向を歪ませ，腟前方に尿が貯留するようになる。

　欠損部が完全に上皮化される分娩後およそ4～6週まで手術を延期する。分娩後直ちに(4時間以内)に手術をする獣医師もいるが，炎症と感染の拡大によって失敗することが多い。

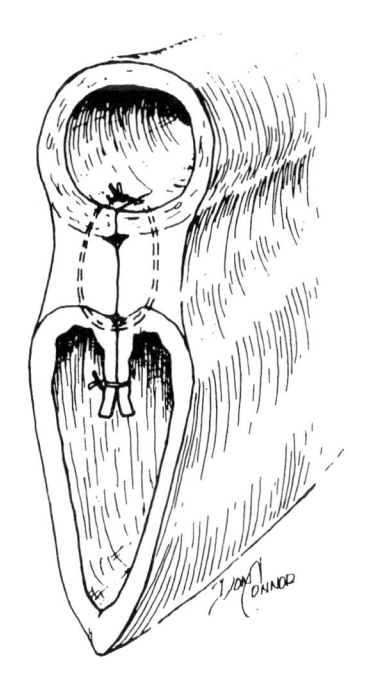

図4-6 第3度会陰裂傷の修復直腸から腟背側におけるレンベルト変法の結節縫合および，前庭粘膜の連続水平マットレス縫合.

▎手技

- 12～24時間の絶食
- 手術は起立位で後方の硬膜外麻酔下で行う
- 周囲組織と腟を温和な消毒液(ポビドン・ヨード)で洗浄し，欠損部より前方の直腸腔に吸収性の布を詰め込む
- 助手に排泄口の両側縁を反転させ，直腸と腟粘膜間の頭側に棚状構造ができるように，保持させる(図4-6参照)
- 直腸と腟間の棚状構造の縁に沿って横方向に切開し，さらに本来の陰唇の背側交連の皮膚縁まで外方に切開を進める。
- この棚状構造の縁から腟粘膜を約5cmの深さに完全に剥離する
- 左右面が水平に並置するようにこの筋線維の架橋を頭側から縫合する(5号または

6号のPGA縫合糸など)
- 縫合がきつく締められ，その縫合同士の間隔が指を挿入できないだけの距離になっているか確認する
- 排便しにくくなるので皮膚縁を後方に縫合するのは避ける(禁忌)
- 予防的に抗生物質の全身投与を5日間実施する

■問題点
- 不適当な粘膜の切離(技術的に難しい)では，筋線維の架橋の厚みが不十分になる
- 間隔が大きすぎるような不適切な縫合法では糞便が腟内に落ちてしまう
- 縫合の破裂
- 肛門皮膚周囲の不注意な縫合は狭窄を起こす
- 重度の創傷感染

　これらの問題すべてによって創の部分的または完全な裂開が起こる。そのような場合には再手術が必要となる。予後は注意を要する。
　繁殖に供しても，難産のリスクが増すことはない。

会陰切開術
■適応
　胎子の過大，狭小または未成熟な腟前庭部，あるいは潤滑の不足による過度の摩擦のため，分娩時に陰唇や腟前庭に損傷を負いやすい。自然にできる不規則な裂創や医原性の挫創より手術による切開の方が好ましい。

■手技
- 皮膚に単純斜め切開を加え，必要なら腟前庭粘膜まで切開する
- 切開を肛門括約筋まで背側に広げるのを避ける。また腟動脈の後方の分枝を傷付けるような前方への切開も避ける：斜め切開は10時または2時の位置で行う
- 娩出後切開を2層に縫合する：粘膜をクロミック腸線で連続縫合し，皮膚を単線維ナイロンで結節縫合する
- 抗生物質は必要ない

通常，一期癒合する。

4-5　卵巣切除術

▉適応

卵巣切除術は卵巣を切除されていない若牛と比べて飼料効率が改善するばかりでなく成乳牛の泌乳期間を延長する。卵巣を切除された若牛や成牛は妊娠の危険がなく，雄牛と同じ群で簡便に飼養ができる。時には片側性の卵巣の疾患または持続性の黄体嚢腫に適用される。

卵巣切除の有無による牛の泌乳や飼料効率に関する比較データはほとんどなく，その多くは矛盾している。

ヨーロッパではあまり行われていないが，南米，中米，北米では保定枠を使ってよく慣れたチームとともに1人の獣医師が1時間に40～60頭の未経産牛の卵巣切除術を行っている。手術を受けた牛は識別できるようにする。

▉手技

卵巣切除術の部位は若牛（6～12カ月齢）では膁部（起立位）または腹部後方の正中線（横臥位）である。成牛では腔（腔切開術）または膁部（起立位）である。

手術前24時間は絶食するが，水の制限は行わない。

▉膁部からのアプローチ

- 左膁部を刈毛，洗浄，擦り洗いを行って消毒する
- 脊椎側神経麻酔（L1～2）または局所浸潤麻酔（Tブロック，逆7ブロック）を行う（1-8章，46～47頁参照）
- 無菌的に実施する：手術を繰り返し行うときは器具と手指に4級アンモニウム消毒薬を用いる
- 左膁部の第3～4腰椎横突起下を垂直に10～13cm切開する
- 筋肉を鋏で分離し，腹膜を切開する
- 腹膜の切開を引き伸ばしながら手を腹腔に挿入し，卵巣の位置を確認する

- 小さい挫切鋏で卵巣を切除する(卵巣茎は脊椎側神経麻酔では麻酔されていないので局所麻酔薬を浸したガーゼを挫切する1分前に卵巣茎にあてがっておくべきである)。注意：どちらの卵巣も腹腔内に落としてしまわないこと！
- 切除物が卵巣全体であることを確認する
- 腹壁を定法どおり縫合する
- 抗生物質の全身投与を1～3日間行う。暖かい季節には防蝿剤のスプレーが必要である
- 10～14日で非吸収糸を抜糸する

腟からのアプローチ(成牛のみに適用)

- 硬膜外麻酔
- さや入りナイフで頚管のすぐ後方にある10時または2時の腟壁に約5cmの穿孔切開を行う(動脈や直腸を避けるよう注意する)
- 2本の指を入れて一側の卵巣を掴み，腟内に引き出す
- 卵巣茎に，局所麻酔薬を浸したガーゼを用いて薬液を約1分間浸潤させる
- 長い柄のついた絞断器または卵巣切除用鋏を挿入して卵巣を切除する(結紮は不要)
- 他側の卵巣も同様に行う。腟壁は縫合しない
- 抗生物質の全身投与を1～3日間行い，可能であれば鎮痛薬も投与する

■考察

厄介な後遺症には，卵巣切断部の大量出血があり，これは特に顆粒膜細胞からであり，そして腹膜炎がある。米国では卵巣切除専用の器具(K-R: Jorgensen Laboratories, Loveland, CO.およびWills: Willis Veterinary Supply, Prehso, SD, 図4-7参照)が発情前の未経産牛における腟切開術のために開発されている(参考文献は付録1，314頁)。

Willis法(図4-7参照)は，腟円蓋での穿孔切開を介した両側性の腹腔内卵巣切除術であり，最初に直腸検査で挿入部位を確認し，次に先が鋭利な卵巣切除器具の内腔に卵巣を押し込んで，各々の卵巣切除を行う。卵巣は腹腔内に残る。K-R(Kimberley-Rupp)器具では，2つめの卵巣を取り除くまで最初に切除した卵巣をその管腔内に保持しておく。種々の合併症が報告されている(出血，腸管穿孔，腹膜炎)。

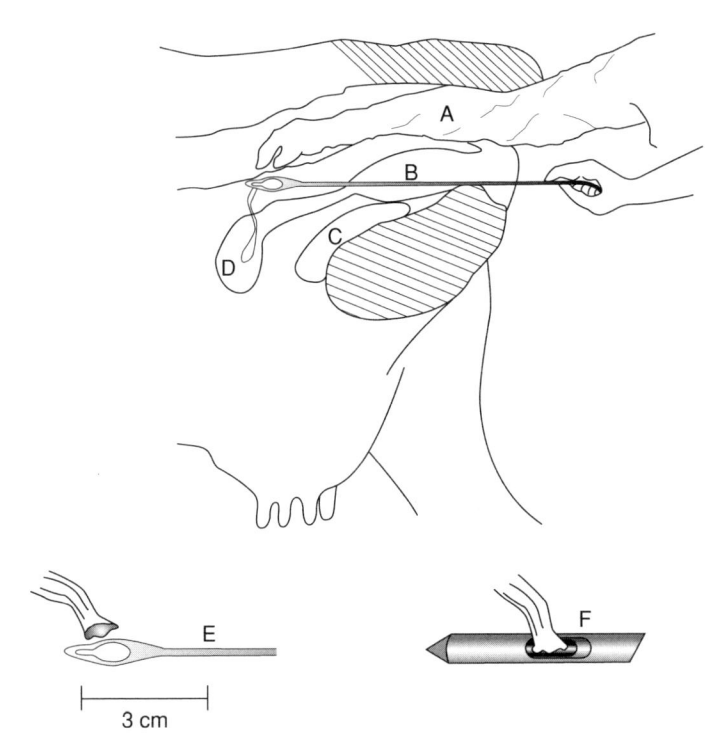

図4-7 直腸からのガイド下で腟から挿入したWillis器具を用いた卵巣摘出術．器具の切れ込みに卵巣茎を通して切断する．K-R器具ではその内腔で卵巣茎を切断し，管腔内に卵巣を残しておく(小さい方のイラストを参照)．
(A)直腸内にある直腸検査用手袋を装着した腕，(B)腟円蓋を貫通してWillis器具を卵巣に向ける，(C)膀胱，(D)子宮体，(E)Willis器具のクローズアップ，(F)K-R器具．

第5章　乳頭手術

5-1　はじめに
5-2　乳頭口，乳頭管またはフルステンベルグのロゼットの狭窄
5-3　乳頭腔の肉芽腫
5-4　乳頭基底膜の閉塞
5-5　乳頭の外傷性裂傷
5-6　乳頭閉鎖
5-7　乳頭括約筋の機能不全
5-8　乳頭切除術
5-9　考察

5-1　はじめに

　酪農業の集約化によって，この章で論じるような多くの乳頭問題牛("ハードミルカー"〈5-2参照〉，"乳頭裂傷"〈5-5参照〉)は早期に淘汰されてしまう。これらは局所スプレーのような簡単な管理には反応しない。多くの国々で治療は非経済的と見なされる。しかし発展途上国の小規模牛群では，個体は価値の高い資源であるため，畜主は乳頭疾患の治療や管理を強く求めている。

　通常，多くの乳頭損傷は乳頭口に生じ，乳頭洞壁ではまれである。また，乳頭手術は獣医師の腕前が試される厳しい試験ともいえる。

　保定と麻酔(第1章参照)：キシラジンの単独使用は，簡単な処置では非常に有効であるが，妊娠が進んだ例には推奨できない。横臥の可能性があるため注意すべきである。片肢を挙上してWopa枠場で保定するのが理想的である。また他の選択肢として，鎮静または非鎮静下で横臥保定し，乳頭基部に局所麻酔する方法がある。

　経済的損失は乳生産の減少による(抗生物質治療乳には注意を払う。もし乾乳にしてしまう必要があるなら，分房の損失となる)。

■解剖

- 乳頭口(*ostium papillare*)
- 乳頭管(*ductus papillaris*)
- フルステンベルグのロゼット
- 乳頭洞(*pars papillaris*)または乳管洞(乳頭部)
- 乳管洞(乳腺部)，乳腺洞(*pars glandularis*)

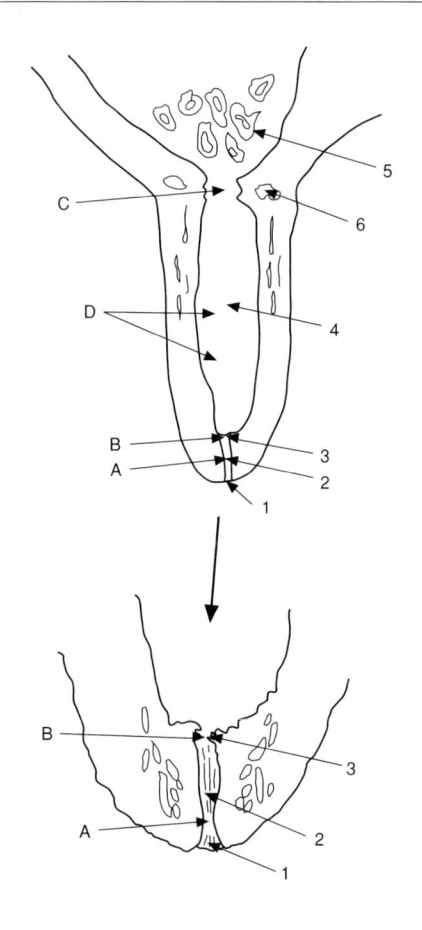

図5-1 乳頭の解剖図と狭窄の位置.
(1)乳頭口(*ostium papillare*), (2)乳頭管(*ductus papillaris*), (3)フルステンベルグのロゼット, (4)乳頭洞(*pars papillaris*), (5)乳管洞(乳腺部)(*pars glandularis*), (6)静脈叢
乳頭閉塞の位置: (A)乳頭管の硬結, (B)フルステンベルグのロゼットの狭窄, (C)乳腺洞の閉塞(近位の狭窄), (D)乳頭洞の閉塞.

- 乳頭管:重層扁平上皮の長軸襞
- 乳頭洞:表層は円柱上皮,深層は立方上皮:粘膜下は胚芽型の細胞層であり急速な増殖が可能である
- 筋,皮下織および皮膚

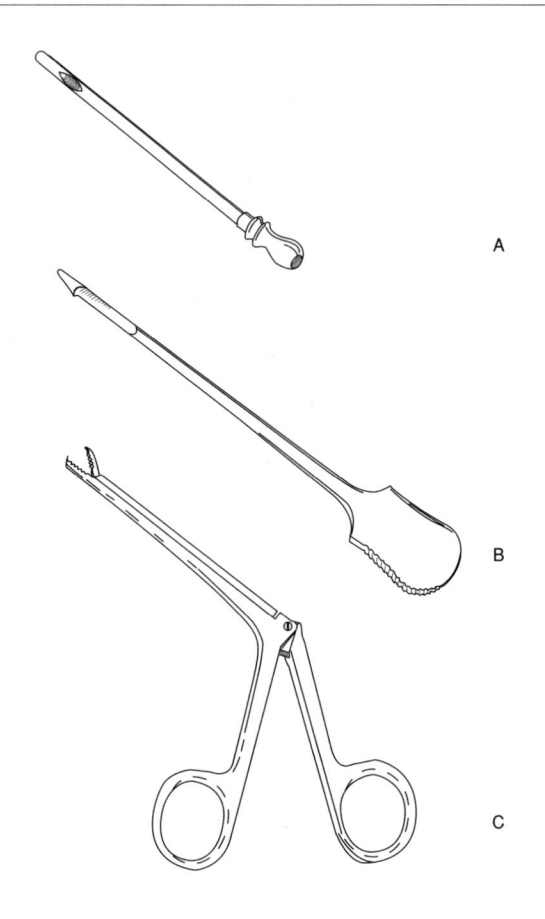

図5-2 乳頭手術器具．
　(A)受動排乳のためのカテーテル；(B)乳頭管を切開，または広げるためのHugナイフ；(C)乳頭管を介して粘膜に付着したあるいは遊離している乳石を除去するためのアリゲータ鉗子．

5-2　乳頭口，乳頭管または
　　　　フルステンベルグのロゼットの狭窄

▍病因

　一般的な問題である．局所の損傷による部分閉塞(ハードミルカー)であり，おそらくミルカーの機能不全(例：過度の真空圧)による二次的損傷，あるいは時に

Fusobacterium necrophorum 感染(ブラックスポット)を起こす微少損傷などによる．

■症状
分房の排乳が遅くなり，時に"弁"がみられる．他の分房が過搾乳になる傾向があり，乳頭口の挫傷と外反を生じ，乳房炎に進展するといった悪循環に陥る．

■治療
意見が分かれており，効果的治療法に関する比較試験は行われていない．
非感染性(すなわち乳房炎がない)および**非炎症性**乳頭口病変：
- 軽症例では手術を行わず，自在型乳頭カニューレ(Naylor® 乳頭拡弦棒)を5日間留置する．Larsen®乳頭チューブを使用してもよい
- 別の方法として，乳頭口を親指と人差し指の間で圧迫し，ヨード液で洗浄する
- Maclean's®ティートナイフ，D-D(Dyakjaer-Danish)，Hug®(図5-2参照)またはLicty®(鈍性尖端)ナイフを一度だけ挿入し，素早く引き抜く
- 乳流を確かめる．もし乏しいならば，ナイフを1回目から90°回転させて再挿入する
- 乳流がまだ十分でなければ，乳頭柳葉刀を挿入して乳頭管の栓子を切り取る
- 自在型乳頭カニューレを5日間挿入する；初めはカニューレを数時間置きにそっと回転させ，過剰な肉芽組織の形成を防ぐようにする
- 乳頭カニューレの代替手段として，最初の2日間，牛を係留して2,3時間ごとに分房から乳汁を搾り出す方法がある
- 予防のため抗生物質を乳房内に5日間注入する

感染性(すなわち乳房炎や重度の炎症性反応がある)：
- 乳房内に抗生物質を注入し，施術前に抗生物質クリームを局所に塗布する

治療の選択：乳頭鏡，フルステンベルグのロゼットまたは乳頭管内の閉塞物を乳頭切開によって除去する．可能であれば乳頭鏡下で行う(図5-3参照)．症例の75％で正常の機械搾乳への復帰がみられている．

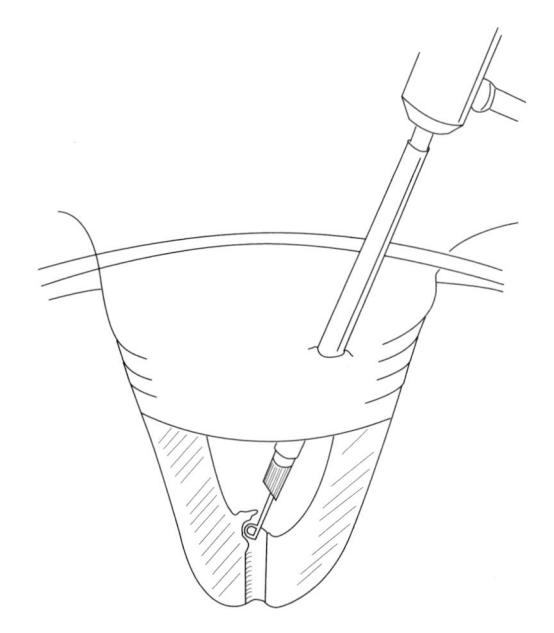

図5-3 乳頭鏡による切除．乳頭鏡は外側の乳頭壁を貫通させて乳頭洞に入れる．フルステンベルグロゼット周辺の狭窄組織は焼灼スリングで除去される．

5-3　乳頭腔の肉芽腫

■はじめに
　"豆粒"または"クモ"として知られる病変で，粘膜に被覆された不連続な肉芽組織である。損傷が原因であり，最初は乳頭洞に突き出る粘膜下血腫として生じる。

■症状
　しばしば無症候であるが，最終的には乳流を障害する。有茎性であることはまれであるが，疼痛はない。

■治療
　完全な除去は時に困難であり，再発率が高い。
- モスキート鉗子または長いアリゲーター鉗子，乳頭柳葉刀によって盲目的に除去するか，またはHudsonの乳頭ラセンによって固定して引き抜く。しばしばさらなる

損傷を引き起こしてしまう
- 臨床症状を呈する症例における論理的アプローチは開乳頭手術(乳頭切開術)であり，横臥位にしてリングブロック下で行う。塊の反対側の乳頭壁を垂直切開し，メスで切除する。粘膜を細い吸収糸で連続縫合し，次に乳頭壁，最後に皮膚の3層縫合を実施する。慎重な無菌処置下で実施すれば，乳頭切開創の治癒経過は良好である
- 無菌乳頭カニューレで，毎日排乳する
- 11日目に機械搾乳に戻す
- 罹患分房を乾乳にしてしまうのが，しばしば最良の選択肢となる

5-4　乳頭基底膜の閉塞

育成牛では先天性のものがある。成牛では後天性で，通常は泌乳開始時にみられる。病因は不明だが，おそらく基底部の環状皺襞の炎症である。
- 環状の膜を破壊するために，乳頭ランスまたはHug'sナイフ(図5-2B参照)を挿入する

予後不良で，通常は治癒は望めない。

5-5　乳頭の外傷性裂傷

治癒と予後に影響する要因は次のとおりである：
- 乳頭管との関連
- 創の方向：垂直方向の創は水平方向の創より治癒しやすい
- 血液供給の状態
- 感染の有無
- 皮膚欠損の量

▌治療

表層部の創傷：基本的な外科的原理を適用し，すべての創は汚染創であると認識すべきである。
- ポビドンヨードまたはクロルヘキシジンなどの非刺激性の希釈した消毒薬で穏やか

に十分に洗浄する
- 表層部の創傷は縫合しないが，小さい鋭利な鋏と有鉤鉗子を用いて損傷組織および血行のない組織を切除した後，グルコン酸クロルヘキシジン(Salvon™, Schering-Plough)またはプロピレングリコールと有機酸の混合剤(Dermisol® cream, Pfizer)などの温和な防腐薬クリームを塗布する
- 症例によっては，ドライドレッシング(Elastoplast® Smith & Nephew)を巻くと創縁をよせるのに都合がよい

深部の創傷(筋層や皮膚を含む)：
- 洗浄し，創面切除後に縫合する
- 2号の単線維吸収糸を用いて筋層を連続縫合する
- 2号のポリプロピレン糸を用いて皮膚を単純結節縫合する
- Leukpor® ("New Skin" spray)をスプレーした後，Opsite® (Smith & Nephew)で創面を被覆する

抗生物質の局所適用——皮膚の縫合線にのみ適用する。治癒を遅延させるので創表面には適用しない。ペニシリン＋ストレプトマイシン(Streptopen® Schering-Plough)または塩酸オキシテトラサイクリン(Terramycin® Pfizer)のパウダー，クリームまたはエアゾール剤を用いる。
- ルーチンとして抗生物質を乳房内に注入することについては意見が分かれている。
- 機械搾乳を再開する前に10日間，受動的に排乳する
- 乳頭をすぼませ，皮膚壊死を起こすような縫合による過度の緊張，および病変の不適切な創面切除や洗浄による癒合不全が問題となる

乳頭洞に達する乳頭裂傷

瘻管は通常，後天性である。できたばかり(＜12時間)の瘻管に対しては，直ちに手術を行う(第一期癒合)。陳旧創は第三期癒合させる(受傷後10～14日または乾乳期)。予後は慎重を要する。

明るく，衛生的で良好な手術施設において十分な鎮痛管理の下に手術を行う。術後管理について農家に理解させるよう努める。

▌手技
- 非刺激性の消毒薬で洗浄する
- 失活した皮膚，筋，粘膜を切除する
- 粘膜縁を並置または内反させ，粘膜下織と筋を針付きの3号PDS糸で結節縫合する．粘膜を縫合してはならない
- 皮膚縁が正しく並置するように，皮膚を非吸収糸で単純結節マットレス縫合する
- 数日間の保護バンデージと自在型カニューレの留置については意見が分かれているが，比較研究は行われていない(Opsite®)
- 分房の乳量によって1〜2日ごとに受動的な排乳を行い，2日ごとに薬剤の乳房内注入を行う
- 治癒にはおよそ10日間を要し，この時期に抜糸する．手術創が裂開した場合には，乾乳期の早い時期に再手術を実施すべきである

▌創の裂開の原因
- 術後の重度の浮腫
- 縫合手技の失宜
- 縫合の過度の緊張
- 創縁の壊死
- 感染

　有機酸，アンチモン乳剤，またごく最近ではアクリルや電気焼灼を用いた非手術的な局所治療法もあるが，通常は乳頭瘻管の閉鎖に対しては奏効しない．

5-6　乳頭閉鎖
　病因は，若牛では先天性であり，成牛では損傷の結果で後天性である．
　乳頭洞内の乳汁の存在を検査する；存在する場合にのみ手術の適用となる．乳頭口狭窄(5-2参照)と同様の手技で行う．

5-7 乳頭括約筋の機能不全

持続的または間欠的な乳漏を示し，1乳頭だけの罹患の場合，病因は必ず損傷による。

▌治療
- 困難であり，慢性例（＞3週間）のみ適用となる。肉芽組織の線維化によって自然治癒する
- 乳頭口周囲に，ツベルクリン注射器を用いて微量の刺激性薬剤（滅菌ルゴール・ヨード液など）を注射して，周囲に不連続な線維化を起こさせる

この方法は冒険的なもので，予後は予測できない。

5-8 乳頭切除術
過剰乳頭

先天性で，遺伝性である。過剰乳頭は小さい傾向があり，一般的に後方に存在するが，時に正常乳頭に付着する。1～9ヵ月齢時に切除するが，分娩前1ヵ月以内に切除してはならない（浮腫，創の裂開，感染，乳房炎）。専門家でなくてもよいが訓練された人が，3ヵ月齢までに麻酔下で切除する。英国の法律では，3ヵ月齢を超えた子牛については獣医師が麻酔下で切除しなければならない。スイスの法律では，すべての反芻動物の外科処置は獣医師によって麻酔下で実施されなければならない。多くの国々ではこのような法律はなく，その他の固有の方法が用いられている。

▌手技
- 注意深く過剰乳頭を識別する
- 小さい子牛では鋏で切除する
- 月齢の高い子牛では，小さい無血去勢器（Burdizzo®）で乳頭基部を挟み，その刃の内側縁に沿ってメスで切除する
- 切開線は横からでなく，前後方向とする。そうすれば瘢痕は乳房の皺襞に自然に埋没する

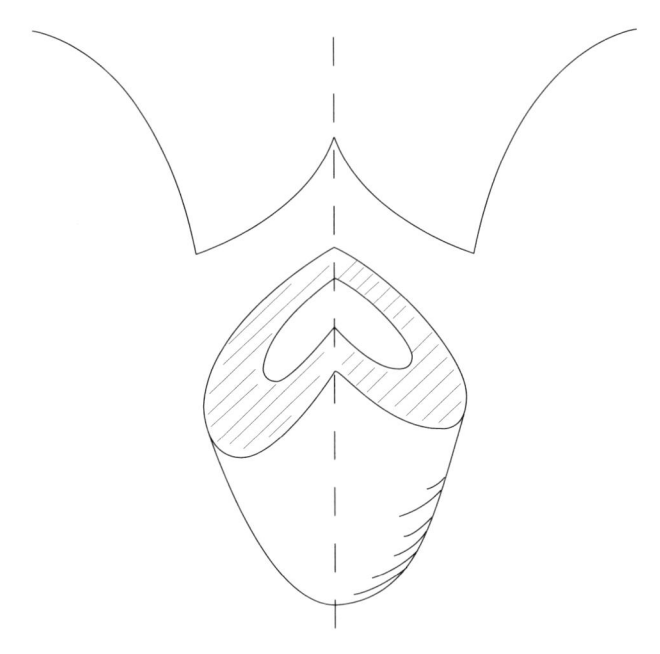

図5-4 一次縫合する乳頭切除術：乳頭切除後に閉鎖縫合を行うための切断面.

- 創縁が開いた場合にのみ，縫合する

疾病による乳頭切除

重度の化膿性または壊疽性乳房炎の分房から排液させるために適用する．また，不可逆的な乳頭損傷にも適用される．

手技

- 乳頭基部を麻酔し，十分に保定する
- 乳頭の中央から遠位三分の一の部分を無血去勢器(Burdizzo®)で挟み，その刃の遠位部をメスで切除する
- 排液が持続するように，乳頭壁(皮膚と粘膜)を連続固定し，乳頭腔を保つ

通常出血は，わずかである．
二次性の感染や乳房炎の結果として，分房は最終的に乾乳となる．

外傷による乳頭切除

乳頭遠位部の欠損，乳頭管の斜めまたは水平の長い裂傷など，再建術や正常機能回復が期待できない場合に，乳頭切除術が適用となる。乳頭切除と乳頭洞の閉鎖は感染がないものでのみ成功する。

手技
- 切断部位は乳房-乳頭接合部の遠位1～2cmである
- 乳頭をメスで切開し，粘膜は切開面より1cm下方で切除する
- 粘膜下織を連続縫合し，粘膜を内反させる(図5-4参照)
- 水平マットレス縫合で筋層を閉鎖し，皮膚縁を単純縫合または金属クリップ(Michel)で閉鎖する
- 最後の縫合前に分房内に抗生物質を注入する

壊疽性乳房炎では，乳房との接合部での乳頭切除術に引き続いて，排液の持続および嫌気性菌抑制のため空気に曝露させるべく，乳房皮膚に十字切開を施す。希釈した過酸化水素水での洗浄は有効である。

5-9　考察

重度の乳頭損傷病変の手術では，手術手技の細部にわたって細心の注意が不可欠である。多くの縫合法において，確かな技術でも不満足な結果をもたらすことが例証されているが，それは基本的な手術原則の実施不足や破綻によるもので，縫合法そのものの欠陥ではない。

農家や獣医師による術後管理は，成功のために極めて重要である。

乳頭手術の術後管理には，乳量に応じた10日間の頻回の受動的排乳，2日ごとの抗生物質の乳房注入，創や牛への衛生的な環境保持，11日目の抜糸が含まれる。

創の裂開や局所感染は別としても，乳房炎は主要な問題であり，乳頭損傷牛の40%までもがその泌乳期内または終了時に淘汰されている。乳頭損傷を防ぐための副蹄の(予防的)断趾術については，第7章(7-12，271頁)で述べる。

第6章　雄の泌尿生殖器手術

- 6-1 包皮脱
- 6-2 陰茎血腫
- 6-3 尿石症
- 6-4 陰茎挿入の防止
- 6-5 精管切除術
- 6-6 精巣上体切除術
- 6-7 陰茎の先天異常
- 6-8 陰茎の腫瘍
- 6-9 去勢術

6-1　包皮脱

▌はじめに

　軽度で間欠的な包皮脱または外反はある品種では正常と考えられており，とりわけ北米のブラーマン種およびサンタゲルトラディス種とともに英国の無角ヘレフォード種とアバディーンアンガス種がそうである。

　包皮脱は包皮腔内での正常な非勃起性の陰茎の運動中に起こる。病的包皮脱は個々に生じ，損傷の原因となる。

▌誘引

- 下垂した長い包皮
- 包皮口が大きく，収縮能力が限られているもの
- ある無角種（上記参照）で，包皮と陰茎後引筋が未発達の牛

▌包皮の損傷

　病的包皮脱は，個体が放牧場などで受傷することによって起こり，このことは草木，土埃，土砂などの異物による刺激によるもの，および陰茎の損傷による二次的なものである。

　損傷の一般的な部位は皮膚-包皮接合部の粘膜である。ある地域では冬期間の凍傷が主要な原因である。包皮脱のすべての例で外生殖器の完全な臨床検査を行うべきである。

　損傷の継発症は以下のとおりである：

- 重度の限局性の浮腫および充血

- 二次的な感染性の亀裂や裂け目を伴う広範囲の線維化
- 二次感染を伴う亀裂内の肉芽組織形成
- 結果として陰茎の勃起異常が起こり，損傷部位から亀頭だけが露出する

　その他に，包皮脱を起こす包皮損傷は陰茎体に面する壁側包皮に起こる。これは自然および人工交配時の受傷による。

▌保存的治療法
- 包皮の最近の損傷は保存的方法によって治療される
- 非刺激性の抗菌溶液(ポビドンヨード)で注意深く洗浄する
- 損傷のある包皮は25％硫酸マグネシウムを含んだ綿棒で拭う
- 柔軟剤のドレッシング(亜鉛とひまし油の軟膏)を適用し，包皮を還納する
- 包皮口に巾着縫合を行うか，包皮の浮腫がひどく，それを減退させなければならない場合にはポリビニルチューブ(直径2.5cm，長さ15cm)を包皮腔内に挿入し，弾力テープできつく固定する
- 弾力テープは，直接チューブと皮膚に適用し，包皮の鞘上を包皮口から腹壁に向かって巻く
- チューブの留置によって浮腫が引き，尿の排出も可能になる
- 抗生剤による局所洗浄とともに，抗生剤と抗炎症剤の全身投与を5日間行う
- 脱出している包皮粘膜にはラノリンを基材とした軟膏を塗布し，損傷が起こらないよう被覆しておく

▌根治手術：包皮の環状切除
　二次的なび漫性の線維化や擦り傷を伴う例では，鎮静と局所麻酔薬浸潤によるリングブロック，または全身麻酔(1-9，57頁参照)による横臥位での手術が必要である。出血を減らすためにゴムバンドの止血帯を近位に巻く。
　種雄牛では一般的に2種類の包皮環状切除術が用いられている：
- 切除と吻合は包皮形成術または畳込み法として知られている
- 包皮脱の外鞘と内鞘の両方を同量切除する切断術で，縫合またはリングを用いて手術を行う

手術を行う前に4種類の術後合併症を知っておくべきである：
(a) 包皮が短くなりすぎて交配できなくなる。これは品種に左右されるが，一般的基準では包皮は陰茎遊離部分の2倍以上の長さがなければならない
(b) 手術は障害のある包皮部分だけを除去するものであること
(c) 環状の瘢痕収縮は包茎を引き起こす
(d) 術後出血によって裂開や感染が起こる

1 切除・吻合術
- 遠位の包皮の鞘と包皮口を細かく刈毛，剃毛する
- 陰茎の伸長が可能であれば，タオル鉗子で陰茎背側靱帯を掴むか，助手が陰茎を保持する
- 包皮と陰茎を手術消毒する
- 包皮縫合時に解剖学的に一直線になるよう，切除する包皮の近位と遠位の部分に印をつけるための縫合を行う
- 包皮を確認し，切除する包皮の上皮の近位を環状に切開する
- 正常な組織がみえるようになるまで，切開を深部に進める
- 包皮切除部位の遠位に2つ目の環状切開を行う
- Bos indicus種の雄牛では通常，包皮脱の再発を防ぐためには少なくとも15cm包皮を切除する必要がある。Bos taurus種の雄牛ではできるだけ多くの包皮を残すべきである
- 2つの環状切開間を連結する長軸状の切開を2つ設ける
- 包皮の病変部を切離する。このとき，小さな出血でも創の裂開を起こすので，十分に止血を行うことが重要である
- 大きな静脈や動脈を結紮する
- 多量の食塩水で術部を洗浄する
- 2つの切開が並置するよう陰茎を伸ばしたり，縮めたりしてみて，陰茎が自由に伸縮することを確認する。目印のためにした2つの縫合が一直線になるようにする
- 弾性組織も切開したのであれば，これを結節縫合する
- 上皮を単純結節縫合する
- 直径4cmのペンローズドレーンを腸線を用いて結節縫合で3，4糸陰茎の自由縁に

縫合するが，縫合は表面に行って尿道を避けるようにする。ペンローズドレーンは治癒過程において尿を切開線から遠ざけるように働く
- ガス滅菌した直径2.5cm，長さ15cmのポリビニルチューブをペンローズドレーンがそのなかを通るようにして包皮内に挿入する
- チューブを弾力テープで包皮鞘に固定し，切開を完全に包み込む。チューブが早計に移動してしまわないように粘着テープを皮膚に縫合してもよい。チューブによって浮腫が軽減され，狭窄が予防される
- 術後，抗生物質を最低5日間注射する
- テープとチューブは術後5～7日で除去する
- もし包皮脱がまた起こるのであれば，チューブとテープを再適用する。術後3週間までは陰茎を強く伸ばすことがないようにし，観察を怠らないようにする
- 包皮の縫合の除去は術創に損傷を与えるので実施してはいけない
- 可能であれば陰茎が包皮に制限されることなく伸長できることを確認するまで，種雄牛は少なくとも60日間交配に供さないようにする。通常，術後10日間は包皮の浮腫が認められる。浮腫がひどければ非ステロイド性抗炎症薬と利尿剤を投与してもよい

2 外科的切断術
- 包茎や癒着があって陰茎の伸長が困難な場合にしばしば実施される
- 包皮鞘端を刈毛し，手術消毒する
- 2本のバックハウスタオル鉗子で包皮遠位端を挟む
- 包皮内に指を入れる
- 切断部位近位直前の包皮周囲に，全層を貫通する水平マットレス縫合を行う。この水平マットレス縫合は包皮の両層において互いに重なり合うようにし，出血が起こらないようにきつく結紮する
- 包皮口が楕円になるよう包皮を斜めに切断する
- 切断した包皮縁を単純結節縫合する
- 陰茎にペンローズドレーンを縫着し，包皮内にチューブを挿入して弾力テープで固定する

術後管理は最初の手術法と同様である。包皮口腹側にV字状の切開を設けると包茎のリスクが減少する。

病変のない内側の包皮脱部位をできるだけ残して，炎症のある外側だけ切除する切断術の変法も記述されている。この方法はとくにBos taurus種で重要である。

3 リングを用いた包皮切断術

リングを用いた包皮切断術は包皮腔内にプラスチックリングを挿入して行うものである。この手術法は設備のない臨床家に好都合である。リングと縫合は止血帯として作用し，リング遠位の包皮は約14日で壊死する。リングは長さ5cm，直径4cmのチューブに5mm間隔で中央に1mmの孔を開けて作製する。リング端は滑らかにし，滅菌しておく。

- 種雄牛を横臥位に保定する
- プラスチックリングを包皮内に入れ，リングの孔が包皮の切断に適した位置になるようにする
- 包皮周囲が結紮されるように，リングの孔に非吸収性の縫合糸を通し，各縫合糸をきつく結紮する
- 縫合線の5mm遠位で包皮を切断する。縫合がきつく行われていれば出血はわずかである
- プラスチックリングを通して陰茎を伸長させ，ペンローズドレーンを逢着する
- 陰茎，包皮，リングを包皮内腔に戻し，包皮脱が起こらないように包皮口に巾着縫合を行う
- 2週間後に吊着縫合を除去し，リングを引き出す；しばしば壊死組織や縫合糸がリングに付着している。この期間にリングが自然に脱落することもある
- 治療後60日間は交配を避ける

包皮内の癒着

■はじめに

包皮内の癒着では陰茎の露出，検査，治療に問題を生じる。陰茎の露出が非常に困難で，隣接する包皮粘膜の破裂を伴う。

癒着による機械的障害の程度を評価することは困難である。それは癒着を触診でき

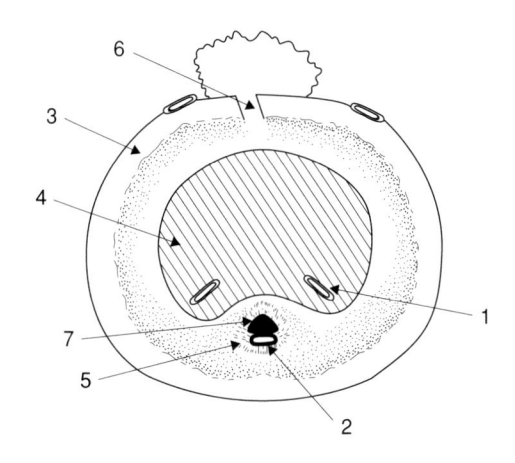

図6-1 出血部位を示す陰茎遠位S状曲直後の横断図.
(1)陰茎の深部静脈；(2)陰茎動脈；(3)白膜；(4)陰茎海綿体；(5)尿道海綿体；(6)陰茎海面体から血液が白膜の背側破裂部から漏出して陰茎血腫がよく起こる部位；(7)尿道.

る場合も，そうでない場合もあるからである。しばしば癒着は円周状であるより斜め長軸状である。

▮手術
- 円周上の切開間の癒着粘膜を切除する
- 白膜まですべての線維性の癒着を切除する
- 1の切除・吻合術と同じように，注意深く粘膜を並置縫合する（208頁参照）

　術後の浮腫の程度によって種雄牛は2，3週間休ませ，その後，線維化や癒着の再発を防ぐため頻度を増やしながら（最初3日ごとに，後に毎日）発情発見用に使用する。
　予後は切除された広さによって左右され，要注意または不良である。

6-2　陰茎血腫
▮はじめに
　より正確にはこの疾病は白膜の裂傷を伴う陰茎海綿体の破裂で，血液が周囲組織内

に噴出する(図6-1参照)。

活発で過度に熱中した陰茎の挿入またはおそらく自慰行為時に発生する。陰茎が重度に下方に屈曲して白膜が破裂する。有角の英国産品種(ヘレフォードなど)に多く発生するといわれている。

▌病理

罹患部位は陰嚢直前で，通常，背側であり，遠位のS状湾曲近くの陰茎後引筋付着部付近である。陰茎海綿体が破裂するとすぐに血腫ができ，緩除な漏出によって数日間様々な程度に大きくなる。病変は完全に限局化しているか，または比較的び漫性である。二次性の包皮の浮腫や包皮脱が起こることもあるが，陰茎が包皮から露出することはまれである。リンパ流と静脈流の圧迫のために二次的に包皮脱が起こることがある。

陰茎血腫の自然経過では，浮腫の消失と血腫の線維組織への器質化とともに除々に腫脹が減退する。しかし陰茎血腫のかなりの例では，局所の膿瘍形成(しばしば*Arcanobacterium pyogenes*)や線維性の癒着が起こり，予後は絶望的である。

通常，膿瘍は陰茎片側の波動性の腫脹となり，陰茎体から遊離している。診断的穿刺は血腫に医原性の感染を起こすので避けるべきである。

▌類症鑑別

- 一次性の包皮脱
- ほかの原因による陰茎の損傷
- 結石の閉塞による尿管破裂

▌保存的治療法

小さい血腫はすぐに大きさを減じ，しばしば10日後には分からなくなるので，治療の必要はない。

大きな血腫は以下の治療によって治癒する：
- 雄牛を牛群から隔離し，60日間交配を休ませる
- 温罨法，冷水噴霧または可能であれば超音波療法を行う。これらすべての治療法は比較検討されておらず，治癒期間を短縮するとされるが，線維化の程度を増す

- 30日後に陰茎を手で引き出し，遊離縁の感覚を確かめる．知覚の喪失は両側の神経損傷を示唆し，雄牛は交尾も人工膣内への射精もできない

■手術

　血腫に感染が起こり，膿瘍形成が起こる可能性があるので，急速に治癒する小さい血腫（＜20cm）を除いて，手術がすべての例で推奨される．
- 受傷後できるだけ即座に抗生物質の全身投与を行う
- 長期間の全身性の化学療法（オキシテトラサイクリン，サルファ剤）は繁殖性に影響するといわれている
- 全身麻酔下（鎮静と局所浸潤麻酔より望ましい）で無菌手術を実施する
- 48時間絶食，24時間飲水を制限する
- 雄牛を横臥位に保定する
- 罹患部位の消毒を行い，術中はドレープを使用する
- 陰茎海綿体血腫に到達するように包皮鞘の皮膚を切開する
- 指で鈍性に，あるいは穏かに掻爬（Volkmann's double curetteまたはspoon curette）して，血腫内の凝血をすべて注意深く取り除く
- 血腫より近位の陰茎を引き出し，S状曲遠位を観察する．このとき出血源が確認できることがある
- 患部から表面の凝血塊を取り除き，弾性組織を鈍性剥離して，裂傷部を確認する
- 可能であれば裂傷の創縁切除後，5号のポリグリコール酸（PGA）糸を用いて白膜の裂傷を単純結節縫合する
- 血腫腔を20mLの生理食塩水に溶解した300万単位の結晶ペニシリンGで洗浄して，血腫腔壁を並置縫合する
- 助手に陰茎を握らせて最大限伸長させ，PGA糸を用いて皮下組織を単純連続縫合する
- 非吸収糸を用いて単純またはマットレス結節縫合で皮膚を閉鎖する
- 術後5日間，抗生物質の全身投与を行う
- 術後の漿液の貯留を減じるためにドレーンを設置することはしない

　瘢痕組織形成や陰茎体と皮下組織の癒着を防ぐために，雄牛は3週後に発情発見用

に供する。60日後には交配可能になる。予後は慎重を要するが，約75％は手術によって自然交配が可能になる。

■合併症

合併症には一時的な漿液腫形成，膿瘍，包皮鞘への癒着，神経損傷（陰茎亀頭の無感覚を伴う），血管短絡形成，損傷の再発，二次的な包皮脱による包皮損傷などがある。

6-3　尿石症

■はじめに

結石はすべての雄牛，特に去勢された雄牛によくみられる臨床的問題である。三重リン酸塩の結石は濃厚飼料給与牛に，シリカ結石（北米）は高シリカ牧草や乾草給与牛でみられる。

尿石症は，尿管直径が比較的大きい雌牛では問題にならないが，膀胱に結石が密集すると重度の膀胱炎になる。

■臨床症状

- 結石が沈殿するのはS状曲の近位または遠位，陰茎の遠位30cmの部分または坐骨弓上である
- 部分的または完全な尿路の閉塞のため最初に努責が起こる
- 臨床例では倦怠と採食の減退があり，閉塞から最初の24時間を経過すると努責は消失する
- 尿道粘膜の圧迫壊死が起こり，最終的には尿道が破裂して，体壁下方の皮下組織に尿が漏出する。陰嚢内にも漏出することがある
- 膀胱破裂は膀胱底の前上方によく起こるが，ときに膀胱頸付近にもみられ，腹腔内に徐々に尿が貯留する場合もある（water belly）
- 皮下に貯留した尿は切開して排出するが，最終的には血行が障害され，皮膚は脱落し，湿潤した肉芽組織を残す（直径30～40cm）。このなかには陰茎があり，尿が滴ってくるかもしれない（軽度の尿毒症）

- 完全な尿閉と膀胱破裂後でも，牛は元気がある。血中尿素は10mmol/L/dayの速度で3日間上昇する。尿毒症とそれに関連する代謝障害によって7〜10日後に死亡する。

治療

尿毒症の牛では，代謝異常が消失し，手術創が治癒する数週後に経済的に出荷することを目的として緊急手術が実施される。まれな例では価値の高い種雄牛の繁殖能力を保持するために尿道切開術が実施されるが，手術はいくつかの理由によってあまり成功しない：

- 結石の正確な位置を診断できない
- 複数の結石が異なった場所に存在し，複数の切開を行わなければならない
- 尿道切開は尿道が狭窄しないように単純並置縫合するが，しばしば切開創から尿が漏出してしまうため尿道壁の縫合は厄介である

再縫合はほとんど成功しない：

- 線維化と慢性的な狭窄はよくある後遺症で，最終的には数個の小さい結石によって再び閉塞が起こる

ポリプロピレンカテーテルを切開の近位の尿道内までに挿入し，カテーテルの一方を陰茎亀頭から出ているようにしておく方法がとられている。この方法では尿道の縫合は筋層と外側の漿膜だけにする。カテーテルは5〜7日後に抜去する。

S状曲にあるひとつまたは複数の結石による尿道閉塞は陰嚢の後上方（会陰腹側）の正中切開によって治療する。比較的可動性のあるS状曲は触診や手術するために創外に引き出すことができる。

膀胱破裂

診断は以下に基づく：

- 直腸検査—膀胱を触知しない
- 腹壁の振とうによる拍水音
- 腹腔穿刺（腹底正中，2.1〜1.65号（メートル法）針）

■治療

　まず最初に腹腔内の尿を腹底のカニューラを介して緩徐(約2L/5分)に排出する。カニューラは腹腔外で太いチューブとスクリュークリップ(流量を調節)に接続しておく。この排尿は開腹術のための消毒を行う前に開始する。腹腔内圧の急激な減少は，腹部静脈床を拡張させ，無益な心血管系ストレスを強いることになる。

　一般状態がよければ起立位で，そうでなければ右側横臥位で左膁部からの開腹術を実施する。

- 第1～3腰椎(L1～3)の腰椎側神経麻酔(1-8，41～45頁参照)
- 後方の左膁部を20～30cm垂直に切開する
- 右手で膀胱を掴み左手で探索する。破裂は前背方でよく発見される。後方の破裂は膀胱頚や膀胱三角の部位にあり，手術で修復するのは著しく困難である
- 膀胱を外反させ，特に膀胱頚の粘膜を検査して膀胱炎の程度を評価し，結石を除去する
- 腹腔内にある結石は無害である
- 膀胱頚から挿入したカテーテルから生理食塩水を注入して，坐骨弓周囲の遠位の尿路(尿道)が開存しているか確かめる。尿道閉塞があればさらに手術が必要となる
- 7号(メートル法)のクロミック腸線を用いて連続の内反縫合(レンベルトまたはカッシング縫合)で膀胱壁を閉鎖する
- 腹壁を常法通りに閉鎖し(3-3，113頁「膁部切開の閉鎖」を参照)，腹腔に残った尿はそのままにする
- 膁部筋層の血液と尿を取り除き，膁部切開創を並置縫合する

　膀胱前背方破裂した去勢牛または雄牛を出荷するためのほかの方法には，破裂創の自然治癒を期待する方法がある(図6-2参照)。

- 右膁部を切開する
- 腹底皮膚に小切開を加え，先端がマッシュルーム状のゴム製(Foley)カテーテルを，外から腹底壁に通し腹腔内から鉗子でこれを掴む
- 膀胱底に小切開を行う
- 膀胱の小切開からカテーテルを挿入し，カテーテルを留置するためのバルーンを15mLの生理食塩液で膨らませる

- カテーテルが腹腔内で少しカーブを描くように挿入し，起立動作や成長によってカテーテルが抜けてしまわないようにする
- カテーテルを皮膚に固定する
- カテーテルは尿道から尿が正常に排出されるようになった場合にだけ除去し，そうでなければ数週間後の出荷まで留置したままとする
- 膀胱破裂後にはすべての例で抗生物質の全身投与を行う．リスクの高い例では輸液（10〜120L）が有効である

▌膀胱手術の合併症
- 循環不全および代謝障害による死亡
- 手術失宣による膀胱壁の破壊

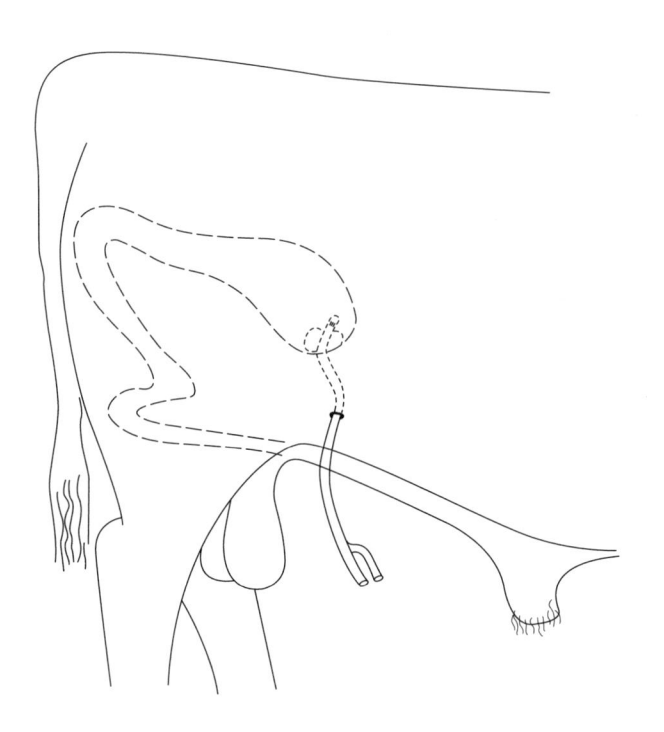

図6-2 尿石症雄牛の一時的排尿のための膀胱内へのFoleyカテーテルの留置．カテーテルは包皮右側から腹腔外に出す．

- 重度で慢性的な出血性膀胱炎
- 血行性または上行性感染による腎盂腎炎
- 尿道狭窄または膀胱の再破裂
- 膀胱アトニー
- び漫性腹膜炎

尿道造瘻術

　永久的な尿道瘻管形成を行う尿道造瘻術は，坐骨弓またはその遠位の尿道の完全閉塞に適応される。これは廃用出荷のための手術である。

▌手術法

- 後方の硬膜外麻酔
- 肛門から陰嚢頚までの正中から左右10cmまでを手術消毒する
- 坐骨上方から遠位に向かって15〜20cm正中を切開する
- 陰茎根遠位と近位の陰茎体周囲を鈍性剥離する。陰茎脚は正中縫線で合体する坐骨海綿体筋で囲まれている(図6-3参照)
- 陰茎の正中を正確に長軸状に切開し(さもなければ尿道から反れてしまう)，球海綿体筋と坐骨海綿体筋を分離する
- 周囲にある尿道海綿体を切開すると筋表面から0.5〜1.0cmの深さにある尿道内腔に達する。必然的に関連する静脈床からの出血が起こる。このとき，膀胱が拡張していたり，骨盤の尿道が開存している牛では切開創から尿が流れ出る
- 牛の大きさに応じて，切開を遠位に2〜6cm広げる
- 針付きの5号のポリグリコール酸(PGA)糸を用いて，尿道粘膜と最少限の勃起組織中の線維組織部分を皮膚に縫合する
- 最初に背側と腹側を縫合し，それから側方を縫合する
- 留置カテーテル(外径が5〜10mmで内腔が大きい柔軟なポリプロピレン)を膀胱内に挿入し，カテーテルに巻きつけたテープを皮膚に縫い付ける
- 毎日，カテーテルを介してポビドンヨード液(1％)で膀胱を洗浄する

　切開部はかなり背方なので，カテーテルの先端が尿道粘膜内の背外側にある尿道球

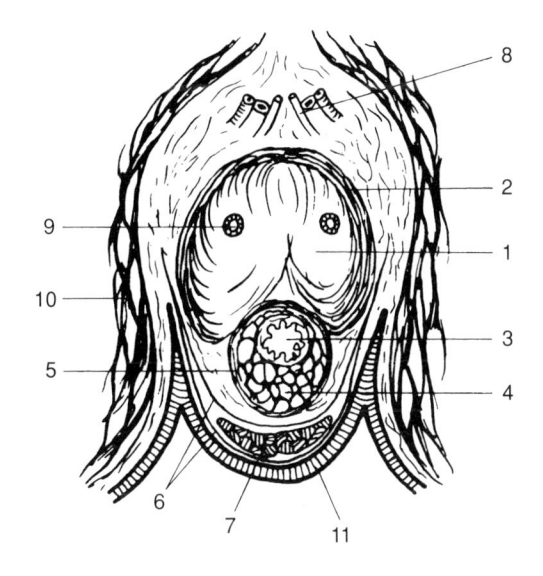

図6-3 会陰での尿道切開(造瘻)術の局所構造を示すための去勢牛の会陰部水平断面図．(1)陰茎海綿体；(2)白膜；(3)尿道；(4)尿道海綿体；(5)尿道海綿体白膜；(6)会陰筋膜；(7)陰茎後引筋；(8)陰茎の背側動脈，静脈および神経；(9)陰茎の深部動脈；(10)大腿内側の筋；(11)皮膚．

腺管の遠位口に突き当たって問題を起こさないようにする。大きく尿道切開すれば瘢痕収縮による狭窄を防ぐことができる。

陰茎切断術

切断した陰茎の近位を会陰で永久的に尿道造瘻することが含まれる。遠位の陰茎は切除する。本法は廃用のための手術である。

▎手術法

- 後方の硬膜外麻酔を行い，前述の手術法と同様に手術消毒を行う
- 陰嚢頸後方から坐骨まで15〜30cmの皮膚切開を行う
- 周囲組織から陰茎を遊離し，切開創から陰茎を引き出す
- 細いピンク色の陰茎後引筋を確認し，遠位で切断する前に近位を動脈鉗子で鉗圧する

- 陰茎を上方に引っ張り続け，S状曲周囲を指で鈍性剥離すると，この部位を容易に創外に引き出すことができる。この時点で陰茎はまだ包皮に付着している
- 包皮口で包皮と皮膚の付着部が離断するまで引っ張り続けるか，またはメスと鋏で皮膚と包皮接合部後方の包皮組織を切離する。包皮口は縫合しないでそのままにする
- 皮膚切開創から陰茎の断端が創外に10cm突き出るところで結紮したあと，陰茎を完全に切断する
- 7号のクロミック腸線を用いて陰茎断端の頭側の動脈と静脈を結紮する
- 尿道を近位に断端から3cm切開し，狭窄が起こらないように断端がへら状に広がるようにする
- 止血のために両側の外側線維組織から尿道粘膜内までをポリグリコール酸(PGA)糸で縫合する
- 陰茎断端が水平から30度で，5cm突き出るよう皮膚縁に縫合する
- 残った皮下織と皮膚を単線維ナイロン糸で並置縫合する
- 5日間，抗生物質の全身投与を行う。陰茎断端は1日2回，3日間洗浄する

さらに出血があれば結紮が必要である。

考察

尿道破裂による腹底皮下の尿の貯留は複数の小切開を行えば排液することができる。

合併症には，持続的で緩徐な出血と狭窄がある。排尿の方向が悪く，後肢が汚れてしまう例もある。

6-4　陰茎挿入の防止

はじめに

牛の陰茎挿入(雌の外陰および膣内への陰茎の挿入)の防止には様々な方法が考え出されている。ひとつの方法である陰茎転移術の手術法の概要を説明する(以下に記述)。数種類の方法は，ある国々では違法とされ，またほかの国々では非倫理的とされてい

る。

　陰茎挿入の防止を図るほかの手術法には以下のものがある——
- 陰茎切断術：陰茎を切断し，会陰に露出させる
- 陰茎切除術：陰茎の遠位を切除して短縮させるが，陰茎は包皮内に残存する
- 陰茎固定術：陰茎を腹底腹壁に固定するか，またはＳ状曲を会陰下側に固定する
- 包皮の閉鎖：補綴具を包皮口に固定するか，または包皮口を巾着縫合して陰茎が出るのを防ぐ。後者では尿が排出されるように包皮の腹方に瘻口を設ける

　これらの手術法の文献は314～315頁の付録１に記載してある。

陰茎—包皮転移術
■はじめに
　陰茎転移術は発情発見用雄牛の作出のために行われる。この手術は動物を不妊にする精管切除術や精巣上体切除術と同時に実施される。陰茎転移術は陰茎の挿入を防止することによって性病が蔓延する危険も防止する。性欲が維持されることが必要とされる。手術は繁殖季節前に体重が250～300kgになった動物に実施するべきである。手術は新しい包皮口を形成し，そのなかに陰茎と包皮を縫合するものである。手術は全身麻酔下または深い鎮静と局所麻酔下の仰臥位で実施する。

　正常牛に対するこの手術は，英国では1982年の家畜福祉法(禁止手術規定)によって禁止されている。

■手術法
　通常は右側の30度外方に陰茎の方向を変える目的で，起立位の雄牛の皮膚の計画部位にマークを付ける。この部位は，通常，謙部の襞の位置である(図6-4参照)
- 麻酔後，牛を仰臥位にし，無菌手術のために新しい包皮口と包皮部分の刈毛と手術消毒をする
- 包皮腔を希釈(１％)ポビドンヨードで洗浄し，包皮口を巾着縫合で閉鎖する(感染の危険！)
- 新しい包皮口部分で直径８mmの円形に皮膚を切除し，濡らした滅菌ガーゼで一時的に被覆しておく

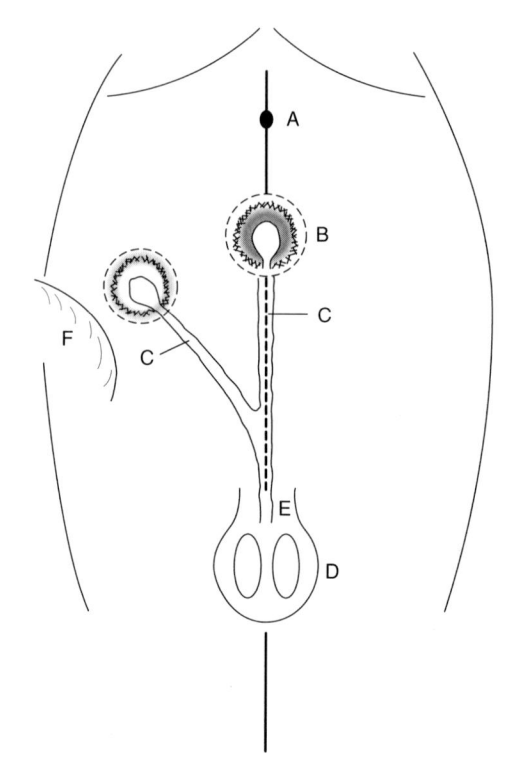

図6-4 若い種雄牛(発情発見用雄牛)の陰茎と包皮の転移術.
包皮周囲の皮膚切開線,陰茎および新しい腹壁の位置を破線で示してある(--------で示したライン).
(A)臍;(B)正中の皮膚—包皮接合部;(C)陰茎;(D)陰嚢;(E)S状曲の位置;(F)右膝部の襞.

- 頭側の正中に印を付けておいて(一時的な縫合などによって),包皮口周囲に新しい包皮口と対応する切開を行い,さらに正中線上を尾側に向けて切開を延長する
- 包皮皮膚を体壁から持ち上げ,血管を結紮していく
- S状曲遠位で切離を止める。このトンネルの作成は長い柄の直鋏を用いるとうまく開始することができる
- 包皮は皮下を潜らせる前に,滅菌手袋内に入れておく
- 陰茎と包皮が捻じれるのを避けるために,事前に印を付けた頭側の正中部に注意を払いながら包皮皮膚を新しい部位に設置し,陰茎を腹壁に沿って適切な部位に移動させる(図6-4参照)

- 皮下織をクロミック腸線で結節縫合する
- 単線維ナイロン糸で皮膚を結節縫合する
- 正中皮膚の欠損を同様に閉鎖するが，死腔形成を防ぐために，白線と腹直筋鞘を含む深部までの縫合を数回行う
- 抗生物質の全身投与を5日間実施する
- 精巣上体切除術(6-6，226〜227頁参照)または精管切除術(以下に記述)を実施する

手術3週間後に雄牛を安全に発情発見用として使用できるかを確かめるために，数回(約3回)の射精を評価するべきである。

6-5　精管切除術

■はじめに
陰嚢頸前方の精索から精管部分を切除する(図6-5参照)。この手術法は発情発見用雄牛を作るために行われている。陰茎挿入は行われるので，性病伝播の危険がある。

手術は起立位で行われることもある(陰茎転移術と同時に実施されないのであれば)が，牛を横臥させて後肢を後方に伸ばすか，上側の後肢を前方に引き上げる(馬の去勢時のように)と容易に施術できる。全身麻酔のリスクを承知しておく必要がある。

■麻酔法
起立位での方法：キシラジンによる鎮静(低容量，0.1〜0.15mg/kg，筋注)後，蔓状静脈叢に注射しないよう注意して，切開予定部周辺皮下に2％リグノカイン10mLを用いて局所浸潤麻酔を行う。

横臥位での方法：キシラジンによる鎮静(高容量，0.2mg/kg，筋注)後，局所浸潤麻酔を行う。

■手術法
- 陰嚢の上半分と陰嚢頸を毛刈りする
- 無菌手術のために毛刈りした陰嚢と周囲皮膚を擦り洗いし，手術消毒を行う
- 陰嚢皮膚に二度ポビドンヨードを適用する

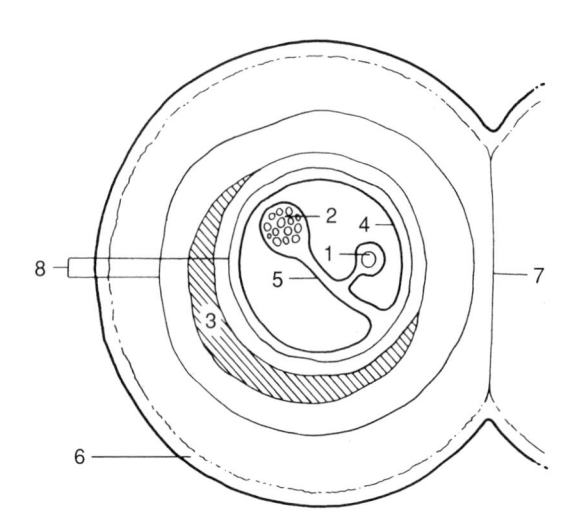

図6-5 精管，蔓状血管叢を含む脈管の分布および精巣挙筋と鞘膜との関係を示す陰嚢頚の横断図．
(1)内側鞘膜で囲まれた精管；(2)内側鞘膜内の脈管（蔓状血管叢および精巣動脈）；(3)精巣挙筋；(4) 外側の鞘膜；(5)内側の鞘膜；(6)皮膚；(7)陰嚢中隔（肉様膜）；(8)内側と外側の精巣挙筋膜．

- 緊張させた精索上で，陰嚢頚下部の後外方（起立位）または前内方（横臥位）に5 cmの垂直切開を行う．起立位では皮膚を90度回転させる必要がある
- 親指と最初の2本の指で精管を掴み，緩やかに回転させて，直径約4 mmほどの非常に硬い紐状あるいはワイヤー様構造である精管（精索のなかで最も硬い構造）を確認する
- 精管上の鞘膜に小さい切開を注意深く行い，精管下に鉤をかけるか，アリス鉗子で精管を把持する
- 精管を皮膚の切開創に持ち上げ，2本の動脈鉗子を用いて5 cm間隔で精管を横断するように鉗圧する（図6-6参照）
- 鉗圧した区間の精管を鋏で切除し，それぞれの鉗子下を絹糸（3号）で結紮する
- 鉗子をはずす．結紮によって再疎通が妨げられる
- 切除した精管はとっておき（精子の確認），可能であれば病理組織検査を行う．これらは訴訟時の有用な最終的証拠になる

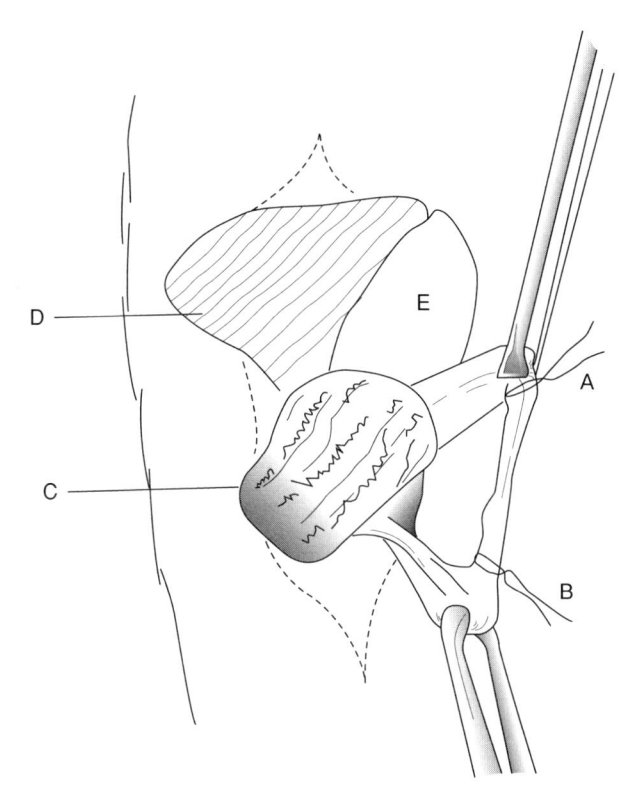

図6-6　横臥位の雄牛における精管切除術。陰嚢頸下方の垂直切開および精索構造．
（A）アリス鉗子で把持した紐状の内側鞘膜内の精管；（B）5 cm切除する前に非吸収性糸で結紮した精管；（C）隣接する蔓状血管叢；（D）精巣挙筋；（E）（A）と（C）を露出するために切開した外側の鞘膜の襞．

- 単線維ナイロン糸で皮膚を水平マットレス縫合する
- 反体側に再度切開を行い，手術を繰り返す
- 抗生物質の全身投与を5日間行う
- 3週間の間，毎週1回，雄牛を発情発見に用いて，精子がないことを確かめる
- 10〜14日後に抜糸する

6-6　精巣上体切除術

■はじめに
　精巣上体尾を切除する。不注意で脂肪と結合織を切除するかもしれないので，切除した組織を検査する必要がある。手術はキシラジン鎮静と局所浸潤麻酔下，起立位で行う。厳格な無菌操作が必須である。

■手術法
- 陰嚢の全表面を刈毛，消毒する。乾燥させて再度消毒する
- 片手で精巣を遠位に押しやると，精巣上体尾がよく確認できる
- 精巣実質を避けながら，最も腹側の部位を切開する(図6-7参照)
- アリス鉗子で精巣上体尾を大きく挟み，この組織の近位を大きな動脈鉗子で横断して鉗圧し，組織を切除する
- 動脈鉗子の近位をポリグリコール酸(PGA)糸(7号)できつく結紮し，それから鉗子をはずす
- 皮膚縁が並置するように2ないし3つの水平マットレス縫合を行う
- 抗生物質の全身投与を5日間実施する
- 10～14日後に抜糸する
- 生きた精子がみられなければ3週間の間，毎週1回，雄牛を発情発見に用いる。その後，雄牛を使用する

■考察
　ここでも手術時に切除した精巣上体は，雄牛にまだ繁殖能力が残っているという訴訟があった場合の証拠としてとっておくべきである。上述した方法では，精管と精巣上体内腔は周囲の結紮によって閉鎖されているので再疎通は不可能である。
　硬化物質を精巣や精巣上体に注射して，線維化を起こさせ，精子形成と輸送能をなくさせる方法もある。これらは手術による方法よりも信頼性に欠ける。

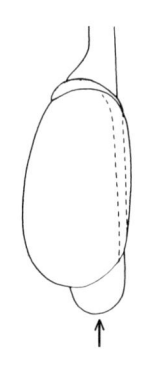

図6-7　精巣上体の頭部，体および尾部と精巣の相対的位置．
　　　矢印は精巣上体切除術における切開の方向と部位を示す．

6-7　陰茎の先天異常
コルク栓抜き陰茎または螺旋陰茎
■はじめに
　陰茎の背側靭帯を含むこの先天異常は1歳以上の雄牛に起こる．罹患牛の多くは交配に用いられ，子孫を残してきたことは周知である．よく罹患する品種があり，無角ヘレフォード種のような無角種で発生が高い．遺伝性は不確かである．

■症状
- 包皮鞘から陰茎を突出させる直前または直後にみられる
- 重度な例では陰茎先端が包皮腔遠位で引っかかり，自然に押し出すのに困難を生じる
- 押し出された陰茎は，右側からみると左方か右方に30度捻じれ，後方からみると（理論的に）180〜270度捻じれている
- 陰茎亀頭は雌牛の外陰部から20〜30cm右側の会陰を突く

　螺旋状の捻じれの程度は様々である．間欠的な例では，野外での繁殖性は持続的に低い．正常な雄牛では挿入後の陰茎の偏向や捻じれは陰茎と膣の接触面積を増加させ，触覚刺激を増し，射精を促進する．罹患雄牛では陰茎の偏向や捻じれが挿入前に起こ

り，交尾を妨げる．解剖学的には陰茎の背側靱帯が左側および腹側にスリップすることになる．罹患牛の陰茎外皮は陰茎上で強く緊張し，交尾の初期で螺旋状になってしまう．

遺伝性かどうか分からなければ，手術は倫理的立場を考慮してから実施するべきであり，自然交配をしなければならない価値ある雄牛には留保するべきである．

■手術法

2種類の方法があり，ひとつは陰茎白膜を使用するものであり，ほかは大腿の外側筋膜を用いる方法である．

手術法1　陰茎白膜(図6-8参照)：

- 全身麻酔下で，横臥または仰臥位とする
- 偶発的に捻じれないように陰茎を伸張させて，陰茎基部に止血帯を巻く
- 亀頭を鉗子で掴むか，包帯で縛り，陰茎を完全に伸長させたままにする
- 包皮が反転する直前から亀頭のすぐ後方まで背側正中の陰茎粘膜を切開する
- その下にある陰茎の背側靱帯を露出させる
- 靱帯の正中を長軸状に白膜内まで切開する
- この切開と平行の切開を3 mm左右外側に行う
- 3本の切開の遠位端でこれらを横断する切開を行い，2本の白膜の細長い帯状片（2 mm幅）を作製する
- 帯状片の背側靱帯遠位端を約1 cmの長さに切除し，6号のクロミック腸線と3号のステンレス鋼線を交互に用いて縫合し（各々組織反応を起こし，強度を増す），再接着する
- 帯状片は6～7 mm間隔の結節縫合で下の線維層に縫合し，このとき，白膜深部の付着部に強く接着していることを確かめる
- 陰茎上皮を4号のクロミック腸線の結節縫合で閉鎖する
- 水溶性ペニシリンGで手術創を洗浄し，止血帯をはずす
- 抗生物質の全身投与を5日間実施する
- 牛が麻酔から覚醒し，陰茎を包皮内に保持できるようになるまでの数時間，ムスリン包帯を包皮口周囲に巻いて一時的に包皮口を閉鎖しておく

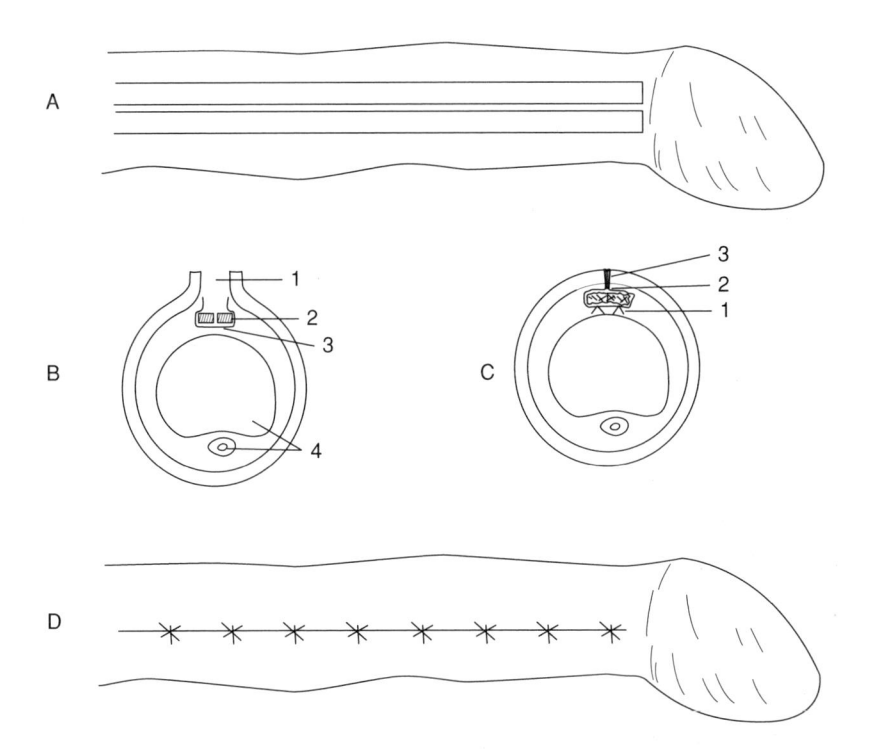

図6-8 螺旋陰茎の整復術.
(A)陰茎上皮を切開し，白膜からその近位を除いて背側靭帯の2つの帯状片(各々10cm×2mm)を切離した陰茎の背側表面.
(B)陰茎の横断図(背望)：(1)陰茎上皮の切開；(2)背側靭帯の2つの部分(斜線部)；(3)白膜内の切開；(4)陰茎海綿体とその腹側の尿道.
(C)背側靭帯帯状片の白膜への固定部位を示した拡大横断図：(1)帯状片と白膜の縫合；(2)帯状片上の白膜の閉鎖縫合；(3)陰茎上皮の閉鎖.
(D)陰茎上皮の結節縫合による閉鎖.

- 第4〜10日目まで，包皮腔内を油性の抗生物質で毎日洗浄する
- 8週間交尾を避けたあと，発情発見用として使用し，勃起した陰茎の位置を確かめる

手術法2　大腿筋膜移植：

- 全身麻酔を施す

- 右側横臥に保定する

  はじめに大腿筋膜の移植片を以下のように採取する：
- 脛骨近位から寛結節までの十分な領域の刈毛と手術消毒を行う
- 膝蓋骨の背外方8cmから寛結節に向けて20cmの切開を行う。切開は外側広筋の筋膜まで行う
- 幅3cm，長さ20cmの深部筋膜の長方形の帯状片を採取する。帯状片から結合組織を除去し，生理食塩水のなかに入れておく(70％エチルアルコールに保存した同種の大腿筋膜片を用いることもでき，そうすれば手術時間を短縮でき，患畜に2つの切開をしなくてすむ)
- 筋膜は単純連続縫合で閉鎖し，皮膚は非吸収糸を用いて常法通りに閉鎖する
- 陰茎を手で伸長させ，陰茎と包皮を手術消毒する
- 陰茎先端2.5cm近位から20cm陰茎背側を切開する
- 白色の線維性の靭帯に達するまで切開を深くする
- 背側靭帯を側方に両方向に反転させて白膜を露出させる
- 背側靭帯と白膜間の右腹側にある2本の静脈を切開しないようにする
- 陰茎背側上で背側靭帯と白膜間に大腿筋膜移植片をおく
- 2号のポリグラクチン910糸を用いて，大腿筋膜移植片と靭帯下の白膜の靭帯付着部であった部位に4つの結節縫合を行う
- その後，移植片の外側縁に沿って2.5cm間隔で，移植片が緊張するように結節縫合していく
- 陰茎の遠位端に合うように移植片を切断して，移植片が緊張するように結節縫合する
- 背側靭帯を移植片の上に戻し，同様に糸を用いて背側靭帯を移植片に単純結節縫合する。陰茎背側上に分厚い靭帯ができたことになる
- 3号のポリグラクチン910糸で最終の層を閉鎖する
- チューブを包皮内腔に挿入し，弾力テープで包皮鞘に保持し，陰茎が縮んだ位置に維持されるようにする
- 抗生物質の全身投与を3～5日間行う
- 60日間交配を休止する

ある例（過度または過少の修正例）では，再手術が必要となる。予後は慎重を要する。

包皮小帯の遺残
■はじめに
　先天性の異常である。陰茎と包皮陰茎部を結合する胎子の外胚葉層板の遺残で，通常，子牛が2カ月齢以後になると自然に分離する。分離はホルモン依存性であるが，8カ月齢まで遅れることもある。おそらく内部に血管を含んだ包皮小帯の肥厚が原因である。

■症状
　陰茎端付近から包皮陰茎部接合付近に至る線維組織のバンドがあり，勃起した陰茎を著しく腹側に偏向させる。このことによって陰茎を挿入できない。
　米国ではアバディーンアンガスとショートホーン種雄牛に最もよくみられるが，発生は少ない。

■治療
- 包皮小帯の血管を結紮し，線維構造を鋏で切断する。予後は良好である。この疾病は遺伝性かもしれず，したがって手術の倫理性はあいまいである。

牛の陰茎のその他の先天異常
以下が含まれる：
- 先天的な短小陰茎（幼若）
- 先天的に短小な陰茎後引筋
- 先天的に堅固な陰茎付属器

　これら3つの発生は少ない。主要な症状は，正常に勃起するにもかかわらず陰茎が外陰部に届かないことである。手術による治療はできない。

6-8　陰茎の腫瘍

陰茎の腫瘍には乳頭腫または線維乳頭腫および悪性扁平上皮癌の2つの型がある。

乳頭腫
群飼されている雄牛に起こる。宿主特異性のパルボウイルス(BPV_1)が病因である。

▍症状
- 陰茎からの出血があり，しばしば雌牛に血液が付着することや種畜検査で判明する
- 陰茎の遊離縁に存在して一般的に複数でき，無茎性であるが，慢性例では有茎性である
- 包茎や嵌頓包茎が起こり得る

▍治療
- 緩除な自然退行も起こる
- 乳頭腫から作製したワクチンは通常，効果はない
- メスによる切除(メスまたはバルザック®)，電気焼灼，冷凍手術
- 単純な方法でなければ，正確に行うために牛を横臥位にする
- キシラジンで鎮静する
- 陰茎の背側神経の局所浸潤麻酔をするか(1-8，51頁参照)，リングブロックを行う
- 尿道を開けてしまわないよう注意を払う(瘻管が形成される)
- 出血の多い血管は結紮するか焼灼する
- 上皮の欠損を0号のクロミック腸線で縫合閉鎖する

予後は良好である。

悪性扁平上皮癌
雄の成牛では悪性扁平上皮癌はまれである。通常，急速な侵襲性があり，複数の潰瘍性および増殖性塊ができる。病理組織学的確認が必要？　手術は常に不可能で，予後不良である。

6-9　去勢術
■はじめに
　去勢の必要性は科学的，経済的，人道的見地から，しだいに疑問視されてきている。無血法と観血法（メスによる手術）の2種類の去勢法がある。

無血法
■ゴム輪法
　この方法は用いるべきでない。にもかかわらずこの方法が一般的になっている地域もある。英国ではこの方法は倫理的によくないとされており，ある国々（ドイツ，スイス）では麻酔なしで実施するのは違法である。英国では，ゴム輪法は1週齢までの子牛には麻酔なしで合法的に実施できる。

　子牛の陰嚢頸にゴム輪をきつく適用すると，かなり強い不快感があり，成長が著しく妨げられる。皮膚の壊死に続いて感染が起こることも多い。不注意にゴム輪の下方に精巣を正しく位置させなければ，（医原性）鼠径陰嚢になってしまう。また圧迫性壊死の期間がほかの無血法より長期に及ぶので，破傷風の危険もある。

　特にフィードロットにおいて，米国ではゴム輪法は大きくなった雄牛にさえ使用されてきた。ゴム輪はEZE®無血去勢器（Wadsworth Mfg., Dublin, MT）を用いて適用される。子牛に適用する方法と同様に，陰嚢と精巣の脈管の壊死が起こる。著者らはストレスが少ないとされるこの方法を用いた経験がない。

■麻酔法
　英国では2カ月齢を過ぎた子牛の去勢は麻酔下で実施しなければならない法律（動物麻酔法1964年）がある。

　スイスでは無麻酔で去勢することは禁じられている。

- 10mLのシリンジと2％リグノカイン（アドレナリン添加）を用意する
- 精巣を親指と最初の2本の指で掴んで，陰嚢底まで引き下げる
- 針を水平または垂直に精巣実質内まで刺入し，3mLを注射する
- 精巣を放し，針を引きながら皮下に2mLを注射する
- もう一方の側にも同じように繰り返す

別の方法には陰嚢頚皮下の精索に3～5 mL浸潤麻酔する方法がある。著者のうちのひとり（A%タイナー）は，精巣内注射には疼痛があり効果が少なく，実施すべきではないと考えている。リグノカインの最大投与量は体重当たり4 mg/kgである。

■バルザック法（Burdizzo® method）

無血去勢器（Burdizzo®）は30または40cmの長さで，精索の圧搾部が付いている。品種や発育によって，1～12週齢の子牛に使用される。

- 術者は子牛の横に立ち，頭部を縛るか，助手に牛房の角で保持させ，後躯を牛房の壁に押し付ける
- 術者は無血去勢器（Burdizzo®）が正しく適用されるように（図6-5参照）去勢器を操作する：子牛の後方に立った助手は去勢器を陰嚢頚上の側方に適用する
- 精索は術者の親指と人差し指で陰嚢頚外側を保持する
- もう一方の手で去勢器のあごの位置を決める；去勢器のあごが8～10mm間隔になり，皮膚と精索をきつく締まる直前まで，最初は去勢器のあごをゆっくり閉じていくように助手に指示する
- 去勢器のあごの間に精索が正しく位置したならば，素早く閉じるよう命ずる
- 5～10秒間閉じておくが，この間，術者は精索が正しく圧搾されていることを確認する
- 圧搾時には特徴的な音がする。去勢器の刃にある圧搾部によって閉鎖時に精索が移動するのを防いでいる
- あごを1 cmまで広げ，1 cm遠位にスライドさせ，同側に二度目の圧搾を加える。一度目の圧搾より疼痛反応は弱い
- もう一方の側に繰り返して行う
- 皮膚の圧搾線が分かれていて（図6-9参照），陰嚢頚周囲で連続した線になっていないことを確かめる。連続していれば感染を伴った皮膚壊死が起こる。陰嚢正中縫線を圧搾してはいけない

ほかの無血去勢器（Burdizzo®）では膝押し型のものがある。助手が後躯を保定し，術者が片方の手で精索を保持し，膝で一方のハンドルを固定しながら，もう一方の手で去勢器を閉じるものである。ある程度の器用さが必要である。

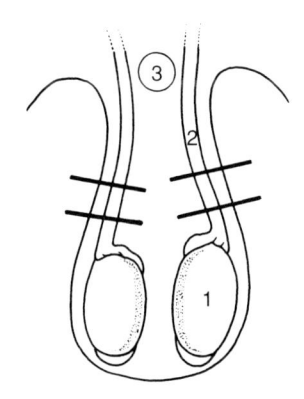

図6-9 無血去勢器(Burdizzo®)の正しい適用部位を示した陰嚢の縦断面．
皮膚の損傷を最少限にするため精索を側方に押しやる．正中皮膚部分を損傷させないで
残し，陰嚢底の血液供給を維持する．去勢器は陰茎から遠いところで適用する．
(1)精巣；(2)精索；(3)陰茎．

4週間(若齢子牛)または6週間(大きい子牛)後に，精巣組織の萎縮が起こり，精索の直径と同じような線維性のこぶまたは結び状の構造となる。

▮合併症

問題が起こるのはまれであるが，以下のものがある：

- 経験の乏しい術者は去勢器のあごを高い位置に適用して，誤って陰茎を圧搾してしまい尿道閉塞と破裂を起こし，皮下組織に尿が漏出する。こうなると廃用のための処置だけが可能となる
- 去勢器のあごが十分に締まらないことによって陰嚢皮膚に広範な挫傷をつくってしまう。したがって，去勢器は定期的に分解修理し，開いた状態で保存しておくべきである。無血去勢器(Burdizzo®)が正常に機能するのであれば，2枚のタバコの箱の厚紙の間に挿んだ紐を切断することができる
- 陰嚢皮膚の壊死(前述参照)
- 去勢器のあごがゆるいために後方腹壁と陰嚢に浮腫を生じる
- 精索の圧搾を完全または部分的に失敗したために，片側の精巣が萎縮しない

■手術（メス）による方法

この方法は精巣の切除と精索血管の止血を以下の方法で行うものである：
- 精索の引き抜き
- 精索の捻転と引き抜き
- 挫切鋏による圧搾
- 精索の圧搾と結紮

■手術法

- 牧夫に牛の頭と後躯を保定させ，尾を側方に保持して起立位で手術を行う
- 前述のとおり，局所麻酔を行う
- 陰嚢皮膚を希釈ポビドンヨード液(0.5%)で洗浄，消毒する。使い捨てできる手袋を装着する
- 子牛の後方に立つか屈んで，精巣を緊張させて遠位に引っ張りながら陰嚢皮膚の後方から精巣実質に至る垂直切開を行い，さらに切開を遠位の陰嚢底まで続ける（術後の排液を確保するため）
- 精巣の切開は精巣の長さよりいくらか短くするべきである

最初の陰嚢切開はNewberry® ナイフ（Newberry® castrating knife, Jorgensen Labs, Loveland, CO. USA）で行うことができる。このナイフは長さ24.5cmの鋼鉄製の刃を有する鉗子で，陰嚢基部の側方にあてがい，閉じながら下方に引くと，陰嚢組織を切除することなく両側の陰嚢が切開される（図6-10参照）。

- 皮膚の切開創から突出してくる精巣を掴んで，精索の脈管部と非脈管部を区別する（脈管部の頭側は蔓状血管叢と精管を含んでいる）
- 精巣上体近位から脈管部と非脈管部間の鞘膜に人差し指を挿入する

ここから止血法によって手技が異なる：
- 小さい子牛（1～2カ月齢）：挫切鋏，捻転，引き抜きの順で行われる
- 大きい子牛（2～6カ月齢）：挫切鋏，捻転で行う。引き抜きは重度の疼痛があるので推奨できない
- 小さい種雄牛：挫切鋏，結紮も行う

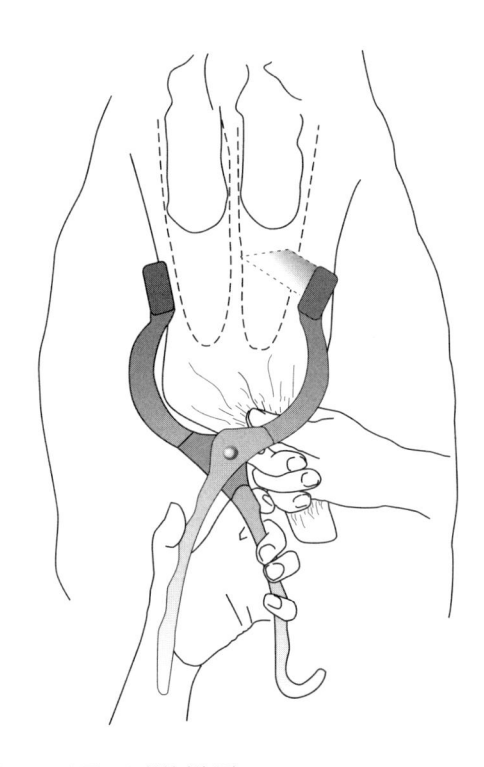

図6-10 Newberry®ナイフを用いた勢法(後望).
精巣を上方に押し上げて陰嚢を下方に引き下げ，Newberry®ナイフを陰嚢にあてがい，陰嚢を横切するために急速に下方に引き下げる．破線は鞘膜の位置を示し，このなかから精巣を摘出する．

すべてのほかの方法では重度の出血の危険がある．

挫切鋏による方法
- 精索を脈管部と非脈管部に分離したあとに行う
- 非脈管部は精巣上体直上でわずかな時間(10秒)挫滅する
- 精索の脈管部近位では長い時間挫滅し(精索の太さと動物の月齢によって20～120秒間)，遠位組織は挫切鋏から引き離れるように遠位に引っ張る

捻転法
- 精索の非脈管部を引っ張ってちぎる
- 精索近位の脈管部を数回(5，6回)捻じり，捻じれの遠位でちぎれるよう穏かに引っ張る

引き抜き法
- 非脈管部を破断して脈管部近位を掴み，精索が断裂して弾性によって収縮するまで，しだいに強く牽引していく(3-11，153頁参照)
- 創からはみ出した組織を戻すか，精管の突出した部分を切除する
- 必要以上に組織に触れてはいけない
- 子牛の保定に参加してはいけない
- 消毒薬の入ったバケツ内にメスと挫切鋏を入れ，陰嚢を洗浄するためのもうひとつの消毒薬の入ったバケツを用意する
- 局所への薬物適用は不要である

小さい種雄牛の去勢法

挫切鋏と結紮；厳格な無菌措置と皮膚の手術消毒が不可欠である。無菌の挫切鋏と縫合糸を使用する。

- 前述のとおり後方から精巣実質まで切開し，遠位に切開を続ける
- 精索の非脈管部を挫切鋏で切断し，次に脈管部をきつく鋏んで精巣を除去する
- 挫切鋏は最低1分間留めておく
- 出血に対する安全対策として，挫切鋏の刃の近位1 cmの精索周囲を結紮する
- 結紮部近位の精索縁を精索を横断することなく動脈鉗子で掴み，挫切鋏をはずす。それから出血を確認する
- 動脈鉗子をはずす

敷き料を清潔にする。1週間はある程度の運動が推奨される。

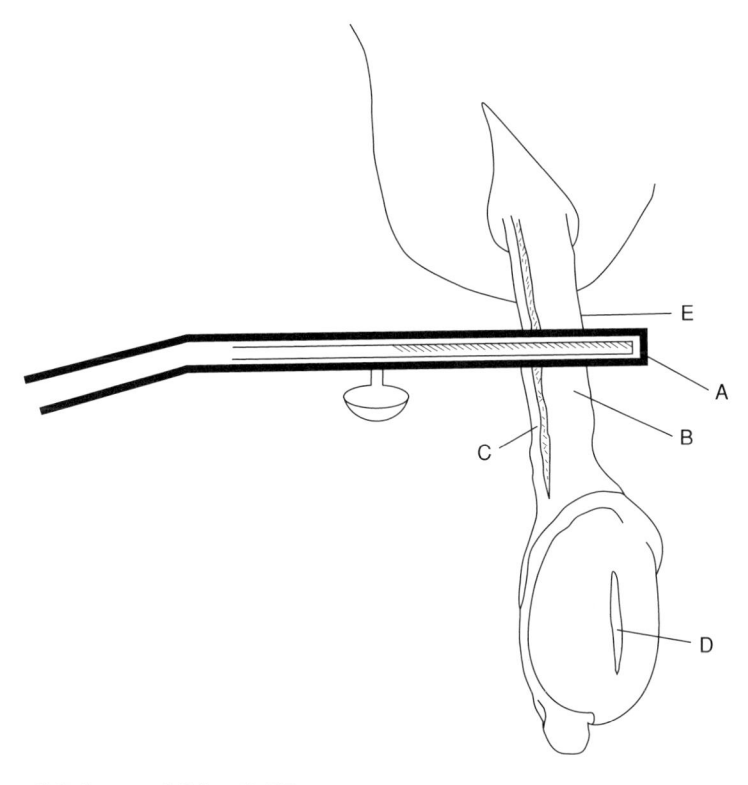

図6-11 挫切鋏による去勢術の説明図.
図では陰嚢遠位を精巣内まで切開し,精巣は陰嚢外に出ている.壁側鞘膜はメスで切開され,陰嚢内に引っ込んでいる.
(A)挫切鋏の切断刃縁が遠位に,圧搾縁が近位になるように挫切鋏が精索を横断するようにあてがう(挫切鋏の留めネジと精巣が相対するようにおく);(B)蔓状血管叢および精巣動脈;(C)精管;(D)精巣の切開創;(E)動脈鉗子で残った断端を安全のために数秒間把持する部位.

■合併症

- 感染——手術時の重大な汚染(ゴム手袋装着!),汚い敷き料
- 重度の腫脹——感染,浮腫,切開創が小さいための排液不足
- 出血
- 包皮の浮腫——常に陰嚢の腫脹の波及である
- 破傷風はまれである(危険性のある子牛には予防策を講じる)

第7章 跛行

7-1 発生	(b) 深および浅趾屈腱と腱鞘の切除
7-2 経済的重要性	
7-3 病名	(c) 蹄関節および遠位種子骨の切除
7-4 趾間壊死桿菌症	
7-5 趾間過形成	(d) 趾間過形成の切除
7-6 蹄底潰瘍	7-14 蹄の形成異常,過剰成長および治療的削蹄
7-7 蹄底穿孔	
7-8 白帯離開および白帯膿瘍	7-15 蹄浴
7-9 蹄葉炎(蹄真皮炎)	7-16 牛群問題のチェックリスト
7-10 その他の蹄病	7-17 子牛の感染性関節炎
(a) 趾皮膚炎	7-18 屈腱短縮症
(b) 疣状皮膚炎	7-19 足根および手根ヒグローマ
(c) 趾間皮膚炎	7-20 膝蓋骨脱臼
(d) 蹄球びらん(スラリーヒール)	7-21 痙攣性不全麻痺
(e) 縦(垂直)または横(水平)裂蹄	7-22 股関節脱臼
	7-23 膝跛行
(f) 蹄骨の骨折	7-24 肢の神経麻痺
7-11 趾の深部感染	7-25 肢の骨折
7-12 断趾術	7-26 整形外科疾患へのアクリルおよび樹脂の使用
7-13 その他の趾の手術	
(a) 断趾後の深趾屈腱および腱鞘の切除	7-27 骨関節の抗生剤治療

栄養学的疾病(たとえば低ビタミンE血症)や口蹄疫,クロストリジウム感染症のような感染症,およびケトーシス,低マグネシウム血症のような代謝病においても跛行の症状がみられるが,本書では取り扱わない。

7-1 発生

英国の獣医臨床では,乳牛の跛行の平均年間発生は4～6％とされている。しかし,もし畜主が行った治療も含めると真の発生は25～30％まで増加する。個々の農場の発

生は3〜100%である。発生が15%を越える農場では系統的に観察すべき跛行問題があると考える必要がある(7-16章参照)。西ヨーロッパや北米の集約的畜産業においては：
- 跛行牛の95%は乳用牛である
- 症例の80%は蹄病である
- 蹄病の80%は後肢に起こる
- 蹄病の50%は蹄角質の疾病で，50%は趾皮膚炎がほとんどを占める皮膚の疾病である
- 蹄角質病変の70%は外蹄に起こる

今日の英国にいて，ほぼ発生率が等しい主要な3種類の蹄病問題があり，それは趾皮膚炎，蹄底潰瘍，白帯病である。後二者は時に，事前に発生する蹄葉炎と関連する。
牛の跛行問題を調査する基本的な器材には次のものがある
- 十分な保定ができ，前後肢をすばやく挙上できる枠場，理想的には削蹄用の枠場，例えばWopa枠場または回転式枠場
- 照明，ホース，水，バケツ，ロープ
- 左手用および右手用の蹄刀
- 蹄剪鉗
- 蹄鑢
- 検蹄器
- 溝付の探触子
- 大規模牛群を短い間隔で電動削蹄するためのグラインダー

7-2 経済的重要性

英国，西ヨーロッパ(オランダ，デンマーク，ベルギー，ドイツ)，北米の集約的酪農業において，跛行以上に経済的損失が起こるものには不妊と乳房炎しかない。2004年に見積もられた英国での跛行による損失は100万ポンド(180万米ドル)を大幅に超えている。発展途上国では感染症と栄養不良の方が経済的に重要である。

▌経済損失

乳牛が約300万頭いる英国の牛群において，跛行1例の直接費は150ポンド(270米ドル)であるが，分娩間隔の延長，更新費用，淘汰による損失を含めれば，この額は300ポンド(540米ドル)近くになる。損失は米国でも同様である。

損失の内容には：
- 乳量の減少
- 体重の減少
- 廃用，死亡，更新費用
- 不妊，分娩間隔の延長
- 獣医治療費，薬品代
- 農家の付加的な労賃

主要な損失は，抗生物質治療中の乳の廃棄を含んだ乳量の減少である。これは跛行による損失全体の四分の一に当たる。跛行は主に泌乳初期(分娩後1～3週)および分娩直前の週に発生する。この時期に発生が最大であることは，泌乳中期や泌乳後期よりも大きな経済的損失が起こる。いくつかの研究では，高泌乳牛で跛行のリスクが高いこと，また実際に乳量の減少は跛行発生に先立つことが示されている。これら2つの(英国での)事実を満足する説明はなされていない。発生の24時間以内に治癒した跛行による損失は1乳期乳量の1%である。もし治療が遅れれば損失は20%以上になる。

体重の減少は10%，あるいは削痩と乳量の減少が続き，ついに淘汰されてしまう牛では体重の減少は25%に達する。

英国において跛行牛として淘汰される牛は年間2～4%であるが，このような跛行牛はしばしば乳房炎や不妊となる子宮炎に罹患している。淘汰に伴う更新費用は少なくない。

跛行に起因する不妊は以下から生じる：
- 発情の見逃し(牛はしばしば横臥し，近隣の牛に乗駕しない)または発情回帰が遅延する
- 無発情
- 分娩後のボディコンディションの低下(負のエネルギーバランス)

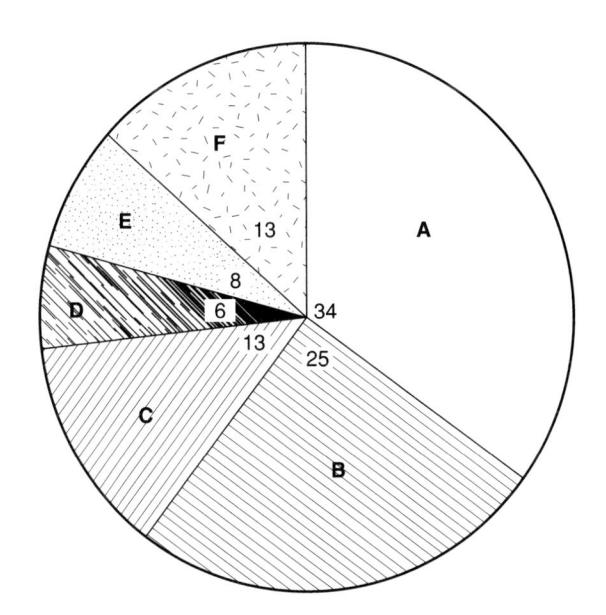

図7-1 乳牛の跛行による経済損失．
(A)不妊，(B)乳生産および販売の減少，(C)死亡，殺処分，代替牛のための費用，(D)体重の減少，(E)獣医治療費，(F)跛行牛管理のための通常以外の労賃．

- 軽度の子宮炎の合併

　これらの損失は捉えにくく，しばしば酪農家に完全に認識されることがないが，大きな損失原因である(図7-1参照)。

　獣医治療費と薬剤は総費用のうちのわずかな部分である。付加的な労働時間給はしばしば無視されるが，高いものである。なぜなら治療には通常2，3人を要し，個々の跛行牛の管理に数分を要し，それがしばしば毎日だからである(図7-1参照)。

▌蹄形状

　蹄形状の違いが生存率，繁殖成績，初産から経産への乳量増加と関連している（7-14，283～284頁参照）。

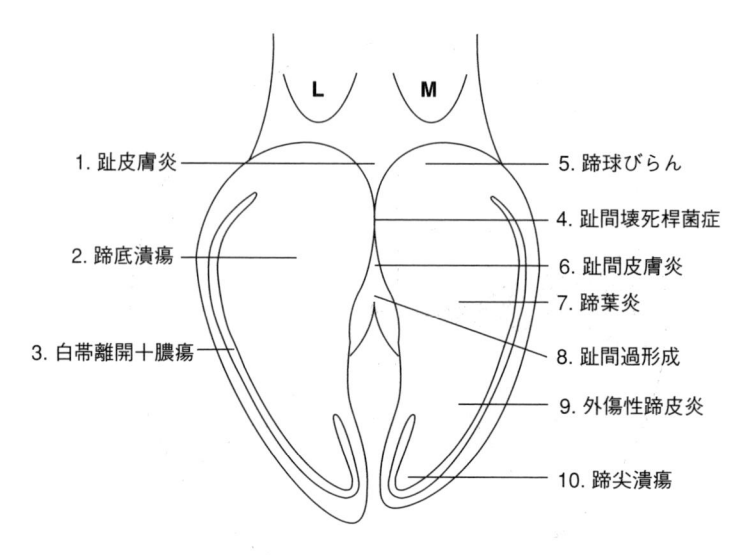

図7-2　牛趾の重要な疾病．

1. 趾皮膚炎
2. 蹄底潰瘍
3. 白帯離開＋膿瘍
4. 趾間壊死桿菌症
5. 蹄球びらん
6. 趾間皮膚炎
7. 蹄葉炎
8. 趾間過形成
9. 外傷性蹄皮炎
10. 蹄尖潰瘍

7-3　病名

跛行の病名は，様々な国で異なった用語が用いられてきたが，容認できる共通の病名が導入されている．ラテン語を英名に添えてある（図7-2に図説している）．

■趾間皮膚

- digital dermatitis（趾皮膚炎）— *dermatitis digitakis*
- interdigital necrobacillosis（趾間壊死桿菌症）— *phlegmona interdigitalis*
- interdigital skin hyperplasia（趾間過形成）— *hyperplasia interdigitalis*
- interdigital dermatitis（趾間皮膚炎）— *dermatitis interdigitalis*
- verrucose dermatitis（疣状皮膚炎）— *dermatitis verrucosa*

■角質組織

- solar ulceration（蹄底潰瘍）— *pododermatitis circumscripta septica*
- punctured sole（感染＜外傷＞性蹄皮炎）— *pododermatitis septica (traumatica)*
- white line separation（白帯離開）— *pododermatitis septica deffusa (disputed)*

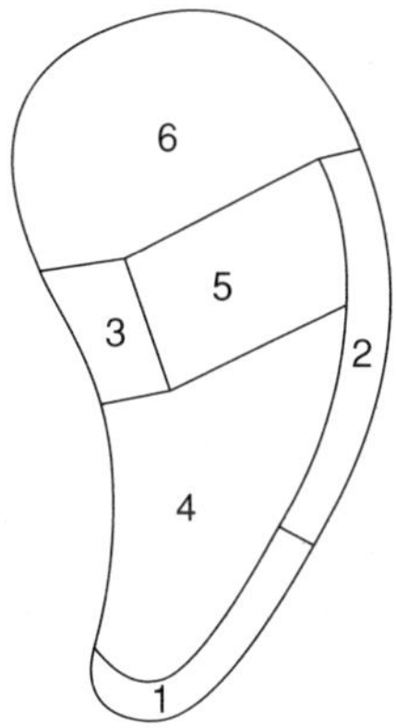

図7-3 蹄地図による蹄底の区分.
(1)蹄尖白帯部，(2)反軸側白帯部，(3)軸側溝部，(4)蹄底蹄尖部，(5)蹄底蹄球(蹄踵)接合部，(6)蹄球(蹄踵).

- laminitis（蹄葉炎）— *pododermatitis aseptica diffusa*
- longituidal（vertical）or transverse（horizontal）sandcrack（縦裂蹄または横裂蹄）
  — *fissure ungulae longitudinalis et transversalis*
- heel erosion（蹄球びらん）— *erosion ungulae*

詳細は付録1（314～315頁）参照．

蹄地図

蹄負面は記録のために6つの領域に区分されている（図7-3）．したがって白帯離開および膿瘍はzone 1 またはzone 2，蹄底潰瘍はzone 5，蹄葉炎様変化は主にzone 4 および5に存在する傾向がある．

跛行スコア（LS）

個体牛の跛行の程度を記録するために数字で表したスコア（例えば0−3，1−6，1−10）が多く考案され，使用されている．最も単純なものが適当である．すなわち0＝跛行なし，1＝軽度の跛行，2＝中等度の跛行，3＝重度の跛行／しばしば横臥

(例えばLS 2 というように使用する)。

7-4　趾間壊死桿菌症

■同義語
　Phlegmona interdigitalis(趾間フレグモーネ)，foul-in-the-foot(腐蹄病)，clit ill, foot rot(またぐされ)，interdigital pododermatitis(趾間蹄皮炎)。最近，数カ国で甚急性のものがみられsuperfoul(スーパーフォウル)と呼ばれている。

■定義
　趾間隙および蹄冠近隣の皮下組織の急性炎症で，真皮および表皮に及ぶ。

■症状
- 突発する軽度から重度の跛行で，すべての年齢で発症する
- 趾間隙が腫脹し，後に蹄冠および繋に広がる
- 跛行の最初の24時間では皮膚は破れず，趾間隙の腫脹のため蹄尖間が離開する
- 時にもっと近位の趾間まで離開し，二次的に趾間隙の壊死がよくみられる
- 膿は少量で，趾間隙皮膚の裂開とともに特徴的な腐臭と疼痛がある

■病因
　趾間隙の微小損傷および*Fusobacterium necrophorum*, *Bacteroides melaninogenicus*およびほかの細菌による感染

■病理
　裂溝形成を伴う趾間隙皮膚の蜂巣炎および融解壊死で，治療しなければ肉芽組織が増生して，最終的には趾間肉芽腫が形成される。進行例では敗血性関節炎やほかの深部感染を起こす。スーパーフォウルでは経過が速く，発症から48〜72時間で広範な破壊的な変化のために淘汰される場合もある。

▍類症鑑別——趾間の異物，急性蹄葉炎，異物による蹄底穿孔，重度の趾間皮膚炎，BVD/MDによる趾間の変化，敗血性蹄関節炎，蹄骨骨折．

▍治療
- セフチオフル，アンピシリン，オキシテトラサイクリン，ペニシリン，サルファ剤（例えばトリメトプリム-サルファ剤の合剤）の全身投与
- 壊死部を消毒液で洗浄し，局所にオキシテトラサイクリンまたは硫酸銅，あるいはBIPPペースト（亜硝酸ビスマス，ヨードホルムおよび鉱油）を適用する
- 包帯をしないで，乾燥した床または麦わらの敷き料におき，感染が広がらないようなるべく隔離する
- 可能であれば毎日消毒薬で洗浄する
- スーパーフォウル：初期の例では6gのオキシテトラサイクリン，進行例ではタイロシンによく反応する．麻酔下で注意深い局所の創面切除と抗生物質のドレッシングを行う．隔離は重要である

▍予防
- 趾間に外傷が起こる場所（たとえば入口，通路，刈り株）を点検し，排水を改善する
- 足下環境を乾燥した状態にし（フリーバーン），スクレーパーによる通路のスラリーの排除頻度を増やす
- 硫酸亜鉛（5〜10％），硫酸銅（5％）またはホルマリン（4％）の蹄浴（7-15，286〜287頁参照）
- 抗菌剤の飼料添加——フィードロットでの発生にはスルファブロモメサジン，予防的投与にはエチレンジアミン2ヨウ化水素を用いるが，効果に関する見解は一致していない（北米）
- ぬかるんだ通路や水槽の周囲への消石灰の散布

▍考察
　頻繁にみられる跛行（全体の15％）であるが，1980年代には経済的重要性はさほどではなくなった．趾間壊死桿菌症の発生時に適切な予防手段をとるために順序だった病因の観察が必要である．趾の外傷（牧野からパーラー，牛舎通路）や汚染の起こる主要

な場所を重要視する。削蹄の必要性を調べる。

7-5　趾間過形成

■同義語
Hyperplasia interdigitalis, corn, interdigital granuloma(趾間肉芽腫), interdigital vegetative dermatitis(趾間疣贅性皮膚炎), fibroma(線維腫), wart(疣)

■定義
趾間皮膚や皮下織の硬い塊を形成する増殖性反応

■発生
通常，散発的で，ある肉用種(たとえばヘレフォード種)および人工授精所の種雄牛では一般的である。乳牛ではしばしば重度の趾間疾患に継発し，片側性である。当歳の種雄牛から発生がみられるが，ほとんどの臨床例(跛行を呈する)は4～6歳の成畜である。

■誘引
ある品種では遺伝する(たとえばヘレフォード種，ホルスタインフリージアン種)。重度の趾間皮膚炎または蹄底潰瘍が1肢のみの罹患にしばしば先行する。蹄尖が開き，広い趾間隙があるような好ましくない形態と関連することが多い。

■症状
- 単純な例では過形成の大きさや機械的障害に応じて跛行はわずかか，またはない(跛行スコア0－1)
- 大きな病変では趾表面に外傷性潰瘍が形成され，接触する趾軸側皮膚には圧迫壊死が起こる
- どちらの例も*Fusobacterium necrophorum*の二次感染が容易に生じる
- 肉用種，とくに種雄牛において，後肢では多かれ少なかれ対称性にできる。前肢では両側性に起こることもあり，遺伝性であることが示唆される

- 後肢1肢の反軸側での罹患は趾間の腫脹や，時に蹄底潰瘍などの過去の障害の二次的な反応であることが示唆される

▍病理
二次的な潰瘍形成を伴う皮膚の過形成。さまざまな程度の過角化症（乳頭腫症は誤り）。

▍類症鑑別
趾間の異物，趾間壊死桿菌症，趾皮膚炎。

▍治療
- 小さいまたは無症状であれば治療不要
- 小さいが，跛行があれば局所に腐食剤（硝酸銀，硫酸銅）を適用
- ほとんどの臨床例ではメス，電気焼烙または冷凍手術による切除を必要とする：理想的にはWopa枠場内において静脈内局所麻酔下で施術し，サルファ剤パウダーを適用して包帯（ベトラップ）するのがよい。包帯は1週間後に取りはずす

▍考察
後天的な例では趾間隙中央から突然できはじめるが，先天的な例では反軸側趾の軸側皮膚の襞からはじまり，当歳から現われ，成畜になるとともに大きくなる。理論的には多肢にできる例のような遺伝リスクを減少させるために育種方針を変更するべきである。遺伝は皮膚の厚さ，趾間十字靱帯の緩みおよび体脂肪量とその分布に関連するかもしれない。

7-6　蹄底潰瘍

▍同義語
pododermatitis circumscripta（限局性蹄皮炎），*sole ulcer*, Rusterholz ulcer（ルステルホルツ潰瘍）。

■定義
　蹄皮(深部の知覚組織)の限局性反応で，典型的には後肢外蹄の蹄底－蹄踵接合部のびらん性欠損に特徴付けられる。

■発生
　高頻度(趾の跛行例の40％以上)に発生し，乳用種では初産牛からボディコンディションの良好な成牛まで広範囲である。

■病因
　角質の過剰成長に続く外蹄への負重の変化やおそらく過剰な負重による。ほとんど常に異常な蹄(削蹄失宜)と関連し，しばしば蹄葉炎と関連する。一次性と二次性の原因を区別するのは難しい。

■誘引
　後天的でもあるが，肢勢のような遺伝的因子と正常な蹄形状からの逸脱(重度の過剰成長)，牛がストールで後肢を通路に置いて起立する傾向のある小さい(狭く短い)ストールのルーズハウジング，過剰成長蹄，ルーメンアシドーシスをもたらす飼料。

■症状
- 典型的には分娩後3カ月までで，中等度の跛行(躊躇するような用心深い歩様，軽度の背湾姿勢，跛行スコア1)を呈する。しばしば両後肢外蹄の病変のため跛行が目立たず，一方の肢だけ疼痛が強い
- 肉芽組織が突出したり，深部に化膿性の感染(骨髄炎，敗血性関節炎)があると重度の跛行を呈する(跛行スコア2－3)
- 坑道形成が起こった蹄踵角質では真皮葉が露出する
- 同様の変化がないか反対肢外蹄をチェックする
- 典型的な部位(定義参照)に抗道形成の起きた角質を貫いて肉芽が突出しているかもしれない
- 坑道形成は通常，頭側および反軸側白帯に向かって広がる

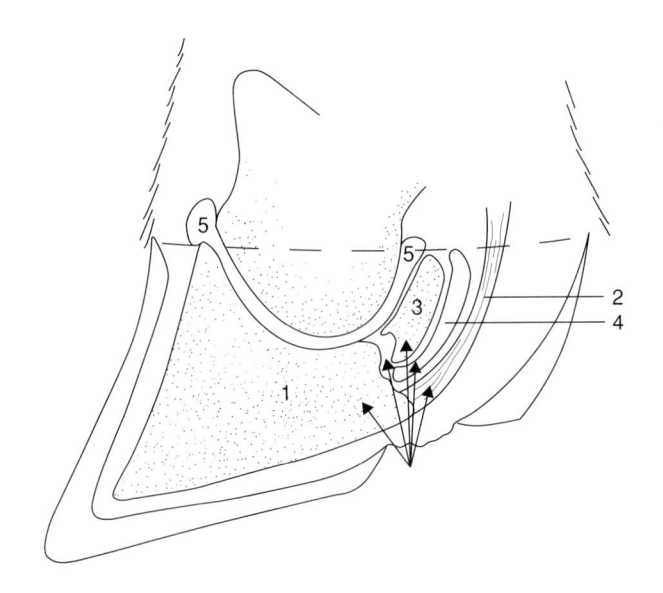

図7-4 後肢外蹄の蹄底潰瘍のできる典型的な部位および深部感染症と関連する構造．
(1)蹄骨，(2)深趾屈腱，(3)遠位種子骨(舟骨)，(4)舟囊，(5)蹄関節．

▮細菌学

最初の状態では検出されない．

▮病理

角質欠損は障害された蹄皮に由来するもので，蹄葉炎(真皮炎 coriosis，無菌性び漫性蹄皮炎 *pododermatitis aseptica diffusa*)の二次的結果かもしれない．蹄骨後縁および深趾屈腱付着部(図7-4参照)の両方は典型的な部位の直下に位置し，合併症を伴う例ではこれらも侵される(7-11，269頁の趾の深部感染症を参照)．

▮類症鑑別

異物の穿孔による蹄底の膿瘍形成，負重部位の無菌性蹄皮炎(蹄底出血)，単純な蹄球びらん，亜急性蹄葉炎．

▌治療

- 最初または最後に四肢を削蹄する
- 静脈内局所麻酔をする(1-8, 53頁参照)
- 坑道形成した角質を除去し，罹患蹄への過重が最小限になるように蹄壁と蹄踵を削切する
- 罹患蹄の負重を減じることができなければ，健康蹄を最小限削蹄してブロックを適用する
- 健康な蹄皮を残して，突出した肉芽組織を切除し，テトラサイクリンスプレーを噴霧して包帯(防水性)を5日間施す
- あるいはサルファ剤パウダーと包帯(ベトラップ)を適用し，泥が包帯内にしみこまないよう包帯上にオキシテトラサイクリンスプレーを噴霧する
- 感染のある例では広スペクトラムの抗生物質を投与する
- 麦わらを敷いた独房に5日間おく

▌予防

- 定期的削蹄を実施することによって蹄の過剰成長を避ける(7-14, 283頁)
- 蹄葉炎(7-9, 256頁)と趾間皮膚炎(過度の湿潤状態)の誘引となる因子を避ける
- 罹患若牛から子孫を残さない

7-7 蹄底穿孔

▌同義語

pododermatitis septica(*traumatica*)(感染性(外傷性)蹄皮炎)，septic(traumatic) pododermatitis。

▌定義

蹄底真皮のび漫性または限局性の感染性の炎症で，化膿があれば中等度から重度の跛行を起こす。

▌発生
　散発的。

▌誘引
　先行する蹄葉炎による薄い蹄底角質，粗いコンクリート床や通路による過度の磨耗，舎内通路または舎外道で無理に急がせて歩かせること。
　真皮は蹄尖部分では脂肪組織がなく，感染が末節骨に容易に達する。

▌症状
- 突発する跛行(跛行スコア2)で，通常，後肢に起こり蹄底の穿孔がみられる
- 穿孔部位はしばしば蹄尖付近または白帯に隣接した部分である
- 角質の欠損は蹄底蹄皮に広がり，坑道形成と膿産生(黒色)がさまざまな程度にみられる
- 限局性の疼痛がある

▌病因
　しばしば削蹄時の過度の角質の除去による医原性のものもある(誘引の項を参照)。異物には石，小石，釘，ワイヤー，針などがある。

▌細菌学
　しばしば*Arcanobacterium pyogenes*などの二次性の感染が混合する。

▌病理学
　定義参照。二次的な合併症には蹄骨の骨髄炎または蹄関節がある(図7-4参照)。

▌類症鑑別
　亜急性蹄葉炎，蹄底潰瘍，蹄尖潰瘍，趾間壊死桿菌症。

▌治療
- 第一に外科的治療：異物を発見・除去し，坑道形成した角質を露出させた後，排液

する
- 局所に収斂剤を適用する
- 末節骨が侵されていれば，掻爬する
- できる限りもう一方の趾をブロックで挙上する
- もし軟部組織(真皮)に重度の損傷があれば，持続性のオキシテトラサイクリンを1回注射する
- 破傷風環境が既知であれば予防処置を行う

予防
- 蹄底角質劣化の誘引である蹄葉炎(真皮炎)を避ける
- 良好な衛生環境(異物の処理)
- 放牧場への通路に小石が多く危険であれば，歩行に適する小道を据え付ける

7-8　白帯離開および白帯膿瘍
同義語
white line disease(白帯病)

定義
　反軸側，まれには軸側蹄壁において蹄底-蹄壁部分で蹄壁が蹄葉から離開し，それが近位に広がり，泥や糞が詰まり，あるいは最も深い部位に膿瘍腔ができたもの(膿瘍形成)である。

発生
　高頻度で，ある地域では蹄跛行の主要な原因である。

誘引および病因
- 蹄葉炎(真皮炎)による異常な角質形成
- 削蹄不足
- 数カ月前における周産期疾病と関連する

▌症状

- 中等度の跛行（跛行スコア 1 − 2 ）
- 通常より幅広い白帯がみられる。早期では連続した黒色点がみられ，後には異物が白帯に詰まっているのが明らかになる
- 削切によって離開が分かるが，疼痛はない
- 白帯膿瘍例では跛行を呈し，蹄壁に限局した疼痛がある
- 蹄壁内の膿瘍では，遠位への明瞭な通路がなくても検蹄器の圧迫に鋭敏である
- 進行例では，蹄冠上に化膿性の排液が認められる（7-11，269頁参照）

▌病因

誘引および病理参照。

▌細菌学

膿瘍例には *Arcanobacterium pyogenes* が存在する。

▌病理

蹄壁あるいは蹄底部の蹄葉の圧迫壊死で，白帯に異物が詰まって遠位への排液が起こらないと化膿性細菌の進入後に近位に向かって進行性に坑道形成と化膿性瘻管形成が起こる。

▌類症鑑別

蹄底の異物，蹄葉炎，蹄冠部の小さい亀裂。

▌治療

- 全蹄のルーチンな削蹄
- 排液を促し，さらに白帯に異物が詰まることを防止するために，異物が詰まり，感染を起こした蹄壁を削切する
- また坑道形成した蹄底角質を除去する（広く遊離した蹄底が存在する例もある）
- 局所に防腐薬を適用し（例えばオキシテトラサイクリンスプレー），包帯で固定する
- 正常な蹄形になるよう削蹄する

- 対側蹄にブロックを装着すべきか考慮する
- 感染例では，広スペクトラム抗生剤を3日間投与する

蹄冠組織や蹄関節が侵されている場合には，断趾術のような根治手術が必要である(7-11および7-12，269～276頁参照)。

▌予防
蹄葉炎(蹄真皮炎)の誘引を避けること(以下7-9参照)，および定期的な削蹄を励行する。

7-9　蹄葉炎(蹄真皮炎)
▌同義語
Pododermatitis aseptica diffusa(び漫性無菌性蹄皮炎)，coriosis(蹄真皮炎)，'founder'。

▌定義
蹄皮のび漫性，急性，亜急性，潜在性または慢性炎症で，通常複数趾が侵される。急性期の存在しない慢性例がしばしばみられる。

▌発生
急性例は散発し，亜急性，潜在性および慢性例は乳牛群に広く分布し，一般的である。分娩直後の初産牛や周産期の若い牛では発生が多い。大麦が給与されている肉用牛群では時に急性症が突発する。肉用牛フィードロットでは一般的である。

▌誘引
- 遺伝因子(ジャージー種で確認されている)
- 分娩
- 乾乳期から高泌乳への濃厚飼料給与の変換による飼料ストレス(第一胃乳酸アシドーシス，亜急性ルーメンアシドーシス)で，粗飼料の減少を伴っている

- ストール不使用（ストール使用の未経験，同群牛によるいじめ）による過度の起立（過荷重）によって損傷が悪化する

症状
- 急性期：趾には熱感と疼痛があり，趾動脈の拍動が認められ，沈うつと重度の跛行，異常肢勢がみられ，あるいは横臥する（跛行スコア２－３）
- 亜急性：疼痛は強くないが，持続的な強拘歩様がみられ，蹄底や白帯に出血が認められる（跛行スコア１）
- 慢性：強拘歩様があるが，跛行はない（跛行スコア０－１）。スリッパ状の蹄形となり，蹄壁に水平線があり，凹湾した蹄背壁，白帯の離開，蹄底や白帯に古い出血跡がみられる

病因
誘引および病理参照。

細菌学
なし。

病理学
急性期では血液と血清の滲出が起こり，後に（慢性期），蹄壁の溝形成，凹湾，白帯の拡大，蹄底の扁平化がみられる。周産期において懸架装置である結合織の弛緩による蹄骨の沈下が証明される。蹄尖部には真皮に脂肪層がないため蹄骨尖端近くの蹄底の菲薄化または潰瘍形成（蹄尖潰瘍）が出血（挫傷）として明らかになる。蹄底－蹄踵接合部の蹄底病変は蹄底潰瘍になることもある。

組織病理学
急性期では浮腫，出血および血栓形成，後に線維症，慢性血栓症がみられる。

類症鑑別
蹄底の挫傷，白帯病，蹄底穿孔，蹄底の潰瘍形成があるが，これらは同時に存在す

るかもしれない。

■治療
- 急性期；非ステロイド性抗炎症薬(フルミキシンメグルミンまたはメロキシカム)あるいはコルチコステロイド(非妊娠時のみ)および利尿薬の全身投与
- 運動(局所循環を改善させ、浮腫発生を軽減する)。なるべく草地などの軟らかい地面で実施する
- 原因となった飼料を取り除く
- 急性期が過ぎるまで、濃厚飼料を給与しない
- 横臥例では、牛を起立させて歩行させるために趾の神経ブロックを行う
- 亜急性期：急性期と同じ
- 慢性例：削蹄

■予防
- 分娩前の濃厚飼料(慣らし給与、リードフィーディング)の過剰を避け、1日2kgを超えないようにすべきである
- 泌乳初期の濃厚飼料の過剰給与を避け、泌乳ピークを分娩後6週目とする
- 濃厚飼料摂取前後にすぐに粗飼料を摂取できるようにするか、もし問題が持続するのであれば完全飼料(TMR、完全混合飼料)に変えることを考える
- ヨウ化物または岩塩や牧草またはルーサンナッツを濃厚飼料中に加え、唾液産生を増加させることによって、第一胃液緩衝能を改善する(乳酸アシドーシスまたは亜急性ルーメンアシドーシスを避ける)
- 濃厚飼料に1％の重炭酸ナトリウムを添加し、濃厚飼料を1日3、4回に分けて給与することを考える
- 初産分娩牛をコンクリート床とストールに数週前から徐々に慣らさせる。しかし分娩前後の週には十分な運動をさせる
- 石の多い長い通路や粗いコンクリートによって蹄底が過度に磨耗する環境を避ける
- 長期計画的に育成牛には高繊維飼料を給与するべきである
- 定期的な蹄の検査と削蹄を行う

▌考察

　過剰の乳酸産生は第一胃細菌叢を変化させ，細菌性エンドトキシンの放出とヒスタミン放出を起こし，蹄葉の血液をうっ滞させて低酸素症と機能性の虚血を起こす。真皮と蹄葉の虚血性壊死は線維化によって治癒する。必然的にこれらの組織では不完全な（軟らかい，劣化した）角質が変形を伴って産生され，亜急性期や慢性期にみられる症状を示す。中毒性の病態（乳房炎，子宮炎）もまた蹄葉炎の発生原因になることがある。

7-10　その他の蹄病
(a)　趾皮膚炎
▌同義語

　dermatitis digitalis，hairy warts（有毛疣），PDD（趾乳頭腫症），papillomatous dermatitis（乳頭腫状皮膚炎）。

▌定義

　蹄球の蹄冠縁あるいは時にもう少し背方にできる限局性の皮膚表面の潰瘍。疣状の塊になることもある（261頁の疣状皮膚炎参照）。

▌発生

　西ヨーロッパ（英国，オランダ，ドイツ）および北米（カリフォルニア，ニューヨーク州）の多くの酪農場に広く発生し，発生は100％に達し，有病割合は20％である。しばしば跛行の主要な問題である。

▌症状
- 誘引は分からないが，成牛が罹患し，様々な程度の跛行や重度の跛行を呈する
- 白色の上皮縁があり，慢性皮膚炎病変を取り囲んでいる
- 蹄球と接する後方の皮膚，時に前方の趾間隙，蹄冠または蹄底の肉芽組織上にできる（図7-5参照）
- 明らかに伝染性で，ほとんどの場合，臨床的病変を示さない初妊牛の購入によって

| | 主要な発生部位 |
| | まれな発生部位 |

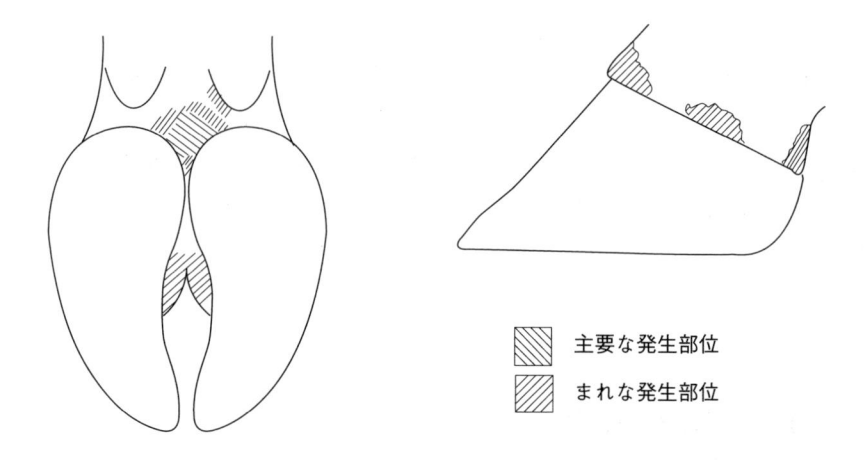

図7-5 趾皮膚炎の主要な発生部位とまれな発生部位.

非罹患農場に持ち込まれる
- 皮膚の微小損傷によって細菌感染が起こると推測されている

▎細菌学

スピロヘータ属のトレポネーマか，あるいは長い糸状構造の細菌が関与すると考えられている。ほかに関与する細菌には *Borrelia burgdorferi*, *Dichelobacter nodosus* および *Campylobacter* spp がある。

▎類症鑑別

趾間皮膚炎，蹄球びらん，掌側の湿疹があるが，病変が間違えられることはない。

▎治療

- ほとんどの重度な病変はミルキングパーラー内で治療する
- 散水によって洗浄し，1分間待って抗生物質を局所噴霧する。たとえばオキシテトラサイクリンを毎日3日間噴霧する(角度の付いた長いノズルを用いれば噴霧方向

- 薬液にはオキシテトラサイクリン，リンコマイシン，エリスロマイシン，リンコマイシン/スペクチノマイシンおよびタイロシンを用いる
- 重度の増殖性塊(有毛疣)は局所麻酔下(静脈内局所麻酔，1-8，53頁章参照)で表皮(皮下織ではない)から切除するべきである

▍予防
- 牛床の敷料を改善し，趾をできるだけ乾燥させる
- スクレーパーや除糞回数を増やし(たとえば1日2回でなく3回)，スラリーを減少させる
- 蹄球の微小損傷が起こりやすい舎内および舎外通路の場所を検査する
- リンコマイシン(1 g/L)，リンコマイシンとスペクチノマイシン混合液(水150 Lにそれぞれ33 gおよび66 g混合する)，チアムリン(0.5 g/L)またはタイロシン(1.2 g/L)の蹄浴を実施する

これらの抗生剤(英国ではどれも認可されていないし，オランダでは蹄浴に使用することは禁止されている)の効能は減少しているようである．最初は抗生剤で1日1回3～5日間蹄浴を行ったが，現在ではほかの薬剤を使用し，少なくとも1週間毎日蹄浴を行っている．

- ほとんどの薬剤はおよそ300頭が通過すると治療効果がなくなる(7-15，286頁参照)
- 種々の化合物が使用されており，結果はさまざまである
- 新規購入した初妊牛は3週間隔離し，趾皮膚炎病変がないか検査し，もし罹患していれば治療するか淘汰する
- 感染牛群で用いたすべての削蹄器具(刀，剪鉗，枠場)は消毒する

(b) 疣状皮膚炎
▍同義語
dermatitis verrucosa，heel warts(蹄踵疣)，PDD，hairy warts(有毛疣)．

■定義

背側や掌側皮膚の湿潤性の増殖で，後に疣状増殖となる。特に米国の一部（カリフォルニア州，ニューヨーク州）では趾皮膚炎の一般的な型となる。

細菌学はヨーロッパで一般的にみられる潰瘍型と同じである。

■症状，治療および予防

259頁の趾皮膚炎の項参照。病変塊は病理組織学的にはパピローマのようである。

(c) 趾間皮膚炎

■同義語

dermatitis interdigitalis.

■定義

深部組織に波及しない趾間隙皮膚の炎症で，角質の成長障害とさまざまに関連する。

■発生および誘引

湿潤した牛舎環境や湿気の多い地域で蔓延し，すべての年齢の牛に罹患する。

■症状

- 趾間隙の軽度の炎症性病変で，跛行はわずかかまったくない（跛行スコア0－1）
- 蹄球角質の裂溝が真皮の挫傷を起こさせ，時に蹄底潰瘍になる。このような例では跛行は重度で，慢性である

■病因

細菌感染が起こるような湿潤環境における慢性で軽度の刺激。

■細菌学

*Dichelobacter nodosus*が一貫して検出される。*Fusobacterium necrophorum*もまた存在する。

▍病理学

　胚芽層への細菌の浸潤によって傷害された真皮の多形核細胞浸潤を特徴とする皮膚炎である。

　過角化および錯角化が続いて起こる。表皮の崩壊が真皮の挫傷や二次性の潰瘍形成とともに拡大する。

▍類症鑑別

　趾間壊死桿菌症，蹄球びらん，趾皮膚炎。

▍治療

- 異常角質を削切する
- 個体の重症例：オキテトラサイクリンまたは硫酸銅を趾間にスプレーする
- 集団発生例：ホルマリンまたは硫酸銅の蹄浴(7-15，286〜287頁参照)
- 定期的削蹄
- 乾燥した舎内および放牧環境におく
- 牛群の制御にホルマリン蹄浴を考慮する

▍予防

　乾燥した舎内および放牧環境，定期的蹄浴および削蹄。

▍考察

　英国では蹄球びらんは頻繁にあるが，趾間皮膚炎の発生は少ない(後述を参照)。D. nodosusは米国で典型的な病変から検出されている(1985年)。

　趾間皮膚炎と趾皮膚炎の関係について熱心に論議されている。

(d) 蹄球びらん(スラリーヒール)

▍同義語

　erosio ungulae.

▋定義

蹄球角質の不規則な欠損であって，複数の黒色のくぼみ，またはあばた状の陥凹または後に深い斜めの溝形成となる。通常は前趾より後趾で重度である。

▋発生

当歳牛から成牛までの冬期舎飼い牛に蔓延し，通常，放牧期に消失する。

▋誘引

湿潤環境，長期間のスラリーへの曝露，趾間皮膚炎の継発症のこともある。分娩とは関連しない。

▋症状

跛行は軽度か，またはない(跛行スコア０－１)。慢性の深い裂溝形成で真皮に損傷があれば軽度の跛行を呈し，蹄踵の坑道形成が起こる。

▋病因

慢性の刺激，細菌感染，趾間皮膚炎。

▋細菌学

Dichelobacter nodosus および *Fusobacterium necrophorum*.

▋病理学

不完全な角質形成と破壊。真皮は裂溝縁で挫傷を受けて傷害される。多くの蹄踵角質が喪失すると蹄は後方に傾き，蹄骨の"典型的な部位"への圧力が増し，蹄底潰瘍の誘引となる。

▋類症鑑別

趾間皮膚炎。

■治療
- 個体例：病変部および坑道形成した角質を削切し，露出した真皮にオキシテトラサイクリン・ゲンチアナバイオレットエアゾールを噴霧する。牛は乾燥した床に移す
- 集団例：削蹄，1週間間隔で2回蹄浴（ホルマリン）を行う
- 可能であれば乾燥した環境に移す
- 不可能であれば蹄踵角質の消毒と乾燥のために牛床に石灰を撒く

(e) 縦（垂直）または横（水平）裂蹄
■同義語
fissura ungulae longitudinalis et tranversalis.

■定義
蹄背壁に平行または蹄冠に平行な蹄壁の亀裂。まれには軸側壁の亀裂や裂溝形成がある。

■発生
乳用牛の発生は低いが，カナダのヘレフォード肉用雌牛で高い（有病割合37％）。

■誘引
横裂蹄は蹄の過剰成長や慢性蹄葉炎の蹄輪（ハードシップライン）が誘引となる。縦裂蹄は乾燥した環境や蹄冠の外傷が誘引になる。

■症状
- 横裂蹄は通常，見かけが悪いだけで，跛行はない
- 1蹄だけの例は局所ストレス，複数蹄（全蹄）にみられれば全身性の障害で，分娩，飼料変化，環境変化が示唆される
- 縦裂蹄は蹄冠から負面までの蹄全体に及ぶこともある
- 亀裂が蹄冠だけにみられ，蹄冠病変に強い疼痛がある縦裂蹄では，被毛によって見えづらく診断が難しい。このような例では蹄皮に重度の損傷があり，早期に感染が

生じている
- 軸側の亀裂は同様に発見しづらく，蹄冠まで及ぶこともあり重度の疼痛がある

▌病因
誘引の項を参照。

▌細菌学
一次的な病変には関与しない。

▌病理学
上述のとおり。

▌類症鑑別
横裂蹄ではない。泥だらけの蹄では初期の表面の検査では縦裂蹄はしばしば見逃される。趾間壊死桿菌症および蹄底穿孔と区別する。

▌治療
- 横裂蹄：特に亀裂が蹄の近位にあって蝶番状になっている場合は，亀裂遠位部を除去する。上方に屈曲させると直下の蹄葉に疼痛がある場合は亀裂部位がぶらぶらしないように蹄尖と負面を短切する
- 縦裂蹄：亀裂部から突出している過剰の肉芽組織を切除する
- 蹄壁を洗浄後，局所に収斂剤，抗生剤スプレーを適用して，包帯を施して安静にする。蹄冠が侵され疼痛がある場合には，健康側にブロックを装着する
- 重度の例では，亀裂孔をグラインダーまたはドレメルドリルで清浄にし，亀裂の近位端にドリル孔を作り，レジンを充填する。非罹患蹄にブロックを装着する

▌予防
定期的削蹄。乾燥環境でリスクが高い場合には蹄油を用いる。

(f) 蹄骨の骨折

■はじめに
病的骨折(骨髄炎の場合，253頁参照)を除いた蹄骨の骨折ではほとんど常に関節内に起こる(図7-6参照)。

■発生
まれで，通常1～5歳に起こる，品種に関係ない。コンクリート床での乗駕行動あるいは岩場の放牧場への初放牧，壊れたスノコ床，フッ素中毒，潜在性骨粗鬆症，骨髄炎時の病的骨折などと関連する損傷として発生する。

■症状
- 前肢(通常は内蹄)あるいは時に後肢に跛行が突発する(跛行スコア3)
- 両側肢に起こることはまれである
- 一般的には前肢内蹄が罹患し，典型的には肢は負重を最小にするよう正中を超えて着地する。時に肢を交差させ，牛床内で肢を前方に置いている

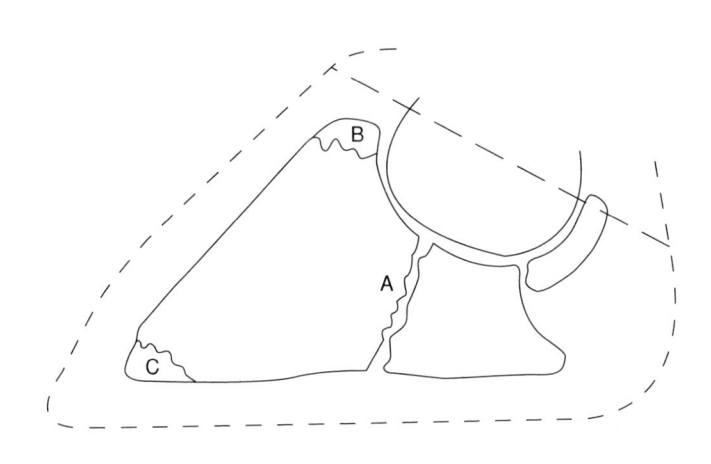

図7-6 蹄骨骨折の一般的な部位．
(A)関節内から遠位表面まで，(B)時に伸筋突起に起こる，(C)蹄骨尖端，しばしば蹄尖潰瘍や骨髄炎に継発する二次性の病的骨折．

- 趾の腫脹はなく，軽度の熱感があることもある
- 打診で疼痛を示すか，あるいは鉗圧，伸長させることで疼痛がある（図7-6参照）
- 趾を屈曲させると嫌がる
- 罹患内側趾の内－外方向のX線画像（趾間にカセッテを挿入）で診断され，通常は関節を含む骨折である

▍類症鑑別

急性蹄葉炎，異物の穿孔，両側前蹄の蹄底潰瘍，急性の趾間壊死桿菌症，感染を伴う蹄壁の縦裂蹄。

▍治療

- 関節内骨折の治癒には時間を要するので，治療を施していない動物では幾週にもわたり跛行が続く
- 健康蹄にブロックを装着すれば（7-26，310～311頁参照），跛行は即座に改善され，治癒が促進される
- 罹患蹄を屈曲位に置き，その蹄尖と健康蹄のブロックとをワイヤーで締結することも有用である
- 断趾術が適用されることはまれである

7-11　趾の深部感染

▍発症

前章までに記述した疾病は，趾の表面（7-5，10参照）や痛みを感じる蹄皮（7-6～9参照）に生じるものである。趾の深部感染は以下に示す数種の疾病からの波及によって生じる：

▍蹄底潰瘍（図7-4参照）

- 深趾屈腱の壊死（趾の上屈）
- 蹄骨と遠位種子骨の骨髄炎
- 感染性舟嚢炎

- 蹄関節の感染性関節炎
- 上行性の総屈腱鞘の感染性腱滑膜炎

▎真皮炎(蹄葉炎)，白帯の感染，蹄底穿孔
- 蹄底の膿瘍形成
- 蹄骨骨髄炎および感染性靱囊炎
- 蹄冠への感染波及および二次的な部分的または全部の脱蹄

▎蹄尖潰瘍
- 蹄骨骨炎

▎趾間壊死桿菌症
- 蹄関節の感染性関節炎
- 趾の屈腱鞘の感染性腱滑膜炎
- 蹄関節後方の蹄球膿瘍

▎蹄冠における裂蹄(感染の起こる部位)
- 蹄関節
- 靱囊
- 総屈腱鞘
- 蹄関節後方の蹄球を含む周囲軟部組織

　最も重要な細菌は *Arcanobacterium pyogenes* である。感染は常に深趾屈腱鞘に沿って主として滑液を介して上行し，最終的には腱鞘の破裂によって球節に感染が起こる。球節関節包は，すべての球節関節面に共通していて，大きく，可動性を有している。冠関節包の容量は小さく，可動性も小さい。また内外側趾の間で交通していない。

▎症状
　進行性に重度の跛行を呈し(跛行スコア3)，おそらく横臥，膿血症，体重減少，食欲減退，のちに屈腱鞘に至る蹄冠および繋周囲の腫脹と紅斑，肢遠位の広範な浮腫へと進行する。ほとんどの例で瘻管が形成される。

▮治療

内科治療および保存的外科治療

　骨髄炎を起こした骨や腱鞘の感染巣には血行が途絶えており，抗生物質がこれらの感染部位に到達しないので，抗生物質の全身投与だけで感染を制御することはほとんど不可能である。

　保存的方法には

- キャスト（ファイバーグラス，樹脂など）を適用する。目的は感染を線維化によって閉じ込めてしまい，最終的に感染関節の強直を起こさせることである。不利な点は疾病経過および疼痛と不快が長引くこと，膿血症および死体を利用できない死亡，淘汰のリスクがあることである
- 感染巣の保存的な外科的排液や洗浄を行う。利点は趾が残ることである。慢性例におけるいくつかの欠点には，十分な解剖学的知識が必要なこと，何度も治療が必要で，おそらく毎日洗浄しなければならないこと，高額な費用がかかること，および最終的に感染が拡大して失敗してしまうことなどがある
- 搔爬して外科的排液や洗浄を行えばしばしば関節強直が促進される

　上記の方法には利点と欠点があるが，感染拡大による失敗のリスクは小さい。

根治手術法（これらは病変部位を切除するものである）

- 断趾術（7-12参照）
- 深趾屈腱の遠位種子骨部分の切除（7-13，276頁参照）
- 球節近位部からの深趾屈腱の切除（7-13，277頁参照）

7-12　断趾術

▮適応

　頻度の多い順の適応症には

- 蹄関節の感染性関節炎
- 深趾屈腱の感染性腱滑膜炎
- 遠位種子骨の骨髄炎

- 蹄骨の骨髄炎
- 趾の重度の損傷，例えば脱蹄，蹄冠の大きな欠損
- 蹄冠および蹄冠上の軟部組織の感染

しばしば上記の適応症が複数存在する。

▍利点
- 致命的になる可能性のある病変を即座に除去する(膿血症性の拡散リスクを減少させる)
- 疼痛をとる
- 一般状態や乳生産の改善とともに比較的急速に元気や生産が回復する
- ほかの方法と比べて単純な手術手技である

▍欠点
- 症例の一般状態が悪く，感染が断趾部より近位にあれば失敗する
- 体重の重い雌牛や種雄牛では肢勢の変化と残存趾への過大な負担のために歩行の異常が続く。これは特に地形の悪い場所で著しい
- 市場価格が低下する
- 18カ月以上飼われる断趾牛はわずかである

▍手術法
　動物を鎮静させ(キシラジン0.1〜0.2mg/kg筋注またはアセプロマジン0.1mg/kg筋注)，断趾肢が上になるよう横臥保定するか，Wopa枠場で起立位で施術する(56頁)。以下の無痛処置を行う。
- 静脈内局所麻酔(IVRA)(1-8，53頁参照)が好まれている方法である。あるいは球節上でリングブロックを行う
- 球節まで感染が到達しているかどうか，基節骨遠位部やそれより遠位に感染が限局しているかどうか趾の検査を行う
- 罹患趾の球節から蹄冠まで，さらに正中を超えて趾間隙まで刈毛する
- 硬いブラシを用いて趾に固着した糞便を取り除き，趾間隙は包帯を用いて擦り洗い

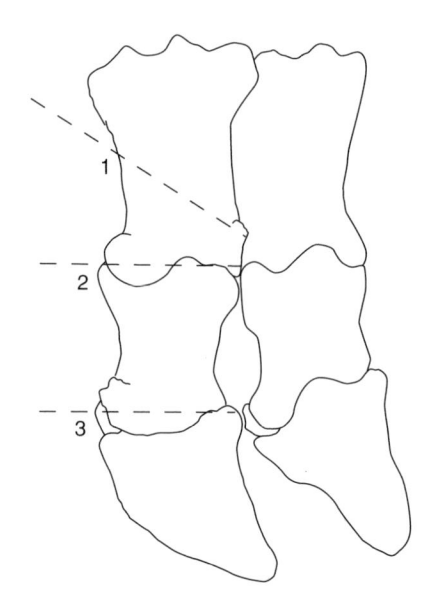

図7-7 断趾術および関節離断術の部位.
(1)繋骨遠位3分の1の斜めの断趾術(切断面を開放することも皮膚フラップを作ることもどちらも可能), (2)冠関節での関節離断術, (3)蹄骨での関節離断術.

し, 術部の手術消毒を施す

■基節骨遠位3分の1での断趾術

　皮膚フラップを作らずに基節骨遠位3分の1を斜めに断趾する手術は好ましい方法である(図7-7参照)
- 静脈内局所麻酔部位ではない球節または飛節上に止血帯を巻く
- 罹患趾よりの趾間隙全長を切開し, 背側近位に3 cm, 掌側近位に2.5cm切開を延長する
- 切開内に切胎用線鋸を挿入し, 冠関節の軸側近位1〜2cmの高さに据える
- 助手に罹患趾を地面に向けて強く押さえさせながら, 線鋸を切断縁が反軸側関節面の2〜3cm上に出てくるように斜め方向すばやく引き, 皮膚も続けて切断する

表7-1 正常および病的な滑液の性状.

診断	粘稠度	凝固	白血球 ×10⁹/L	%好中球	タンパク (g/dL)	ムチン沈殿物
正常	0	0	<0.25	<10	<1.5	堅く，粘着性
感染性または疑感染	＋＋＋	＋＋＋	>20	80	>3	著しく異常
無菌性	＋	不定	3	<30	<3	異常
骨関節炎（変性）	0または＋	0	<0.2	<10	<3	正常またはほぼ正常
水症	0または＋	0	<0.35	<10	<2	正常

0＝陰性；＋，＋＋および＋＋＋は程度が重度であることを示す

- 趾間隙に突出する脂肪辱を取り除く
- 軸側にある背側趾動脈などの太い脈管を捻転して引き抜く
- 皮下膿瘍，壊死，腱周囲の感染，感染性腱滑膜炎などの徴候がないか切断端を注意深く検査する
- 深趾屈腱鞘を遠位方向にマッサージして，滑液を検査する(表7-1参照)
- 化膿性の滑液は腱鞘を洗浄して排出させ(雄犬用カテーテル，50mL注射筒および生理食塩液)，深趾屈腱の部分切除を再考する
- 創にオキシテトラサイクリンまたはサルファ剤パウダー(本質的に違わない)を適用し，ガーゼまたはパラフィンチュールを当てて，圧迫包帯で固定する。そして防水包帯(ダクトテープなど)で保護する
- 包帯は副蹄周囲の圧迫壊死が起こらないように巻く
- 止血帯をはずす
- セフチオフルまたは持続性オキシテトラサイクリンの予防投与量を1回注射する。

破傷風の危険地帯では抗毒素を投与する

■術後治療

- 2日後に包帯を交換し，切断面を洗浄し，感染部位が残っていないか検査する

- 腐臭があれば感染が疑われる
- 新しいドレッシングを6日間適用する
- 切断面は肉芽と上皮形成が起こるよう安全に露出させておくことができる
- 治癒するまで，1日1回創を水で洗浄する

回復に要する3週間は，動物を舎飼いまたは乾燥した地面の屋外などの乾燥した環境におく

断趾術の別法(図7-7参照)
▌冠関節での関節離断術
この方法の利点は：
- 断趾後に圧迫包帯の適用に適したくぼみが形成される
- 術後感染巣になり得る基節骨骨髄腔が露出しない

欠点は：
- 治癒経過が長い
- 軸側から関節面を露出して切開する部位を見つけるのが難しい
- このやりにくい部位なのでメスの刃が折れてしまいやすい
- セージナイフ(湾曲した両刃メス)と小さな掻爬器を用いるとよい

▌蹄冠からの断趾術
蹄骨の伸筋突起，中節骨近位および遠位種子骨の順に切開して断趾する。
この手技は面倒な方法であるが，術後に負重できる角質壁の成長の可能性を残すことができる。手術は横臥位で行うのがよい。
- 蹄冠の角質：皮膚接合部縁の1cm遠位に溝をつける
- 産科用線鋸を用いて蹄関節部分から蹄を切断する
- 伸腱付着部を切断，除去して蹄骨伸筋突起を切断する
- 中節骨近位と遠位種子骨を切断，除去する
- 基節骨遠位関節軟骨を掻爬する
- 感染があるか，変色した軟部組織をメスで切除するか，徹底的に掻爬する

▌皮膚フラップ形成

基節骨遠位3分の1からの断趾術では，皮膚フラップをつくり，断趾面を覆うことができる。利点は見かけがよいことと，治癒が早いことである。

欠点には：
- ドレッシング交換時でも切断面を検査することができない
- 術後の腫脹のために縫合が離断する
- 皮膚が壊死する危険がある
- 適応例を選択する必要がある（フレグモーネがない例）

皮膚フラップは背側および掌側面の趾間隙上5～6cmから切開を始め，蹄冠に沿って半円形に切開して作製する。フラップは十分大きく，厚く取り，それを近位に向けて反転させておく。通常どおり断趾したら，フラップを必要な大きさに切って断端面に縫い付ける。

▌考察

酪農場における断趾後の平均生存期間は12～24カ月である。例外的に数年のものもある。淘汰される最終的な理由は半分以上の牛でほかの蹄病に罹るためである。断趾牛のほとんどで，断趾後の次の乳期の乳量は影響を受けない。

副蹄の断趾術

▌適応症

後肢内側の副蹄による乳頭の自損を防ぐための予防的手術である。ヨーロッパではこの手術に対する科学的な反対ばかりでなく倫理的反対もあり，英国やスイスを含む多くの国で禁止されている。多くの北米の酪農場ではルーチンな手術である。

▌手術法

- 2～8週齢の子牛の副蹄を横臥位で切除する
- 手術部位を洗浄，消毒する
- 局所浸潤麻酔（2mLの2％リドカイン）を行う
- 副蹄を近位に押し上げ，副蹄が関節腔と大きな血管から離れるようにする

- 皮膚周囲と副蹄基部を大きな鋏またはバーネス除角器で，表面の趾の血管を避けて深部の血管を傷つけないように切除する
- かなり出血する場合は創を縫合する
- 抗生物質粉末をかけて，乾燥ガーゼと粘着テープのドレッシングを1週間適用する

7-13　その他の趾の手術
(a)　断趾後の深趾屈腱および腱鞘の切除
■適応

断趾部位より上方に感染が波及しているが，球節には至っていないものには深および浅趾屈腱と腱鞘の部分切除が適応される。

■治療

断趾後の深趾屈腱および腱鞘の切除
- 総屈腱鞘を確認し，まっすぐな金属探子を近位に6cm挿入する
- 皮膚，腱鞘，輪状靭帯の一部分を浅趾屈腱まで切開する
- 浅趾屈腱と深趾屈腱を最も近位で水平に切断する
- その他に露出した化膿性または壊死性の腱鞘を切除する
- 創にドレッシングを施し，肉芽組織によって治癒するまで放置する
- そうでなければ，皮膚だけを縫合する

球節上でのアプローチによる別の方法
- 皮膚を副蹄近位の屈腱鞘の近位縁直上で3cm切開する
- この垂直切開を浅趾屈腱まで続ける
- この部位で両方の屈腱を切断し，腱を断趾端から引き抜く
- 腱鞘の感染部分をすべて切除するが，この方法では腱鞘はよく露出されない

(b)　深および浅趾屈腱と腱鞘の切除(図7-8参照)
■適応

蹄の深部感染症における感染性腱滑膜炎

▎治療
- 鈍性の湾曲した切腱刀と長いやや湾曲した鋏が手術に便利である
- 中足または中手骨中央に止血帯を巻き，静脈内局所麻酔を施す
- 副蹄を削蹄する
- 中足または中手骨中央を手術消毒する
- 趾の罹患部位(蹄底－蹄球接合部)から皮膚，皮下および蹄球の深趾屈腱上を切開し，さらに切開を副蹄の軸側に進め，球節近位5cmまで行う
- 腱鞘を掌側面に沿って切開し，開放する
- 浅趾屈腱を球節上(浅趾屈腱は深趾屈腱を包んでいる)まで長軸上に切開する
- 深趾屈腱が二股に分枝した遠位(球節の5cm近位)で水平に切断する
- 深趾屈腱を反転し，遠位の蹄骨の付着部で切断する
- 浅趾屈腱が重度に侵されていないかチェックし，必要ならば深趾屈腱と同じ高さおよび冠骨への付着部で切断する
- 感染した腱鞘を遊離させ，切除し，必要に応じて皮下の膿瘍を掻爬する
- 最小限度の組織を切除することに注意する
- 創にはポビドンヨードを浸したガーゼを当てて被覆し，近位の半分(副蹄下まで)は皮膚を単純結節縫合する
- 創の遠位は排液と被覆ガーゼを取るために開けておく。しっかりと包帯をする
- 健康蹄にブロックを装着し，蹄尖をワイヤーで締結する
- 抗生物質の全身投与を7～10日行う
- ドレッシングは2，7および14日に交換するか，必要であればもっと多く行う

(c) 蹄関節および遠位種子骨の切除
▎適応
　蹄底潰瘍，趾間壊死桿菌症，蹄球膿瘍などから波及した化膿性関節炎や骨髄炎で局所の創面切除や高用量の抗生物質の数日間の全身投与に無反応な例で，断趾術が容認されないか，望まれないものに適用される。典型的なものは放置された蹄底潰瘍で，蹄関節の感染，蹄骨や遠位種子骨の骨髄炎である。

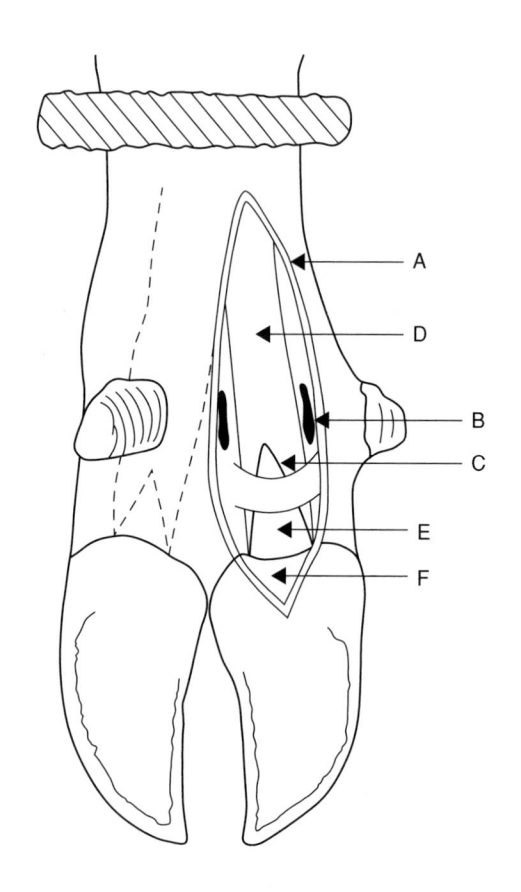

図7-8 深部感染の近位への波及時における浅趾屈腱および深趾屈腱切除に関する外科解剖.
(A)球節近位から蹄球までの12cmの切開, (B)球節の靭帯の切断面, (C)総屈腱鞘の開放部, (D)浅趾屈腱, (E)深趾屈腱, (F)遠位種子骨および蹄関節表面の遠位十字靭帯.

■手術法(図7-9参照)

- 中足(手)中央に止血帯を巻く
- 静脈内局所麻酔を行う(1-8, 53〜57頁参照)
- 手術消毒を行う
- すべての肉芽組織を除去後, 注意深く精査する

- 蹄底-蹄球接合部角質に3～3.5cmの円形切開を加える
- 遠位種子骨を除去する
- 蹄関節面の感染軟骨と軟骨下骨をドリルで崩す(リンゴの芯抜き)
- セージナイフ(両刃の湾曲したメス)を用いて残っている深趾屈腱の付着を切除する
- もし皮膚と蹄冠の皮下に感染がなければ,ドリルでつくった腔をポビドンヨードに浸した滅菌包帯を詰める
- もし蹄冠に感染があれば,瘻管や膿瘍になりそうな周囲皮膚を直径2cmに切除し,低回転のドリルで蹄底から蹄冠までの直径0.8～1.2cmの坑道を設ける
- 腔に洗浄用チューブを入れ,中足に沿って固定しておくのがよいか評価する
- 上記のようにチューブを挿入する(日に2回洗浄するのでなければ)
- 健康蹄にブロックを装着する
- 手術趾の過度の伸長を防ぐために,蹄尖をワイヤーで締結する
- 高用量の抗生物質を10日間全身投与する
- 2日目にドレッシングを交換し,その後肉芽組織が欠損を埋めるまで1週間ごとに行う
- 6～12週でブロックとワイヤーを除去する

　術後の集中治療が不可欠である。それにもかかわらず感染が拡大すれば,断趾術が淘汰のため(抗生物質残留のため,と体は利用できない)の唯一の選択肢である

(d) 趾間過形成の切除(7-5参照)

　手術法にはメスで切り取る方法,焼灼による方法,冷凍手術による方法(1-14,72頁参照)がある。

■手術法

- 鎮静剤(キシラジンまたはアセプロマジン,1-6,30～33頁,7-15,286～287頁参照)を投与する
- 枠場保定する(Wopa枠場,1-8,56～57頁参照)
- 静脈内局所麻酔,リングブロックまたは局所浸潤麻酔(無痛効果が不十分)を施す

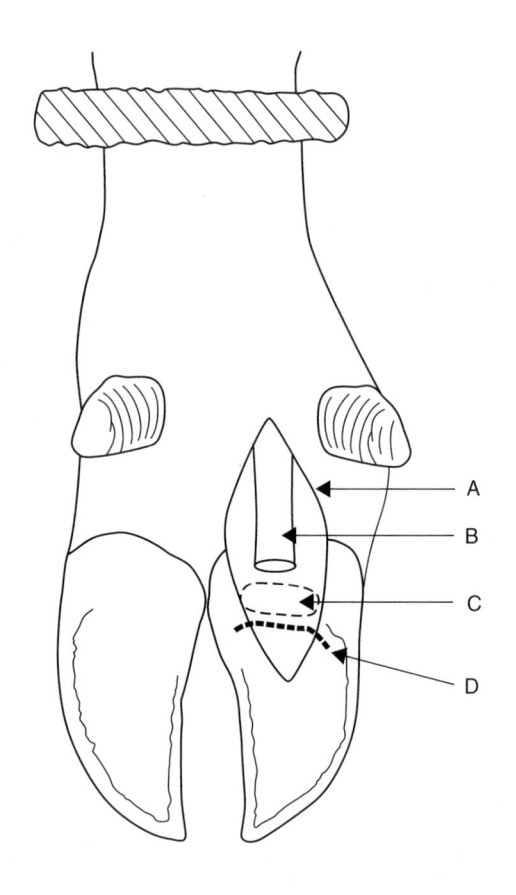

図7-9 深部感染(後肢外蹄)における蹄関節切除術.
(A)掌側面の切開(図7-8と比較すること), (B)深趾屈腱, 遠位で切断してある, (C)遠位種子骨, (D)蹄関節の掌側縁.

- 局所をよく洗浄し, 刈毛, 消毒する
- 静脈内局所麻酔をしていないのであれば, 止血帯を巻く(冷凍手術では不要)
- 助手が趾に包帯をかけ, それを引っ張って趾間を開く

メスによる方法
- アリス鉗子または(Backhaus)タオル鉗子で趾間塊を掴む(図1-1参照)
- 趾間塊に2つの切開線を加え,楔状の形に切除する
- 再上皮化が開始するように軸側縁の切開は精巧に行う
- 趾の十字靱帯(容易に触診できる)と隣接する蹄冠を避けて突出してくる趾間脂肪を切除する
- オキシテトラサイクリンまたはサルファ剤パウダー,趾間パッド,八の字包帯を適用する
- 止血帯を取りはずす
- 特に体重の重い牛では,蹄尖の離開を防ぐために蹄尖から2.5cm後方にドリル穴をつくり,ワイヤーで締結する
- 抗生物質の全身投与は行わないが,破傷風抗毒素が必要なこともある
- 局所に感染がないか,包帯が血液で汚れていなければ包帯は交換しない
- 1週間後に包帯を除去する

■焼灼による方法

烙鉄を使用するが,周囲組織に触れることなく趾間塊を焼灼できるよう小さく,ぴったりしたものでなければならない。隣接する十字靱帯を確認しながら,前述のメスによる手術と同様に,烙鉄のループを適用する。利点は術後の出血が少ないこと,欠点は治癒が遅いことである。粉末薬で創のドレッシングをしたあと,蹄尖をワイヤーで締結する

■冷凍手術による方法

利点は出血がなく,術後の包帯とドレッシングが不要なことである。
- 趾間塊の大きさによっては,最初にメスで切除する必要がある
- 急速凍結と続く緩徐な解凍サイクルでアイスボール(直径3cm)ができるようにプローブを組織にあてる
- 合計3回程度,ほかの部位にも繰り返し,すべての領域が一度は凍結するようにする
- 各部位をもう一度(液体窒素)または二度(N_2OまたはCO_2)凍結させる

- 包帯やドレッシングをしてはいけない。蹄尖の締結も行わない
- 趾間塊は7〜10日間で壊死し，2，3日後に脱落する。後に肉芽を残し，ゆっくり上皮化する

▌考察

どの手術法でも再発は起こり得る。蹄の形状，遺伝を考慮し，手術時とその後定期的に削蹄を行う。蹄尖を1，2カ月締結しておけば再発率が減少するかもしれない

7-14　蹄の形成異常，過剰成長および治療的削蹄

蹄の変形は遺伝的なものか，あるいは不十分な磨耗や蹄葉炎などの疾病による後天的なものである。McDaniel(付録1，314〜315頁参照)によるノースキャロライナでの乳牛の研究は以下に基づいている。
- 蹄冠から蹄尖までの蹄背壁長(市販のコンパスで測定する)
- 蹄背壁と地面のなす角度(分度器)
- 蹄踵高(コンパス)(図7-10参照)

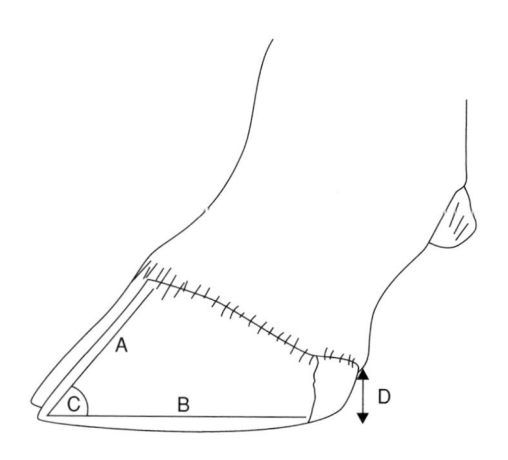

図7-10　成牛の正常趾の縦断面図．
　　　　(A)背壁，75〜80mm(約3インチ)，(B)負面：長さ130mm(約5インチ)，(C)背壁角度：前肢50度，後肢55度，(D)蹄踵高：30〜40mm(約1½インチ)．

研究で以下が見出された。
- 初産時に測定した蹄背壁長と蹄背壁角度に基づけば，3，4産した泌乳牛は非生存牛と比べて蹄背壁長が短く，蹄背壁角度が急であった
- 種雄牛の比較からは，蹄背壁長の遺伝力は初産から4産まで増加した
- 初産から2産の乳量増加は初産時に蹄背壁が短く，角度が大きい牛で多かった
- 上記の初産牛は2産以降の分娩から受胎までの間隔が短かった
- 高泌乳牛は2産後，蹄背壁が長く角度が小さい傾向があった
- 同じ産次において分娩から受胎までの間隔は，蹄背壁が長く角度の小さい牛は，蹄背壁が短く，角度の大きい牛に比べて長かった。

若齢牛の蹄の形質は未来の経済的価値と関連している。産乳量の高い種雄牛の子孫からの測定では，蹄形質の変動は生存率，繁殖成績および初産から2産時の乳量増加量と関連していた。

これらの事実は，ルーチンな蹄処置を含む矯正的削蹄の必要性や蹄の過剰成長が主要な問題である牛群の育種に関して再検討を強調するものである。

矯正的および予防的削蹄

削蹄は，多数の種雄牛を舎飼いしている人工授精所ばかりか，ほとんどの酪農場で蹄の健康を維持するために不可欠である。削蹄はますます特別な機材(Wopa枠場や多くは機械可動式のその他の回転枠場などの専用の枠場)を持っている専任のプロの削蹄師によって行われるようになってきている。削蹄師は電動の金属ディスクのグラインダーをよく好んで使用する(アングルグラインダー)。一般的に1.5人以上の農場スタッフで削蹄をする時間はなく，必然的に専門知識も不足している。

確かに英国では蹄問題はこれらの削蹄師によって管理される傾向にあるので，削蹄師，農家または牛群管理者および獣医師の間でよいコミュニケーションが不可欠である。獣医師は蹄の深部構造が侵されている牛の治療に呼ばれる。有用な記録(ID，跛行スコア，診断，治療，再検査の必要性)が牛群管理者，農家，獣医師，削蹄師で整備されるべきである。

■器具
- 単動または複動式蹄剪鉗またはニッパー
- スウェーデンまたはドイツ柄の右および左手用蹄刀
- 回転式ディスクグラインダー(アングルグラインダー,直径10cmのディスク)
- 蹄鑢
- 保定のためのロープおよび足枷,足枷はVelcro®留め具がよい
- 適切な枠場,起立または回転傾斜式
- 次の牛の削蹄までの間に器具を消毒するための消毒用バケツ
- 防護用眼鏡(グラインダーからの削切片や塵),フェイスマスク,手袋,手首保護バンド
- 木製またはアクリルブロック製品(Technovit®,Cowslip®,Shoof®,ゴム製ブロック)

■削蹄時期
　理想的には乾乳時がよい。年2回削蹄するためには冬期舎飼い時または春の放牧1カ月以上前にもう1回実施するとよい。しかし時間があるときになることが多い。

■削蹄場所
- 屋内が好まれるが,明るいところであることが必須
- 牛の集合場所から近い通路で,削蹄後に観察できる屋外に通じる場所がよい。また容易に清掃できる場所がよい

■削蹄法(図7-11参照)
　正常な牛の後方に立ち,股関節を通る垂直の仮想線が飛節および趾間隙を通るようにする。飛節が内旋し,蹄が外旋するような蹄尖の異常な位置は,趾の問題や跛行があることや,差し迫った問題であることを示唆する。
- 歩様(跛行スコア)および枠場に入る姿勢を観察する
- 後肢を挙上,固定し,蹄に付着した鋸屑,麦わらまたは布(水を用いない)で泥やスラリーをとる
- 蹄剪鉗を用いて適切な長さと高さにするために内蹄を垂直に最小限切断する(理想

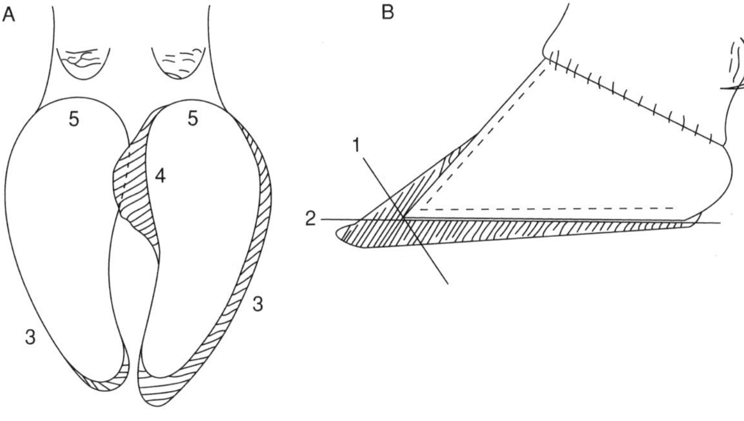

図7-11 乳牛の過剰成長蹄の削蹄手順.

的には蹄背壁の長さは7.5cmであるが,大きい牛では8 cm＝たばこの箱大でよい)(図7-10, 11(1)参照)

- 蹄尖断端の厚さは5〜7 mmである
- 蹄尖近くの蹄底表面から過剰の角質を削切して角ばった蹄尖を矯正する。蹄踵角質は残しておく(図7-11(2)参照)
- 軸側および反軸側に出っ張った過剰の角質を除去する(図7-11(3)(4)参照)
- 絶えず蹄底表面と白帯を観察して,特に軸側の出血や肉芽組織に注意する
- 負面はややくぼみをつけるように削切し,蹄底蹄踵に特に注意する。蹄踵は残しておく(図7-11(2)参照)
- 外蹄を同じように削蹄するが,注意を怠ってはいけない
- 反対の肢を削蹄し,最後には前肢を検査する
- 前肢を挙上すると牛は後駆が落ちてしまいやすい。腹帯はこれをよく防止できる
- もし偶発的に真皮を傷つけてしまい,跛行を起こしそうであれば,反対側にブロックを装着することを検討する

▌考察

多くの乳牛は外蹄と内蹄に70：30の異常な荷重がかかっている。荷重に関する最近の研究(2003年)では,たとえ標準的な削蹄(ダッチメソド)後においても(理論的に)適

正な50：50には戻らず，60：40であることが示されている。したがって内蹄からは最小限の角質を取り除くべきである。

外蹄の蹄底を内蹄と同じ高さに削切して，蹄踵高を内蹄の高さまで低くする。

蹄踵を後方から観察するか，あるいは両方の蹄踵を渡して平らな面をあてがい（例えば蹄刀の柄の部分），高さが同じであるかを確認する。

理想的な蹄背壁角度は55度（後肢）および50度（前肢）である。理想的な蹄冠から蹄尖までの蹄背壁長は7.5cm（7～8cm）である（図7-10参照）。

7-15　蹄浴

▮はじめに

蹄浴の目的は：

- 趾間隙の疾患に関与する細菌の抑制と死滅（例えば*Fusobacterium necrophorum*）
- 趾の洗浄，汚れおとし
- 蹄底角質を硬くし，磨耗速度，挫傷の発生および蹄底穿孔を減じる
- 趾間皮膚炎と蹄球びらんを制御する

▮器材

縦列させた2つの蹄浴槽がよく，最初の蹄浴槽には水か温和な洗浄剤を入れ，二槽目には有効な薬液を入れる。

蹄浴槽はコンクリート（永久的），ガラス強化凝結物，または鉄板トレイ（ポータブル）製のものがよい。丈夫なスポンジマットは必要な薬液量を減らすことができる。麦わらを入れると牛にとって親しみがあるばかりでなく，趾間を開かせて薬液が趾間によく付着する。

▮蹄浴槽の大きさ

最低，長さ3m，幅85cm，品種によって深さ15～25cmで，薬液の深さが10～12cmあり，床が滑らないものがよい。

蹄浴槽は通路やミルキングパーラーの出口に置き，雨水で薄められないようカバーをかけておくのがよい。

蹄浴液は2.5～5％ホルマリン液か，2.5％の硫酸銅や硫酸亜鉛を使用するが，欠点がある。ホルマリンは眼に刺激があり，廃棄に関しては英国健康安全官などの環境衛生当局者に疑い深くみられている。ホルマリン液は5％濃度を超えるべきでなく，10％では局所に重度の化学反応と跛行が起こる。硫酸銅を摂取すれば急性銅中毒になるかもしれない。

　趾皮膚炎に対する抗生物質の蹄浴については7-10(a)，259頁参照。

　蹄浴液は適切な収集施設に廃棄し，水路や地下水に流してはいけない。

▍治療

　理想的には跛行牛(趾間壊死桿菌症，趾間皮膚炎，趾皮膚炎の症例)を1日2回20分間，蹄浴槽に立たせておく。今日の大規模酪農場では面倒すぎて実際的ではない。

　予防的治療のためには，牛を2日間の連続した4回の搾乳後に蹄浴槽を歩かせ，その後，蹄浴槽を空にして洗浄し，5日間水を入れておく。凍結期間を除いて，これを通年，毎週繰り返す。標準的な蹄浴槽では，牛が800頭通過すると(200頭×4回，すなわち1週間の使用となる)薬液は不活性になる(殺菌効果が喪失する)。最近のドイツの研究では800頭は300頭に下方修正されている。

▍考察

　趾間隙の疾患，蹄球びらん，蹄底潰瘍が高率に発生する牛群では，ホルマリン液による蹄浴を実施するべきである。跛行発生が減り，重度の病変は少なくなり，経済的損失が減少する。

7-16　牛群問題のチェックリスト

　牛群の蹄病による跛行問題の系統的で論理的なチェックリストは有用である。表7-2～6に示してある。

- 牛群の詳細
- 跛行問題の記述
- 牛群の調査
- 個体の調査

表7-2　牛群調査表：畜主　　　　住所　　　　生理番号　　　　獣医師/削蹄師

1. 牛の頭数：泌乳牛
　　　　　　乾乳牛
　　　　　　合計
2. 品種
3. 自家繁殖牛群または購入牛群
4. 人工授精または蒔き牛，または両方
5. 分娩パターン(月)
6. 平均乳量(L)：経産牛
　　　　　　　　初産牛
　　　　　　　　牛群平均
7. 最近の日乳量：実際
　　　　　　　　目標
8. 牛群内の初産牛割合
　　　　　２産牛割合
　　　　　残りの経産牛割合
9. 淘汰率，過去２年間の平均：＿＿＿＿＿＿＿＿個体＝
　　淘汰頭数：跛行
　　　　　　　不妊
　　　　　　　乳房炎
　　　　　　　跛行を含む複合理由
　　　　　　　その他

表7-3　跛行問題調査表．

1. 跛行牛の記録があるか？　調べなさい！
2. 過去12カ月間の総(推定)跛行牛数
　　その前の12～24カ月間の総(推定)跛行牛数
3. 過去12カ月の農家および獣医師による跛行治療数
4. 最大の跛行有病割合
5. 跛行牛の主要年齢(初産，２産，それ以上の産歴)
6. 跛行例の多くがみられる分娩前後の週数
7. 前肢または後肢問題
　　角質または軟部組織(皮膚)疾病
　　外蹄または内蹄
8. 過去12カ月の最も多かった跛行診断名：
　　趾皮膚炎，趾間壊死桿菌症/蹄底の挫傷または穿孔/
　　蹄底潰瘍/白帯離開または膿瘍/蹄踵壊死または離開坑道形成
　　/その他

表7-4　牛群調査.

1. 泌乳牛群の跛行有病割合
2. 跛行牛および健康牛の肢の形態：
    相対的な体重とサイズ
    蹄の大きさ
    飛節角度(側望および後望)
    後肢の外転(度)
    蹄背壁角度(度)
    蹄踵高
    蹄の過剰成長(なし，中等度，重度)
    ボディスコア1～5(削痩～過肥)
3. 牛舎方式：
    繋ぎ牛舎/フリーストール/ストローヤード
    繋ぎ牛舎：サイズ
            表面性状(例，マット)
            敷き料の種類
            運動場
            通路表面
            すのこ
            スラリーの量と質
    フリーストール：ストールサイズ(長さ，幅，段差高)
            表面性状
            コンクリート施工年および状態
            出入り口および通路
            牛舎内の牛密度(㎡/牛)
            牛の歩行距離，通路表面と滑らか，粗さ，湿潤度
4. 栄養：
    放牧，牧草の状態
    濃厚飼料の割合(%粗蛋白)
    濃厚飼料最大摂取量(kg)：分娩前
                        ピーク乳量時
    飼料の馴致期間(週)
    分娩から最大泌乳までの期間(週)
    濃厚飼料給与：1日給与回数，場所
    粗飼料成分：%粗蛋白
            %粗線維
    サイレージ成分：%乾物
            酸性度
            嗜好性
    粗飼料摂取量(kg乾物)：
        分娩前最大摂取量
        摂取場所
        濃厚飼料と同時摂取
    添加物(食塩，重曹，亜鉛，その他)
        濃厚飼料中
        分離給与

5. 予防
　削蹄：実施：しない，自家，削蹄師，獣医師
　　　　頻度/年
　　　　削蹄法(例，グラインダー)
　蹄浴：場所
　　　　成分
　　　　濃度
　　　　補充頻度
　　　　用法
　飼養管理業務(週末や休日スタッフなど)

表7-5　個体調査表．

1. 個体名
2. 産次
　妊娠月/分娩後経過週
　現在の乳量/期待乳量(L)
　現在の濃厚飼料摂取量(kg)
　ボディスコア1～5(削痩～過肥)
3. 跛行の程度：重度/中等度/軽度/跛行なし(3～0)
　罹患肢　左前　右前　左後　右後
　部位：肢近位/趾(趾間隙または角質，外蹄または内蹄)
　推定跛行期間(週)
　実施済み治療(内科，外科，削蹄)
　診断：主要な蹄病/まれな蹄病

表7-6　推奨する介入法．

1. 個体治療：
　外科
　内科
　予防的治療(削蹄，蹄浴など)
2. 牛群の治療および助言
　栄養：添加物の量と種類の変換？
　　　　粗濃比の変換？
　牛舎環境：例，運動場所の確保
　敷き料：例，敷き料材の変更
　衛生：例，通路やバーン除糞回数増加
　削蹄：実施者と方法
3. 追加調査
　飼料分析と摂取量
　より多くの趾と肢および牛に関する検査と記録
　牛舎内行動，通路，放牧場の状態の観察
　蹄浴液の成分，溶液と使用法の調査
　家系誘因調査のための育種記録の調査
　4週間，3カ月間での進歩状況の再調査

- 介入策の推奨
- この"生産病"を起こすには多くの因子が相互連関している。もし跛行発生が15〜20%を超えるのであれば、牛群問題の調査を実施するべきである

7-17　子牛の感染性関節炎

■はじめに
　感染性関節炎(新生子牛の多発性関節炎)は通常は臍、あるいは多くはないが肺や肝の化膿性感染の血行性拡散によって起こる。感染菌としては*E. coli*, *Salmonella* spp. *Streptococcus* spp.および*Arcanobacterium pyogenes*があり、疾病の主要因は環境性病原菌の負荷(分娩場所の清潔度)と子牛の免疫状態である。

症状
- 沈うつ、跛行または横臥、食欲不振、脱水
- 感染後24時間以内に関節の腫脹と疼痛がみられる
- 一般的な罹患関節は、飛節、膝、手根、球節(股関節と肩関節はまれ)である
- 臍には深部触診で疼痛を伴う明らかな感染の症状がみられる(感染拡散のルートは3-13、156頁参照)
- のちに神経症状(頭部の振せん、後弓反張)がみられる場合もある
- 補助診断法：関節穿刺(細胞診、細菌培養！)、X線検査、超音波検査

■診断
　沈うつ状態の子牛に複数の関節の腫脹と疼痛があることで診断される。

■治療および予後
- 臍を洗浄して、臍の感染巣を取り除けないか検討する
- 抗生物質の全身投与を行う。例えばセフチオフルを7〜10日間投与する
- 全血輸血やほかの静脈内輸液によって免疫状態を改善する
- 直ちに関節洗浄を行う(7-27、312頁参照)
- 関節の破壊が重度な価値のある子牛では、関節強直を目的とした関節鏡または関節

切開術などの根治手術が有用かもしれない

集中的治療がなされないなら，予後は不良であるか，要注意である。

▌考察
少数の子牛では通常第一週に髄膜炎が起こり，急速に致命的になる。もう少し日齢の進んだ子牛では化膿性骨端軟骨炎(橈骨遠位または脛骨遠位の)が初期症状に合併するので，X線検査は有益である。子牛の感染性関節炎は迅速な制御と適切な看護が必要な緊急疾患であり，その誘因を適切に調べなければならない。

7-18 屈腱短縮症
▌はじめに
屈腱短縮症は乳牛で最も頻繁にみられる先天異常で，主として前肢，一般的には両側に起こり，後天的なものはまれである。

▌症状
軽度な例では手根の軽度の屈曲と間欠的に前肢球節を屈曲し，球節の背側で負重する。

重度な例では屈曲した球節でだけしか負重できない。重度の腱短縮がある進行例ではしばしば横臥し，起立させようとしてもすぐに転倒してしまう。このような子牛では通常，初乳摂取がなく，脱水症があり，虚弱で，出生以来ミルクを飲んでいない。

触診では，肢をまっすぐにさせようとすると浅趾屈腱と深趾屈腱の両方が過度に緊張し，ピンと張っているのが分かる。伸長させても疼痛はなく，関節の腫れもない(感染性関節炎の7-17，291頁と比較参照)。

▌治療
- 軽度の先天的な例では，子牛が母牛から哺乳しているかどうか疑わしいならば，免疫状態と一般状態を確かめる(分娩後最初の12時間に初乳を与える)
- 軽度の手根と球節の屈曲は運動によって漸進的に矯正されるので最初の24時間に

は，子牛は母牛といっしょに敷き料の十分入った独房または草地におく
- 軽度の例では，子牛の蹄底に木材を貼り付け，蹄尖を長くする
- 重度の例では最初に全身性の問題を矯正し，肢の掌側面の繋から中手中央(球節の屈曲)あるいは橈骨近位(手根の屈曲)まで副子を装着する
- 塩化ポリビニルパイプのような軽い副子材料を選ぶ。副子を装着する前に肢を慎重にパッドで被覆する
- 別の方法にはパッドで被覆した肢に，キャスト(例えばLightcast)をする方法もある。1，2週間後に屈曲状態を検査するために容易に取り外せるようにする

手術

球節と手根屈曲の重度の例では，手術による矯正が試みられる(図7-12参照)。
- 鎮静下(キシラジン0.2mg/kg，筋注)の子牛を横臥保定し，静脈内局所麻酔または2％リグノカインの局所浸潤麻酔を施す
- 中手の全長軸にルーチンな手術消毒を行う
- 中手中央の浅趾屈腱および深趾屈腱の外側に沿って長軸上に10cmの切開を加える
- 中手掌側の内外側にある外側掌側趾神経と近隣の脈管を確認して，傷付けないように注意して筋膜を切開する
- 湾曲したメーヨー鋏を浅趾屈腱と深趾屈腱間を横断して挿入して浅趾屈腱を持ち上げ(図1-1，19頁参照)，これを切断する
- もう一度，球節の屈曲度合いを確認し，もし十分でなければ深趾屈腱を持ち上げて切断する
- もし必要であれば最終的に中手近位三分の一の部位で繋靱帯を切断する
- 腱周囲の筋膜を非吸収性糸を用いて連続縫合で，皮膚を結節縫合で閉鎖する
- 包帯を適用し，手術で屈曲が十分矯正されず，さらに伸長が必要であるか，逆に手術で球節が過度に伸長してしまったならば，副子を装着する
- 先天性の手根の屈曲では，副手根骨上で外側尺骨筋腱と尺側手根屈筋腱が遠位で連合する部位の7～8cmの切開からこれらの腱を切断する
- 肢に包帯を適用する
- 予防的な抗生物質の投与は不要であるが，鎮痛剤を数日間投与する(フルニキシンメグルミンなどの非ステロイド性抗炎症薬)

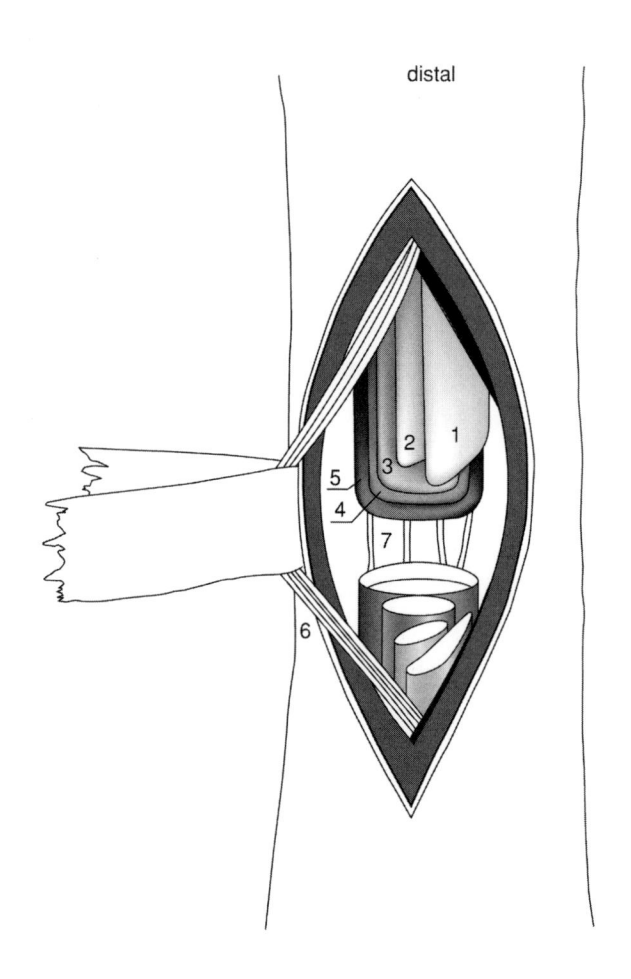

図7-12 左側中手骨(掌側)での浅趾屈腱，深趾屈腱，繋靭帯の切腱術．
(1)浅趾屈腱の浅部，(2)浅趾屈腱の深部，(3)深趾屈腱，(4)繋靭帯の浅部，(5)繋靭帯の深部，(6)内側の静脈，動脈，神経，(7)掌側中手静脈(Dirksen, Grüder & Stöber, 2002.)．

- 改善したかどうかを評価するために7～10日後に副子/キャストを取りはずす

考察

先天性屈腱短縮症で，軽度の形成不全と間欠的な球節のナックルを示す子牛の予後は良好である。重度の球節と手根の形成不全では，上述した切腱術を行っても矯正できず，屈曲が持続し，歩行が困難である。

新生子牛の副子を入念に管理することによって，圧迫による皮膚壊死を回避することができる（図7-16参照）。

7-19　足根および手根のヒグローマ

▌同義語
tarsal cellulitis（足根フレグモーネ），carpal/trarsal 'bursitis'（手根/足根滑液包炎）

▌定義
手根前滑液包および飛節外側の後天性皮下滑液包の硬い，あるいは波動性の腫脹

▌発生
敷き料の少ない硬い牛床で舎飼いされている牛で発生が多い。

▌症状
- 通常，跛行の症状はなく，美観を損なうというだけである
- 時に皮膚の挫傷があり，皮膚が破れて漿液性化膿性分泌が起こり，*Arcanobacterium pyogenes* が侵入する
- 関節包の拡張，熱感，疼痛および跛行があれば，さらに局所に広がっていることを示す。

▌類症鑑別
手根前膿瘍，化膿性手根関節炎，化膿性飛節関節炎

▌治療および予防
- 十分な敷き料で軟らかい床に移すか，外に出す
- 跛行や全身症状のあるものには，広スペクトラム抗生物質を投与する

- 腔を開けたり，局所にコルチコステロイドを注射してはいけない（汚染リスクが高い）
- ストールの大きさが品種に合っているかどうか，および矯正できる行動異常があるかどうかを調べる
- 大きな非感染性手根滑液嚢を外科的に切除し，創を一次閉鎖して圧迫包帯をすることは，診療室では（農場ではない）実施可能であるが，十分な術後管理を行っても創の裂開がよく起こるので，危険な手術である

7-20　膝蓋骨脱臼

3つの型がある
- 成牛における膝蓋骨上方脱臼または固定；散発的
- 膝蓋骨外方脱臼；先天性で珍しい
- 膝蓋骨内方脱臼；先天性でめったにない

膝蓋骨上方脱臼または固定

▌はじめに
膝蓋骨が大腿骨内側滑車縁上部に一時的または永久的に固定される。

▌症状
- 強拘歩様，後に肢を後方に長く伸長して引きずり，続いて肢を前方に引き上げる（一時的固定）
- 動作が時々とぎれ，肢は伸長した位置で固定され，蹄を引きずる（永久的固定）
- 触診で膝蓋骨の位置が明らかで，用手で元の位置に戻すことができる

▌類症鑑別
大腿二頭筋の変位，痙攣性不全麻痺，急性膝関節炎

▌治療
放牧している牛では，自然治癒するものもある。内側膝蓋靭帯の切腱術で完全治癒

する
- 牛を沈静させ，内側膝蓋靭帯を触知できる最下部で脛骨粗面に付着する近位に局所麻酔を行う（図7-13参照）
- 直径15cmの円形部位を刈毛し，手術消毒する
- 内側膝蓋靭帯前方に3cmの垂直切開を行う
- 切開創から，内側膝蓋靭帯，正中膝蓋靭帯，脛骨で形成される三角形の部位に湾曲した切腱刀または柳葉刀を垂直に挿入する
- 切腱刀を90度回転し，指で皮膚を押さえながら鋸を引くような動作で靭帯を切断する
- 腱が切断され，離断することが察知されたら，切腱刀を垂直にして引き抜く
- 皮膚を2つの単純縫合で閉鎖する

ディスポーザブルのメス刃は偶発的に折れて，関節周囲や関節内で分からなくなってしまうので，使用してはいけない。即座に歩かせてみて手術が成功したかどうか確かめる。再発は報告されていない。体重の重い乳牛では手術部位への接近が難しいが，手術は横臥位より起立位で最もよく行われる。

■合併症
- 大腿膝蓋関節を誤って開放してしまう（まれ）
- 正中膝蓋靭帯を誤って切断してしまう（破滅的）
- 重大な医原性感染
- 重度の出血

膝蓋骨外方脱臼
■はじめに
完全または不完全な膝蓋骨の外方への変位。ある例では難産（頭位の過大胎子で，腰で引っかかった難産）による大腿神経麻痺が関与しているので，大腿外側の皮膚知覚を確認する。大腿骨外側滑車縁の低形成が原因とされているが，立証されていない。

■症状

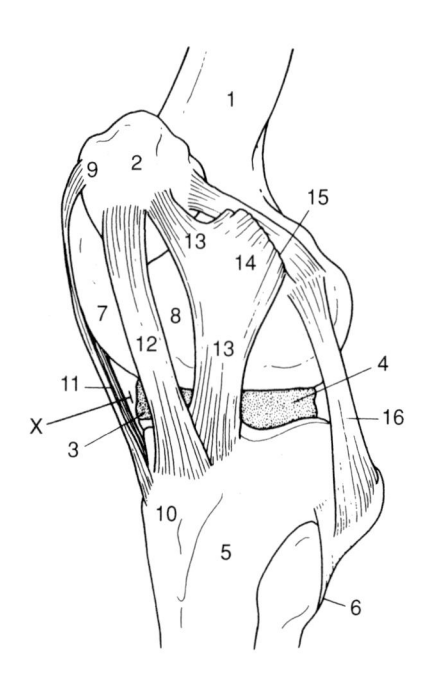

図7-13 成牛の左側膝関節の外望.
(1)大腿骨, (2)膝蓋骨, (3)内側半月, (4)外側半月, (5)脛骨, (6)腓骨, (7)内側滑車縁, (8)外側滑車縁, (9)膝蓋骨の線維軟骨, (10)脛骨粗面, (11)内側膝蓋靭帯(膝蓋靭帯切腱術では遠位を切断する), (12)正中膝蓋靭帯, (13)外側膝蓋靭帯, (14)大腿二頭筋腱, (15)外側大腿膝蓋靭帯, (16)外側側副靭帯。X印は大腿脛骨関節穿刺部位.

- 片側性または両側性に膝と飛節が著しく屈曲する
- 負重すると肢が崩れる
- 関節外側に脱臼した膝蓋骨の輪郭が明らかに分かり, 大腿骨外側滑車縁をはっきり触知することができる
- 用手整復が時に可能である

■類症鑑別

- 大腿神経麻痺では二次的に膝蓋骨外方脱臼が起こるが, 皮膚知覚の喪失と大腿四頭

筋の萎縮が明瞭である（新生子牛で難産の経歴がある）
- 大腿四頭筋断裂。まれで，腫脹を伴う
- 膝関節炎。滑液の増量やその他の関節炎症状が存在する
- 大腿骨遠位（上顆）の骨端離開では肢の変形と捻髪音が存在する

■治療
- 関節包をオーバーラップさせる手術：膝蓋骨内側の関節包を切開し，垂直マットレス縫合で関節包を重ね合わせるように閉鎖する
- 膝蓋骨が大腿骨滑車内に留まらないのであれば，大腿筋膜を膝蓋骨から背方に分離する
- 吸収糸で関節包内側を単純結節鱗状縫合した後，膝蓋骨軟骨と大腿骨骨膜および筋膜を縫合することによって新しい内側の膝蓋靭帯をつくる

膝蓋骨内方脱臼
■症状
- まれな先天性疾患である
- 完全または不完全脱臼で，永久的または間欠的脱臼である
- 肢を屈曲させて，膝蓋骨が自由に動く
- 用手整復が時に可能である

■治療
外側の関節包をオーバーラップ縫合する（上述）。予後不良である。

7-21　痙攣性不全麻痺
■定義
腓腹筋およびこれと関連する踵骨腱および筋腹の収縮を特徴とする進行性の疾患で，飛節の過度の伸長を起こす。

■誘因

直飛傾向の品種(フリージアン種，アバディーンアンガス種)は遺伝的誘因を有している。

▎病因
運動神経の過度の刺激または抑制欠如によって，腓腹筋の過度の伸展反射が存在する。筋電図による研究では腓腹筋の電気的活動の増加があるが，ほかの筋のそれは小さいことが示されている。脳脊髄液の研究では錐体外路のドパミン作用性の中枢障害が示唆されている。

▎症状
- 2～9カ月齢の子牛で最初にみられ，先天性のものや，年齢の高いものはまれである
- 最初は片側性で，後にしばしば両側の後肢が強拘となり，蹄踵が地面から持ち上がるような硬直が増す
- 間欠的に肢を後方に挙上し，後に飛節の過度の伸長が起こる
- ときどき，尾を挙上し尾端を上げる
- 肢は容易に，痛みもなく手で屈曲できるが，すぐに過度の伸長位に戻る
- 負重はしだいに前駆に移り，後駆は進行性に萎縮する
- 数カ月経過すると慢性的な伸長による足根関節のX線像の変化がみられる

▎類症鑑別
膝蓋骨上方脱臼，感染性または非感染性膝関節炎または足根関節炎，踵骨の骨折脱臼，敗血性関節炎，大腿二頭筋変位。

▎治療
腓腹筋の切腱術または脛骨神経切除術がある。切腱術は若齢子牛(＜9カ月齢)にだけ奏功することが多い。

▎切腱術(図7-14参照)
- 子牛は起立位で局所麻酔下で手術を行う

- 飛節から10cm近位の踵骨腱の部位を刈毛，消毒する
- 腱の後方上を垂直方向に6cm皮膚切開する
- 腓腹筋腱を確認し，水平に切断するか，2cmの部分切除を行う
- 隣接する浅趾屈腱の水平断の直径の半分を切断する
- 皮膚を縫合する

　この手術によって負重時に飛節が著しく沈下する。施術した子牛には術部の線維性癒合が起こり，1.5～3カ月後に再発するものもある。予後は慎重を要する。

■脛骨神経切除術（図7-14参照）

　脛骨神経は腓腹筋に分布している。
- 起立位子牛の大腿二頭筋の二頭間の皮膚の溝を確認して印を付ける
- 硬膜外麻酔または全身麻酔下の横臥位で手術を行う
- 手術は大腿二頭筋の二頭間から無菌的にアプローチする。膝下リンパ節は脛骨神経と腓骨神経の両方に隣接するのでよい目印になる
- 開創器を挿入する
- 神経の電気刺激器（cattke goadなど）によって2つの神経を区別する。脛骨神経刺激では趾が屈曲し，飛節が伸びるが，腓骨神経では趾が伸長し，飛節が屈曲する
- 脛骨神経の腓腹筋への分枝を正確に見つけることは困難か不可能なので，脛骨神経の主幹を2cm切除する
- 皮下織と皮膚を縫合する
- 2週間運動を制限する

　この神経切除術の予後は良好である。

■合併症

- 筋萎縮の持続
- 腓骨神経の一時的または永久的麻痺
- 創の裂開
- 体重の重い牛では，神経支配除去された腓腹筋の過度の伸長によると思われる腓腹

筋断裂が神経切除1～5日後に起こる

7-22　股関節脱臼

▍はじめに
　若い牛(2～5歳)では比較的一般的な疾病で，通常，大腿骨頭が前方および上方に脱臼する．

▍症状
- 起立できる動物では著しい跛行を呈する

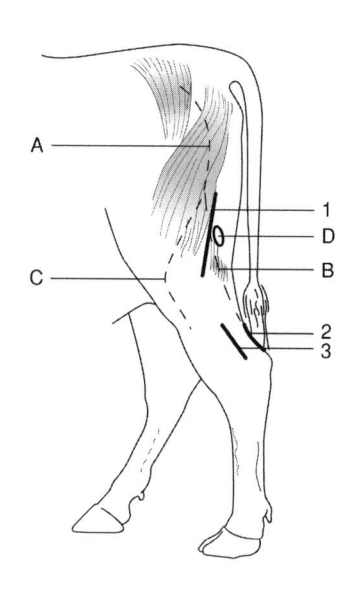

図7-14　痙攣性不全麻痺を軽減する神経切除術および切腱術の部位．
　　　　(1)脛骨神経切除術の切開部位，(2)腓腹筋腱切除術の後方アプローチの切開，(3)腓腹筋腱切除術の側方アプローチの切開：(A)坐骨神経，(B)脛骨神経，(C)腓骨神経，(D)膝下リンパ節．

- 肢が短縮する（上方脱臼）
- 大腿骨大転子が左右不対称になるのが特徴的である
- 大腿骨軸が明らかに回転する
- 大腿骨の外転や回転で捻髪音が認められる
- 直腸検査によって大腿骨頭が閉鎖孔（後下方脱臼）または恥骨縁前方（前下方脱臼）で触知される（図7-15参照）

▌病因
重度の損傷（転倒，強打，滑走），分娩後の閉鎖神経麻痺または低カルシウム血症に二次的に継発する。

▌類症鑑別
閉鎖神経麻痺，骨盤骨折，大腿骨頚の骨折，大腿骨大転子骨折。

治療

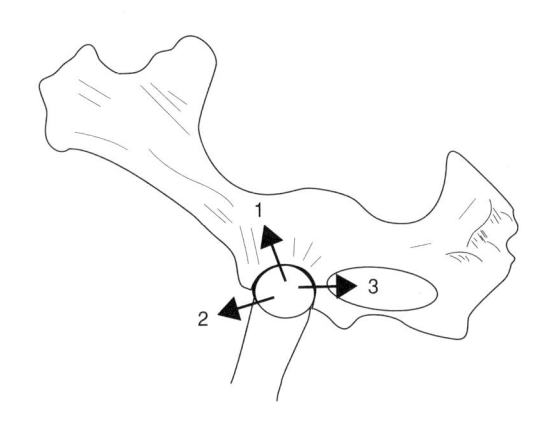

図7-15　股関節（大腿骨頭）転位または脱臼の方向を示す骨盤骨左側半分の側望．
　　　　（1）前上方脱臼（最頻度），（2）前下方脱臼，（3）閉鎖孔への後下方脱臼（触診可能）．

24時間以内に用手または外科的整復を行えば予後は良好である。方法は脱臼方向によって異なる。

▌前上方脱臼

深い鎮静および筋弛緩下(5％グアイフェネシン)で整復を試みる
- 脱臼肢を上にして保定する
- 牛を不動物(スタンチョン，木の幹)に固定する
- 支点になるように地面と大腿内側間に重いブロックを置く
- 同時に三方向の力を加える：罹患肢の趾にかけたロープを長軸状に引く，膝の外側を内側に圧迫する，術者の手で大腿骨大転子を後方に圧迫する
- 麻酔下で長い時間引っ張っていると肢が弛緩してくる
- 股関節包を補強する観血的整復術で75％治癒したことが報告されている(診療施設において)

▌その他の方向の脱臼(図7-15参照)

整復は困難か，不可能である。下方脱臼での成功率は30％といわれている。整復成功後は脱臼の再発を防ぐために飛節上どうしを縛って牛を1，2日間横臥させておき，2カ月間は独房におく。外科的整復と固定はしばしば不成功に終わる。

7-23　膝跛行

▌はじめに

膝は成牛において趾の関節以外でしばしば問題の起こる場所であり，それには特に変性性関節炎などがある。両側性の特発性の骨関節炎はホルスタイン種やガンジー種牛の遺伝性疾患で，おそらく常染色体劣性遺伝する。膝蓋骨の異常はほかの章で論議している(7-20，296頁参照)。

損傷は最初に以下のような影響を与える：
- 前十字靭帯およびまれに後十字靭帯(断裂)
- 関節半月(離裂)
- 大腿骨顆の関節軟骨で，とくに内側(びらん)

体重を支える主要な関節におけるこれらの構造は密接に関連しているので二次的変化が急速に進む。

▌外傷性膝関節炎の症状および肉眼病理所見
- 突発する比較的重度の跛行
- 滑液の増量(関節包は容易に認識される)および関節周囲の腫脹
- 用手による屈曲，伸長，回転，外転，内転による疼痛と捻髪音
- 肢を挙上したとき，踵骨が内外方向に動けば，膝の不固定性を示す
- 滑液(内側と正中膝蓋靱帯間の無菌的穿刺)に血液，組織の破片が含まれ，感染の証拠がない(表7-1参照)
- 最初の損傷後，急速に二次性の障害が起こる：軟骨の重度のびらん，骨の象牙質化，半月のびらん，離断および変位，関節周囲の広範な線維化，二次性の十字靱帯断裂

▌治療
純血種や価値のある牛では手術室で手術が試みられることを除いて，十字靱帯断裂例では淘汰が行われる。ほかの状態では完全な安静と抗炎症薬の全身投与を7～10日間行う。予後不良である。

7-24　肢の神経麻痺
5種類の神経麻痺がよく起こる。閉鎖神経，腓骨神経，大腿神経，坐骨神経，橈骨神経麻痺の病因，症状，診断，治療，予後を表7-7，306頁に要約してある。

7-25　肢の骨折
▌はじめに
牛では多くの骨に骨折が起こる：
- 肋骨——一般的な牛の骨折である
- 尾——同様に一般的であるが，重要ではない

表7-7 牛の一般的な神経麻痺.

	閉鎖神経	腓骨神経	大腿神経	坐骨神経	橈骨神経
原因	難産	転倒，分娩後の横臥	過大胎子に起こる神経の伸長による損傷（難産）	骨盤骨折	全身麻酔での長時間の横臥；上腕骨骨折
症状	しばしば両側性後肢の外転	球節のナックル	不完全な負重，膝蓋骨外方脱臼が起こり得る，1週間で大腿四頭筋だけが萎縮する	負重しない	肘の沈下，球節のナックル，肢を前方に進められない
診断	骨盤損傷の確定的症状	背側皮膚知覚の喪失	特徴的な神経源性筋萎縮，限局的な皮膚無痛覚が起こり得る	遠位すべての皮膚知覚の喪失	症状および肘外側の知覚喪失
類症鑑別	内転筋断裂，恥骨結合の離開	膝蓋骨上方脱臼	大腿骨骨折，骨盤骨折，股関節脱臼（難産），筋腱断裂	大腿骨骨折	上腕骨骨折，肘関節の感染
治療	5種類すべての神経麻痺で保存療法のみが実施される：十分な敷き料，滑らない床，鎮痛薬，ビタミンB複合体の注射				
予後	良好，もがきによる二次性の股関節脱臼のリスクがある（起立可能になるまで飛節どうしをロープで八の字に縛っておく	良好	要注意	要注意	切断（上腕骨骨折端で）されていなければ良好

- 脊椎──致命的になりかねない
- 骨盤──難産，初産牛では恥骨結合の離開．損傷（発情時または狭い入口の通過時）によって寛結節の骨折が起こる

体軸骨格の骨折を含む肢の骨折には骨端線の離開も含まれ，比較的よくみられる。牛における特色は：
- 経済的理由：多くの牛では長い治療期間をかけるより廃用が望ましい
- 人道的取り扱いおよび治療施設：ほかの動物種に比べてわずかであり，治療を望まない理由かもしれない

長骨骨折

次の順に骨折のよく起こる場所である：中足骨，中手骨，脛骨，大腿骨，橈骨/尺骨，上腕骨。

治療

- 外固定：ギプス(Gypsona®，Cellona®)，ポリエステル－綿布下地のポリウレタン樹脂(Baycast®，Cuttercast®)，ファイバーグラス(Deltalite®，Scotchcast®)，綿下地のファイバーグラス(Crystona®)，綿下地のポリエステルポリマー(Hexcelite®)，創外固定併用ハンギングスプリント(トマススプリントまたはウォーキングキャスト)，図7-16参照
- 内固定：鋼鉄またはチタンプレートとネジ，キルシュナー-エマー装置，ピンを樹脂架橋で固定する貫通固定ピン(図7-16参照)，Kuntscher nail，Steinmann nail (複数の平行ネイルまたはstack pinningを用いる)

牛の長骨骨折のよくある問題は：
- 粉砕骨折の発生が多く，しばしば転位が著しい
- 重大な汚染があることが多い
- 重度の筋の収縮があり，用手整復が困難

内固定および創外固定法は標準的教科書を参照のこと(付録1，314～315頁の参考図書参照)。

脛骨軸骨折

この骨折は治療する場合に問題が起こりがちな骨折である。

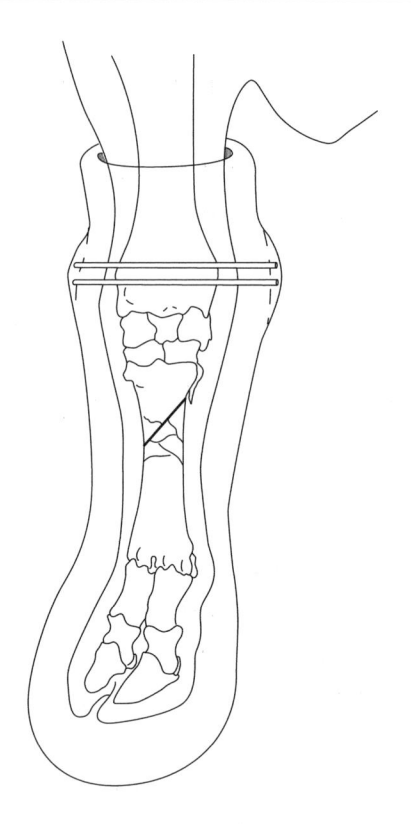

図7-16 2本のピンを橈骨遠位に挿入し，ウォーキングキャストで不動化した中手骨(MC Ⅲ/Ⅳ)粉砕骨折．

▌発生
よくある長骨骨折で，母牛によって傷つけられた新生子牛，育成牛に多く，成牛や雄牛ではまれである．

▌症状
骨折のほとんどは脛骨軸の近位または骨幹中央に起こり，斜骨折および粉砕骨折で，骨折端が重なっている．ほとんどの骨折は閉鎖している．開放骨折では内側に開放する傾向がある．跛行は重度で，肢の遠位には明らかな異常可動性があり，骨折部には明瞭な捻髪音がある．

▌治療

　通常，メチルメタクリレイトのサイドバーまたはファイバーグラスキャストで固定される創外固定ピン（近位にピン3本，遠位に3本）によって治療されるが，このような手術は牽引装置，無菌施設，全身麻酔，X線装置などがあり，専門家がいる病院が必要である。創外固定ピンは6〜8週で除去するが，理想的にはX線で骨癒合が適切であることを確認してから実施する。主要な問題は，持続的に負重できないために反対肢が外側に屈曲してしまうこと，および仮骨形成が不十分なことである。

　トマススプリントによる治療は容易ではない。トマススプリントは寸法を合わせて作らなければならず，もっとも圧が加わる鼠径部には十分なパッドを用いる必要がある。トマススプリントでは最初は起立することができない牛もいる。

　脛骨軸の近位や中央の骨折を樹脂やグラスファイバーキャストだけで固定しようとしても，膝関節を固定できないので必ず失敗する。このことは，通常，キャストによる外固定が治療選択である下肢の骨折には当てはまらない。

▌診療所への搬送のための農場での緊急固定

　単純骨折は容易に開放骨折となってしまうので，搬送中に骨折部があまり動かないようにすることが不可欠である。脛骨骨折では，ロバートジョーンズバンデージで寛結節側面の高さまで被覆することによって二次性の医原性損傷を防止することができる。

骨端線離開（Salter-Haris骨折）
▌はじめに

　罹患組織は成長板軟骨なので，骨折より離開という方が正しい用語である。大腿骨近位および遠位，脛骨近位，中足骨および中手骨遠位が一般的な部位である。最後の2つは，絶対的過大胎子による肉用種初産牛の難産の牽引助産によって近年発生が増加している。中手骨遠位骨端線離開では，重度の挫傷および栄養血管を有さない離開した骨端線への血液供給が途絶えるために予後不良である。骨髄炎は一般的な継発症である。

■症状および治療

- 転位がわずか,あるいはなければ跛行は軽度で,軽度の捻髪音と腫脹がみられ,異常可動はわずかか,認められない
- 重度の転移があれば骨折部位にかなりの可動性と捻髪音があるが,疼痛はさほどではない
- 鎮静と下肢の麻酔下で整復と固定を行えば,予後は良好である
- 脛骨近位および転位の著しい大腿骨骨端線離開の外固定では,適切な固定ができないため予後不良である
- 外固定が困難であれば,専門病院に搬送するか,即座に殺処分する

7-26　整形外科疾患へのアクリルおよび樹脂の使用

■はじめに

これらの製品には各種の使用法がある:

- 長骨骨折の外固定
- 蹄壁の亀裂に充填し,脆弱部位を支持する
- 趾間過形成切除後の趾間隙の損傷防止および深趾屈腱機能の喪失や手術による腱切除後の二次性の趾の上屈を防ぐために,蹄尖を固定する(ワイヤーの代替として使用)
- 蹄ブロック

長骨骨折への適用

選択にあたっては強度の比較が重要である(最弱→最強):石膏ギプス(Jonhnson & Johnson),樹脂ギプス,熱可塑性ポリマー(Hexcelite®),樹脂ファイバーグラス(Deltalite®, Johnson, Scotchcast®, 3M)。患畜の運動制限の程度を考える上でキャストの重量は重要である。強度:重量比は石膏より樹脂とファイバーグラス製品で好ましい。これらの製品は石膏ギプスの上に防水性のファイバーグラスを薄く巻くなどのように,層状に重ねて使用することができる。

成長期の動物では,ファイバーグラス樹脂キャスト(Dynacast Pro®)を巻く前に,パッド(Soffban®, bandages)を適用して明るい色の弾力包帯(Vetrap®)を巻いておく

べきである。明るい色によって，キャストをはずす時期や，電動キャスト鋸を使用する場合にキャストを切断する深さを確証することができる。

若齢子牛の新しい中手骨/中足骨の開放骨折は完全に洗浄し，キャストによる外固定または感染巣を洗浄するためにサイドバーを用いた創外固定によって治療する。6時間以上経過した開放骨折牛では，個体の価値によって創外固定で治療するか，淘汰する。ドレーンは上行性感染の危険がある部位には決して留置してはいけない。開放骨折は予後不良になる。

趾への適用
樹脂を適用する前に蹄表面を処置する
- すべての粗い異物を洗浄して落とす
- 蹄尖，負面，蹄壁の過剰な角質を削切する
- 脂肪溶剤を綿棒で塗布する
- 樹脂の接着面を広くするために負面に溝をつける（グラインダーが有用で効果的）
- 水気が多い場合にはドライヤーで蹄を乾燥させる
- 混ぜ合わせるときにはよく製品(Technovit [Heraeus-Kulzer])の注意書きを読む

その他の木製ブロックはDemotec(Nidderau, Germany)，プラスティックブロック(Podobloc®など)はAgrochemica, Bremenで生産している。

今日では木製ブロックに樹脂(糊として作用する)を接着させることで，さらに趾を持ち上げ，樹脂材料(Technovitなど)を節約することができる。樹脂を用いて趾を持ち上げるには，樹脂は反軸側，軸側および蹄尖部分を包み込んだモカシン靴のように適用しなければならない。スリッパのように機能するある種の靴(Cowslip®, Giltspur, 110mmと130mmの2種類がある)では，靴を履かせる前に靴のなかに液体樹脂を入れる。

寒冷地では硬化剤は使用前に湯煎しておく，また樹脂を乾燥させるためにヘアードライヤー(または低音設定した電気式ペイントストリッパー)を使用する。

その他の樹脂の使用には蹄尖どうしを近接位置で保つこと，および垂直裂蹄を保護することなどがある。特異的な適応例は蹄骨の骨折である (7-10(f)，267〜268頁参照)。

樹脂材は非常に磨耗しにくいが，石やレンガによる衝撃で粉々になる。4〜6週間後に，ハンマーで叩くか，電動グラインダーで除去する。

金属製やゴム製の靴も蹄に釘で固定して利用することができる。

7-27　骨関節の抗生剤治療
▮管理法
　抗生物質の全身投与による骨髄炎，骨膿瘍，感染性関節炎の治療における主要な問題は薬剤が局所に到達しないことであり，特に脈管組織から隔離された個々の化膿性感染巣で問題である。最初の検査に基づく適切な選択(表1-12，67頁参照)は以下のとおりである：

- 連鎖球菌：ペニシリンG，セフチオフル
- サルモネラ菌：オキサシリン，アンピシリン
- ペニシリナーゼ産生ブトウ球菌：セファロスポリンとトリメトプリム・サルファ剤，セフチオフル
- グラム陰性桿菌：アミノグリコシド(ストレプトマイシン，カナマイシン，ネオマイシン，ゲンタマイシン)
- *Arcanobacterium*：アモキシリン

　急性骨髄炎の治療は跛行が消失後2，3週間継続するべきである。骨関節の慢性疾患では，骨髄へ線維性瘻管が存在する膿瘍や骨膜下の腐骨形成が外科手術の適応となる。

▮手術
　牛の関節の排液法には以下がある：
- 関節穿刺による吸引(通常，不適切である)
- 穿刺注入口と排液口を別にして行う関節洗浄(14ゲージ針を使用)
- 拡張洗浄法
- 滑膜切除または非切除による関節切開術
- 関節鏡

牛における感染性関節炎の手術は内科療法より効果的である。

治療が遅れれば，関節周囲の線維化や関節面の障害が起こり予後は悪くなる。全身および関節内への抗菌薬投与が必要である。もし関節内に投与するのであれば，全身投与の1日量を超える量を投与してはいけない。治療は感受性試験の結果が分かる前から始めるべきである。しばしばセフチオフルナトリウムが選択され，関節機能回復後2週間まで投与するべきである。感染の一次性原因が臍感染である例では，手術による臍感染の切除術が必要である(3-13, 156頁参照)。

もし36時間以内に抗生剤の投与と関節液の吸引で改善がみられなければ，関節洗浄が必要となる：

- 関節内に線維素が沈着する前であれば(初期の急性例)，深い鎮静または浅い麻酔下(ケタミン麻酔)で，14ゲージ針を2本または複数本，関節の異なった場所から関節腔に刺入する
- 滑膜が拡張し，癒着が破壊されるまで，洗浄液(複合イオン液)を加圧注入する
- 繰り返し関節が拡張するように，排液口を塞ぐ
- 感染性関節炎では通常，1～4Lの洗浄液を使用する
- 関節鏡では，大きな挿入口と排出口の設置，多量の洗浄液(1回の洗浄で8～12L)，線維素の除去，関節軟骨の直視下検査などが可能である
- 炎症過程が慢性になれば，関節鏡で線維素の凝塊や異常な滑膜を除去する
- ほかには関節切開を実施し，切開創が二期癒合するまで環境からの汚染を無菌包帯によって保護する方法がある

付録

1. 参考図書

Anderson, D.E. ed., (March 2001) 'Lameness', *Veterinary Clinics of North America: Food Animal Practice*, 17, 1, 1–223 (multiple topics)

Andrews, A.H. ed., (2000) *The Health of Dairy Cattle*: Chapter 10 'Internal cattle building design and cow tracks' (J. Hughes); Chapter 11 'Dairy farming systems: husbandry, economics and recording' (D. Esslemont & M.A. Kossaibati), Oxford: Blackwell Scientific

Blowey, R.W., & Weaver A.D., (2003) *Color Atlas of Diseases and Disorders of Cattle*, 2nd edn. London: Mosby

Brumbaugh, G.W., (ed.) (November 2003) 'Clinical Pharmacology update' in *Veterinary Clinics of North America: Food Animal Practice*, 19, 3, 55–726 (multiple topics)

Cox, J.E., (1987) *Surgery of the Reproductive Tract in Large Animals*, 3rd edn. University of Liverpool Veterinary Field Station, Neston, Wirral (clinical notes, detailed surgical anatomy, line drawings)

Dirksen, G., Gründer H.D., & Stöber, M., (2002) *Innere Medizin und Chirurgie des Rindes*, 4th edn. Berlin: Blackwell (German 'bible', formerly Rosenberger)

Dyce, K.M., & Wensing, C.J., (1971) *Essentials of Bovine Anatomy*, Philadelphia: Lea & Febiger

Dyce, K.M., Sack, W.O., & Wensing, C.J., (1987) *Textbook of Veterinary Anatomy*, Philadelphia: W.B. Saunders

Espinasse, J., Savey, M., Thorley, C.M., et al., (1984) *Colour Atlas on Disorders of Cattle and Sheep Digits: International Terminology*, Paris: Point Vétérinaire

Fubini, S.L., & Ducharme, N.G., eds, (2004) *Farm Animal Surgery*, Philadelphia: W.B. Saunders

Greenough, P.R., & Weaver, A.D., (1997) *Lameness in Cattle*, 3rd edn., Philadelphia: W.B. Saunders

Hall, L.W., & Clarke, K.W., (1991) *Veterinary Anaesthesia*, 9th edn. London: Baillière Tindall

Hickman, J., Houlton, J., & Edwards, G.B., (1997) *Atlas of Veterinary Surgery*, 3rd edn. Oxford: Blackwell

Kersjes, A.W., Nemeth, F., & Rutgers, L.J.E., (1985) *Atlas of Large Animal Surgery*, Baltimore: Williams & Wilkins (excellent colour photographs)

Leipold, H.W., Huston, K., & Dennis, S.M., (1983) Bovine congenital defects, *Adv. Vet. Sci. & Comp. Med.*, 27, 197–271

McDaniel, B.T., & Wilk, J.C., (1990) 'Lameness in dairy cattle' in *Proceedings of British Cattle Veterinary Association 1990–1991* (from VI Symposium on disorders of the ruminant digit, Liverpool, July 1990) 66–80. (Inheritance of conformation of bovine digit and related longevity of dairy cows).

National Office of Animal Health Ltd. (NOAH), Compendium of Data Sheets for Animal Medicines 2005 (UK)

Noakes, D.E., (1997) *Fertility & Obstetrics in Cattle*, 2nd edn. Oxford: Blackwell Science

Noakes, D.E., Parkinson, T.S., & England, G.C.W., (2001) *Arthur's Veterinary Reproduction and Obstetrics*, 8th edn. London & Philadelphia: W.B. Saunders

Pavaux, C., (1983) *A Colour Atlas of Bovine Visceral Anatomy*, London: Wolfe

St. Jean, G., (ed.), 'Advances in Ruminant Orthopedics' in Veterinary Clinics of North America: Food Animal Practice, 12, 1–298 (March 1996) (multiple topics)

Toussaint Raven, E., (1985) *Cattle Foot Care and Claw Trimming*, Ipswich, UK. Farming Press (Dutch method of trimming)

Tyagi, R.P.S., & Singh, J., (1993) *Ruminant Surgery*, Delhi: CBS Publishers and Distributors (p. 484, paperback, includes camel and buffalo)

Veterinary Pharmaceuticals and Biologicals (VPB), 2001–2002 12th ed., Veterinary Healthcare Communications, 8033 Flint St., Lexena, KS 66214 (index of drugs and US manufacturers and suppliers)

Westhues, M., & Fritsch, R., (1964) *Animal Anaesthesia*, Vol. 1 *Local Anaesthesia*, Bristol: Wright (details of nerve blocks e.g. retrobulbar p. 83 pudic pp. 174–179)

Whitlock, R.H., *et al.*, (1976) *Proceedings of the International Conference of Production Diseases of Farm Animals*, 3rd edn. Wageningen, The Netherlands

Wolfe, D.F., & Moll, H.D., (1999) *Large Animal Urogenital Surgery*, 2nd edn. Baltimore & London: Williams & Wilkins (penile surgery, ovariectomy)

Youngquist, R.S., ed., (1997) *Current therapy in large animal theriogenology*, Philadelphia: W.B. Saunders (pp. 429–430 ovariectomy techniques)

2．略語

ABPI	Association of British Pharmaceutical Industry
AI	artificial insemination
ALT/SGPT	alanine aminotransferase/serum glutamin-pyruvic transaminase
AST/SGOT	aspartate aminotransferase/serum glutamic-oxaloacetic transaminase
b.i.d.	*bis in die* (2 times/day)
BP	British Pharmacopoeia
BVD/MD	bovine viral diarrhoea/mucosal disease
BWG	British wire gauge
CCF	congestive cardiac failure
CCP	corpus cavernosum penis
CNS	central nervous system

Co	coccygeal
CSF	cerebrospinal fluid
ECF	extracellular fluid
ECV	extracellular volume
EDTA	ethylene diamine-tetra-acetic acid
EMG	electromyogram
FARAD	Food Animal Residue Avoidance Databank
FG	French gauge
GA	general anaesthesia
HS	hypertonic saline
i.m.	intramuscular
i.v.	intravenous
L	lumbar
LDA	left displaced abomasum
mEq	milliequivalent
MRL	Maximum Residue Limit
NOAH	National Office of Animal Health
NSAID	non steroidal anti-inflammatory drug
PCV	packed cell volume
PDS	(monofilament) dioxanone
PGA	polyglycolic acid
PM	postmortem
PVC	polyvinylchloride
RDA	right displaced abomasum
RTA	right torsion of abomasum
S	sacral
SARA	sub-acute ruminal acidosis
s.c.	subcutaneously
SCC	squamous cell carcinoma
SGOT	see AST
SGPT	see ALT
T	thoracic
TA	tunica albuginea
t.i.d.	*ter in die* (3 times/day)
TMR	total mixed rations
USDA	United States Department of Agriculture
USP	United States Pharmacopeia
vCJD	new variant Creutzfeldt-Jakob disease

3．会社・団体名と所在地

この短い参考リストはつぎのように分類されている：
- 器具メーカーと取扱い業者
- 縫合糸，針，包帯材などのメーカーと取扱い業者
- 公立および専門の団体，出版社，農業および育種協会

製薬会社のリストは繁雑であり，これらの所在地はたやすく入手できるので省いてある。これらのリストは英国，北米，その他に地理的に区分してある。

器具メーカーと取扱い業者
英国

 Alfred Cox (Surgical) Ltd., Edward Rd, Coulsden, Surrey (01668 2131)
 Arnolds Veterinary Products, Ltd., Cartmel Drive, Harlescott, Shrewsbury, SY13 SJ (01743 44 1632, fax 01743 462 111)
 Becton Dickinson Vacutainer Systems, 21 Between Towns Road, Cowley, Oxford (01865 748 844)
 Brookwick Ward & Co. Ltd., 8 Shepherds Bush Road, London W6 7PQ (0870 1118610, fax 0870 1118609), www.brookwick.com
 Centaur Services, Centaur House, Torbay Road, Castle Cary, Somerset BA7 7EU (01963 350005) www.centaurservices.co.uk (Trucutliver biopsy)
 Genusexpress (formerly Veterinary Drug Co.) (veterinary wholesalers) Common Road, Donnington, York, YO19 (01904 487 487, fax 01904 487 611)
 Holborn Surgical Instrument Co., Dolphin Works, Margate Rd, Broadstairs, Kent CT10 2QQ (0843 61418)
 Medichem International, P.O. Box 237, Sevenoaks, Kent, TN15 OZJ (01732 763 555, fax 01732 763 530), email: info@medichem.co.uk
 Surgical Systems Ltd., 5 Lower Queens Road, Clevedon, North Somerset, BS21 6LX, email: david@surgicalsystems.freeserve.co.uk www.surgical.systemsltd.co.uk

北米

 American Medical Instrument Corp., 133–14 39th Ave, Flushing, NY 11354 (212 359 3220)
 Baxter Healthcare Corp., Pharmaceutical Divn., Valencia, CA (cat. no 9135S Tru-cut biopsy needle)
 Becton Dickinson, Sandy, Utah, UT 84070 (catheters)
 Dandy Products, 3314 Route 131, Goshen OH 45122
 Ethicon Inc., Route 22, Somerville, NJ 08876
 Haver-Lockhart Laboratories, P.O. Box 390, Shawnee Mission, KS 66201
 Ideal Instruments, 401 North Western Ave, Chicago, IL 60612
 I-STAT Corporation, East Windsor, New Jersey 08520
 Jorgensen Laboratories, 1450 Van Buren Ave, Loveland, CO 80538 (800

525 5614), www.jorvet.com, email: info@jorvet.com
Lane Manufacturing Co., Denver, CO (K-R spey instrumentation)
Linde (Cryosurgery), 270 Park Ave, New York, NY 10017
V. Mueller, Division of American Hospital Supply Co., 6600 W. Touhy Ave, Chicago, IL 60648
NASCO Farm & Ranch, 901 Janesville Ave., Fort Atkinson, WI 53538-0901
Parks Medical Electric Inc., 19460 SW Shaw, Aloha, OR 97007
Pitman Moore Surgical Instruments Division, P.O. Box 344, Washington Crossing, NJ 08560
Shamrock Scientific Speciality Systems, Inc., 34 Davis Drive, P.O. Box 143, Bellwood IL 60104
Storz Instrument Co., 3365 Tree Court Industrial Boulevard, St Louis, MO 63122
United States Surgical Corporation, Norwalk, CT 06850 (Autosuture TA-90, stapling instrumentation)
US Surgical, Tyco Health Care, Norwalk, CT 06850
University of Saskatchewan, Engineering Dept., Sasakatoon, Canada S7N 5B4 (liver biopsy trocar)
Vet. Surgical Resources, Darling, MD 21034
Willis Veterinary Supply, Chamberlain, SD 57325 (Willis ovariectomy instrument)

その他

Aesculap Werke AG, 7200 Tüttlingen, West Germany (specialist veterinary instruments)
AMICO GmbH, D7200 Tüttlingen, P.O. Box 65, Trossinger Str. 7, West Germany (subsidiary of American Medical Instrument Corp.)
Barbot-Génia, 5 rue des Clouzeaux, Parc de la Vertone 44120 (0240302417, fax 0240031471) www.genia.fr email: sjournal@genia.fr
Concept Pharmaceuticals Pvt. Ltd., 159 C.S.T. Road, Santacruz (East), Bombay 400-098, India (veterinary instruments)
Coveto, Avenue Louis Pasteur 85607 Montaigu Cedex, France (02 51 48 80 88) www.coveto.fr
Crepin Sarl, 29 avenue de Saint-Germain des Noyers, Z1 BP 77402, Saint-Thibaud des Vignes, France (01 64 30 01 33, fax 01 64 30 40 73) www.crepin.fr
Equipement Vétérinaire: (anesthesie) Zone Industrielle Rue de l'Aube, 51310 Esteray, France (03 26 42 50 15, fax 03 26 42 50 16) email: minerve.equipvet @online.fr
General Surgical Co., 1541 Bhagivath Palace, P.O. Box 1745, Chaudni Chowk, Delhi 110006, India (veterinary instruments)
H. Hauptner, Kuller Str. 38-44, Postfach 220134, 5660 Solingen, West Germany (02122 50075) (specialist veterinary instrument maker and

retailer)

S. Jagdish & C., 12/21 West Patel Nagar, New Delhi 110008, India (instruments)

Jorgen Kruuse Denmark, DK-5290, Marslev, Denmark (459 951511)

Medvet, Ludwig Bertram GmbH, Postfach 644, Spielhagenstr. 20, 3000 Hanover 1, Germany (0511 812081) (specialist bovine instruments, protective clothing)

縫合糸，針，包帯材などのメーカーと取扱い業者
英国

Arnolds Veterinary Products, Ltd., Cartmel Drive, Harlescott, Shrewsbury, SY13 TB (01743 441 632 fax 01743 462 111)

Becton Dickinson Vacutainer Systems, 21 Between Towns Road, Cowley, Oxford (01865-748 844)

Berk Pharmaceuticals Ltd, St Leonards House, Eastbourne, East Sussex BN21 3YG (01323 641144)

Brookwick Ward & Co. Ltd., 8 Shepherds Bush Road, London W6 7PQ (0870 1118610, fax 0870 1118609), www.brockwick.com

Centaur Services, Centaur House, Torbay Road, Castle Cary, Somerset BA7 7EU (01963 350005), www.centaurservices.co.uk

Cryoproducts, Wass Lane, Sotby, Market Rasen, Lincs, LN8 5LR (01507 343091, fax 01507 343092)

Davis & Geck, Cyanamid of GB Ltd, Fareham Rd, Gosport, Hampshire PO13 0AS (01329 236131)

Davol International Ltd, Clacton-on-Sea, Essex

Duncan Flockhart & Co. Ltd. 700 Oldfield Lane North, Greenford, MX UB6 OHD (01 422 2331)

eBiox Ltd, Enterprise House, 17 Chesford Grange, Woolston, Warrington, WA14SY (0800 612 0431), email: sales@ebioxvet.co.uk, www.ebioxvet.co.uk

Ethicon Ltd., 14–18 Bankhead Av., Sighthill, Edinburgh (0131 453 5555, fax 0131 453 6011) (suture manufacturers)

Genusexpress (formerly Veterinary Drug Co.) (veterinary wholesalers), Common Road, Donnington, York, YO19 5RU (01904 487 487, fax 01904 487 611)

Holborn Surgical Instrument Co., Dolphin Works, Margate Rd, Broadstairs, Kent CT10 2QQ (01843 61418)

Johnson & Johnson Ltd, Brunel Way, Slough, Berks SL1 1XR (01753 31234)

Kruuse UK Ltd, 14a Moor Lane Industrial Estate, Sherburn-in-Elmet, N. Yorks LS25 6ES (01977 681523, fax 01977 683537), email: kruuse.uk@kruuse.com, www.kruuse.com

Medichem International, P.O. Box 237, Sevenoaks, Kent, TN15 0ZJ (01732 763 530), email: info@medichem.co.uk

Pal Wear Ltd, P.O. Box 144, Protection Works, Oadby, Leics LE2 5LW (disposable gloves, overshoes, oversleeves, trousers, coveralls, etc.)

Portek Ltd., Bleaze Farm, Old Hutton, Cumbria LA8 OLU (01539 722628, fax 01539 741282) email: info@portek.co.uk (cow blocks and glue)

Reckitt & Coleman, Pharmaceutical Division, Dansom Lane, Hull HU8 7DS (01482 26151)

Smith & Nephew Healthcare, Healthcare House, Goulton Street, Hull HU3 4DJ (01482 222200, fax 01482 222211)

Surgical Systems Ltd., 5 Lower Queens Road, Clevedon, North Somerset, BS21 6LX email: david@surgicalsystems.freeserve.co.uk, www.surgicalsystemsltd.co.uk

Teisen Products Ltd., Bradley Green, Worcs B96 6RP (01527 821488, fax 01527 821665) (hoof tape, teat bandage, tar hoof dressing)

北米

American Giltspur Inc., P.O. Box 49433, Sarasota, FL34230 ('Cowslips', 3 sizes)

AVSC (American Veterinary Supply Company), P.O. Box 9002, Knickerbocker Ave., Bohemia, NY 11716

American Hospital Supply Co., 6600 W. Touhy Ave, Chicago, IL 60648

Baxter Healthcare Corp., Pharmaceutical Div., Valencia, CA (cat. no. 9135S Tru-cut biopsy needle)

Becton Dickinson & Co., Lincoln Park, NJ07035, also Sandy, Utah, UT84070 (catheters)

Davis & Geck, American Cyanamid Company, Pearly River, New York, NY 10965

Davol Inc. (Johnson & Johnson Company) (1 800 332 2761), www.vetsurgicalexcellence.com

Dispomed, 1325 DeLanuadiere Joliette, Quebec J6E 3N9, Canada

Ethicon Inc., Route 22, Somerville, NJ 08876

Haver Lockhart Laboratories, P.O. Box 390, Shawnee Mission, KS 66201

Johnson & Johnson, 501 George St, New Brunswick, NJ 08903

Jorgensen Laboratories, 1450 Van Buren Av., Loveland, CO 80538 (800 525 5614), www.jorvet.com, info@jorvet.com

Monoject Divison, Sherwood Medical, St Louis, MO 63103

NASCO Farm & Ranch, 901 Janesville Ave., Fort Atkinson, WI 52538 0901

Pfizer Animal Health, 812 Springdale Drive, Exton, PA 19341

Provet, P.O. Box 2286, Loves Park, IL 61131 (815 877 2323)

Purdue Frederick Co., 50 Washington St, Norwalk, CT (manufacturer of Betadine surgical scrub)

Sigma Chemical Co., P.O. Box 14508, St Louis, MO 63178

Smith & Nephew, Memphis, TN

Travenol Laboratories Inc., 1425 Lake Cook Rd, Deerfield, IL 60015
US Surgical, Tyco Health Care, Norwalk, CT 06850
3M Animal Care Products, St. Paul, MN 55108-1000 (resin-impregnated foam padding)

その他

Alcyon, 41 rue des Plantes, 75014 Paris (01 53 90 39 39, fax 01 53 90 39 38) www.alcyon.com

Barbot-Genia, 5 rue des Clouzeaux, Parc de la Vertone 44120 (02 40 03 24 17, fax 02 40 03 14 71) www.genia.fr email: sjournee@genia.fr

B. Braun, Melsungen, Germany (supplied by Arnolds)

B. Braun medical S.A.S., 204 avenue du Marechal Juin, F92107 Boulogne, France Cedex (01 41 10 53 00 fax 01 41 10 53099)

Centravet Materiel, ZA des Alleux, BP 360, 22106 Dinan, France (02 96 85 80 64, fax 02 96 85 80 65) email: materiel@centravet.fr

Coveto, Avenue Louis Pasteur, 85607 Montaigu Cedex, France (02 51 48 80 88) www.coveto.fr

Equipement Vétérinaire: (anesthesie) Zone Industrielle Rue de l'Aube, 51310 Esteray, France (03 26 42 50 15 fax 03 26 42 50 16) email: minerve.equipvet@online.fr

Demotec (Siegfried Demel) Brentostr. 21, D61130 Nidderau, Germany (49 6187 21200, fax 49 6187 21208); www.demotec.com (FuturaPad, Easy Bloc, claw-cutting discs)

Medvet, Ludwig Bertram GmbH, Lübeckerstr. 1, 30880 Laatzen, Germany (49) 5102 917 590, fax (49) 5102 917 599, email: mvinfo@medvet.de, www.medvet.de (cage magnet 'CAP-Super-11')

Sigma Chemie GmbH, Am Bahnsteig, D8028, Taufkirchen, Germany

公立および専門の団体，出版社，農業および育種協会

英国

British Cattle Veterinary Association, The Green, Frampton-on-Severn, Glos, GL2 7EP (01452 740816, fax 01452 741117) www.bcva.org.uk (journal 'Cattle Practice')

British Veterinary Association, 7 Mansfield St., London WIG 9NG (020 7636 6541, fax 020 7637 0620) www.vetrecord.co.uk

Commonwealth Agricultural Bureaux International (CABI), Nosworthy Way, Wallingford, Oxon OX10 8DE www: cabi-publishing.org

Dairy Farmer, CMP Information, Sovereign House, Tonbridge, Kent TN9 1RW (01732 377273) email: phollinshead@cmpinformation.com

European Medicines Agency (EMEA): www.emea.eu.int (for authorised products for ueterinary use)

Holstein UK, Scotsbridge House, Scots Hill, Rickmansworth, Herts WD3 3DB

HSE Books: Video: *Deal with the danger: safe cattle handling*, Health and Safety

Executive, HSE Books, P.O. Box 1999, Sudbury, Suffolk CO10 2WA (01787 881165, fax 01787 313995), www.hsebooks.co.uk (ISBN 0717625125)

National Office of Animal Health (NOAH) Ltd., 3 Crossfield Chambers, Gladbeck Way, Enfield, Middlesex EN2 7HF (020 8367 3131), email: noah@noah.co.uk, www.noah.co.uk

RCVS Wellcome Library & Information Service, Belgravia House, 62–64 Horseferry Rd., London SW1P 2AF (020 7222 2021, fax 020 7222 2004, email: library@rcvs.org.uk www.rcvslibrary.org.uk

Veterinary Defence Society Ltd., 4 Haig Court, Parkgate Estate, Knutsford, Cheshire WA16 8XZ

Universities Federation for Animal Welfare (UFAW), The Old School, Brewhouse Hill, Wheathampstead, Herts, AL4 8AN, UK (01582 831818, fax 01582 831414) www.ufaw.org.uk (quarterly *Animal Welfare* journal)

北米

American Association of Bovine Practitioners (AABP), P.O. Box 1755, Rome GA 30162 1755 www.aabp.org email: aabphorg@aabp.org (706 232 2220, fax 706 232 2232)

American College of Veterinary Surgeons, 11N. Washington St., Suite 720, Rockville, MD 20850 www.acvs.org email: acvs@acvs.org (301 610 2000, fax 301 610 0371)

American Veterinary Medical Association, 1931 N. Meacham Rd, Suite 100, Schaumburg, IL 60173 4360 www.avma.org (1 847 925 8070, fax 1 847 925 1329)

AVMA Professional Liability Trust, email: richard.Shirbroun@avmaplit.com (800-228-7848 ext. 4669) or rodney.johnson@avmaplit (ext. 4645)

Bovine Practitioner, 3404 Live Oak Lane, Stillwater OK 74075, USA

Center for Veterinary Medicine, USDHHS, 7519 Standish Place, Rockville, MD 20855-0001 (307 827 3800 or 1 888 INFO FDA)

Cornell University Online Consultant: www.vet.cornell.edu/consultant/consult.asp from College of Veterinary Medicine, Cornell University, Ithaca, NY 14853 6401 (607 253 3000, fax 607 253 3701)

FARAD enquiries: FARAD@ncsu.edu or FARAD@ucdavis.edu or www.farad.org

Food Safety & Inspection Service, USDA, Washington, DC 20250 www.fsis.usda.gov (202 720 7025, fax 202 205 0158)

FDA/CVM: drugs: 888-FDA-VETS (888 332 8387)

Food Animal Residue Avoidance Databank (FARAD): www.farad.org; (888 USFARAD (919) 829 4431 or (916) 752 7505)

Hoof Trimmers Association Inc., 4312 Wild Fox, Missoula, MT 59802-3607 (866 615 4663, fax 406 543 1823), www.hooftrimmers.org/ (quarterly newsletter)

USDA Meat & Poultry hotline: 800 535 4555
USDA National Animal Health Monitoring Systems (NAHMS), Fort Collins, CO 80523
VPB Veterinary Pharmaceuticals and Biologicals, 12th Edition 2001–2 Veterinary Healthcare Communications, 8033 Flint St., Lenexa, KS66214 (913 492 4300), www.vetmedpub.com (drugs, manufacturers etc)

その他

European College of Veterinary Surgeons (ECVS) Office, University of Zürich, Faculty of Veterinary Medicine, Equine Hospital, Winterthurerstr 260, CH8057 Zürich, Switzerland (41 1 635 8404 or 41 1 313 0383, fax 41 1 313 0384) email: ecvs@vetclinics.unizh.ch www.ecvs.org (monthly *Veterinary Surgery*)

Federal Veterinary Office, Schwarzenburgstr. 161, CH-Bern Switzerland (www.bvet.admin.ch)

Federation of Veterinarians of Europe (FVE), 1 Rue Defacqz, B-1000 Brussels, Belgium www.fve.org email: info@fve.org (32 2 533 7020; fax 32 2 537 28 28)

Société Francaise de Buiatrie, BP 11 F-31620 Castelnaud'estrefonds, France (05 62 14 04 50, fax 05 62 14 04 69) email: buiatrie@wanadoo.fr e.claire@wanadoo.fr www.e-claire.fr (rubrique SFB)

Swissmedic., Erlachstr. 8, CH-3000, Bern 9, Switzerland (equivalent to FDA) (www.swissmedic.ch)

World Association for Buiatrics Secretariat, Dr. G. Szenci, Secretary General, Szent Istvan University, Faculty of Veterinary Science, P.O. Box 2, H1400 Budapest, Hungary www.buiatrics.com email: oszenci@univet.hu

4．旧単位とSI単位の変換係数

	旧単位	乗じる係数		SI単位
		旧単位からSI単位へ	SI単位から旧単位へ	
赤血球	100万/mm³	10^6	10^{-6}	$\times 10^{12}$/L
ヘマトクリット	%	0.01	100	1/L
ヘモグロビン	g/100mL	なし	なし	g/dL
白血球	1,000/mm³	10^6	10^{-6}	$\times 10^9$/L
総タンパク	g/100mL	10	0.1	g/L
アルブミン	g/100mL	10	0.1	g/L
ビリルビン	mg/100mL	17.1	0.0585	μmol/L
カルシウム	mg/100mL	0.25	4.008	mmol/L
塩素	mEq/L	なし	なし	mmol/L
クレアチニン	mg/100mL	88.4	0.0113	μmol/L
グロブリン	g/100mL	10	0.1	g/L
血糖	mg/100mL	0.0555	18.02	mmol/L
無機リン	mg/100mL	0.323	3.1	mmol/L
マグネシウム	mg/100mL	0.411	2.43	mmol/L
カリウム	mEq/L	なし	なし	mmol/L
ナトリウム	mEq/L	なし	なし	mmol/L
尿素	mg/100mL	0.166	6.01	mmol/L

索 引

【あ】

亜急性ルーメンアシドーシス 257
悪性扁平上皮癌 232
アチパメゾール 33
アトロピン 32
遺伝的欠損 75
異物の穿孔 268
疣状皮膚炎 240, 244, 261
陰茎血腫 206, 211, 212
陰茎挿入の防止 206, 221
陰茎の腫瘍 206, 232
陰茎の先天異常 206, 227
陰茎背神経麻酔 51
陰茎白膜 228
陰茎－包皮転移術 221
陰部（内陰部）神経麻酔 49, 51
会陰裂傷 188
液体窒素 72
遠位種子骨の切除 277
遠位傍脊椎ブロック（遠位での脊椎側神経麻痺） 45
円鋸術 39, 84, 85
エンドトキシンショック 155, 179
オートクレーブ 17, 18, 26

【か】

外傷性第二胃・腹膜炎の継発症の症状 120
外傷性第二胃炎 103, 108, 109, 111, 112, 117, 126, 151, 164
外傷性第二胃炎の予防 126
階段式切断術 171, 172
角神経麻酔 37, 38, 79
過酸化水素水 87, 117, 204
過剰乳頭 202
ガス滅菌 17, 18, 209
滑車下神経麻酔 38
化膿性臍動脈炎 161
化膿性尿膜管炎 161
眼窩上神経麻酔 39

冠関節での関節離断術	274	去勢術	206, 233, 239
眼球腫瘍	91	近位傍脊椎ブロック（近位での脊椎側神経麻酔）	41
眼球摘出術	94		
眼瞼内反	88	グアイフェネシン	60
関節鏡	291, 312, 313	屈腱短縮症	240, 292
関節穿刺	291, 312	頚管固定術	183
関節離断術	272	けい骨軸骨折	307
肝臓の生検	166	痙攣性不全麻痺	76, 240, 296, 299
気管切開術	97	化粧除角	82, 83
気管チューブ	60	ケタミン	60
キシラジン	30, 31, 32, 33, 35, 47, 49, 54, 60, 94, 97, 100, 133, 136, 138, 174, 175, 185, 194, 223, 226, 232, 271	検蹄器	241, 255
		臁部切開創の閉鎖	115
		後眼球神経麻酔	40
キシロカイン-リグノカインの併用	49	子牛の感染性関節炎	240, 291
基節骨遠位3分の1での断趾術	272	子牛の反復性鼓脹症の病因	126
逆7ブロック	45, 47, 191	高張食塩液	64, 65
キャスト	270, 310	後方（低位）硬膜外麻酔	48
牛群問題のチェックリスト	240, 287	硬膜外麻酔	34, 36, 47, 48, 49, 51, 63, 157, 169, 170, 173, 175, 181, 183, 185, 186, 187, 189, 192, 218, 219, 301
吸収性縫合糸	23, 26		
急性膝関節炎	296		
矯正的	283	肛門と直腸の閉鎖	168, 306

股関節脱臼	49, 302
骨関節の抗生剤治療	240, 312
骨髄炎	250, 253, 267, 268, 270, 271, 277, 312
骨端線離開（Salter-Haris骨折）	309
ゴム輪法	233
コルク栓抜き陰茎	227

【さ】

臍静脈（化膿性血栓性静脈炎）	161
臍ヘルニアと膿瘍	156
削蹄時期	284
削蹄場所	284
削蹄法	285
坐骨神経	305
挫切鋏による方法	237
左側膁部試験開腹検査のフローチャート	112
酸化窒素	72
趾間壊死桿菌症	240, 244, 246, 249, 253, 263, 266, 268, 277, 287, 288
趾間過形成	240, 244, 248
趾間過形成の切除	240, 279
趾間肉芽腫	246, 248
趾間皮膚炎	240, 244, 247, 252, 260, 262, 263, 264, 277, 286, 287
子宮切除術	187
子宮脱	184
死腔	71, 116
試験的開腹術－左膁部	108
試験的開腹術－右膁部	113
膝蓋骨脱臼	240, 296
膝蓋骨外方脱臼	297, 306
膝蓋骨上方脱臼または固定	296
膝蓋骨内方脱臼	299
膝跛行	240, 304
肢の骨折	240, 305
趾の静脈内局所麻酔	53
肢の神経麻痺	240, 305
趾の深部感染	240, 251, 268
趾皮膚炎	240, 244, 249, 259, 260, 261, 262,

263, 287, 288

脂肪種	153
煮沸消毒	17
十字靱帯断裂	305
充満時間	64
樹脂	270, 311
出血性膀胱炎	218
静脈内麻酔薬	60
除角	78, 79, 80, 81, 82, 84, 86
除角芽	78, 79, 80, 84
食道梗塞	100
食道切開術	100
ショック	62
深および浅趾屈腱と腱鞘の切除	240, 277
シンコカイン	36
スーパーフォウル	246, 247
精管切除術	206, 223, 225
整形外科疾患へのアクリルおよび樹脂の使用	240, 310
正常および病的な滑液	273
精巣上体切除術	206, 223, 226, 227

切腱術	302
線維乳頭腫	232
全身麻酔	17, 29, 57, 62, 137, 207, 306, 309
前方の硬膜外麻酔	47
創傷治療	70
足根および手根ヒグローマ	240, 295
その他の第四胃疾患	146

【た】

第一胃切開術	30, 41, 108, 110, 117, 119, 121
体液	64
第三眼瞼切除術	92
第三眼瞼(瞬膜)フラップ	90
第3度会陰裂傷	189
大腿筋膜移植	229, 230
大腿神経	305
大腿二頭筋変位	296, 300
第四胃右方変位，拡張および捻転	141
第四胃右方変位および第四胃捻転の手術	

法 143
第四胃右方変位(RDA)の症状と診断 141
第四胃右方変位の保存療法 142
第四胃潰瘍 147
第四胃鼓脹および捻転 146
第四胃左方変位 108, 109, 129, 131, 138
第四胃左方変位の外科的整復：種々の
　方法 133
第四胃食滞 146
第四胃捻転の症状 142
縦(垂直)または横(水平)裂蹄 240, 265
断趾後の深趾屈腱および腱鞘の切除 240, 276
断趾術 204, 240, 256, 268, 270, 272, 274, 275, 277
チオペンタールナトリウム 60
蓄膿症 84, 85, 86
腟および頸管脱 180
長骨骨折 307, 310
腸重積 151
直腸脱 47, 170, 171

直腸の切除術 172
直腸閉鎖 169
直腸リング法 173
Tブロック 45, 191
帝王切開術(子宮切除術) 17, 30, 41, 42, 67, 108, 110, 160, 174, 179, 180, 185
低温(化学)滅菌 17
蹄冠からの断趾術 274
蹄関節および遠位種子骨の切除 240, 277
蹄球びらん(スラリーヒール) 240, 244, 245, 251, 260, 263, 286
蹄形状 243
蹄骨の骨折 240, 267
蹄剪鉗 241
蹄地図 245
蹄底潰瘍 240, 244, 245, 248, 249, 253, 257, 262, 268, 277, 278, 287, 288
蹄の形成異常,過剰成長および治療的削蹄 240, 282
蹄葉炎(蹄真皮炎) 240, 244, 245, 247, 250, 251, 252, 254, 255, 256, 259, 265,

268, 269, 282	乳頭腔の肉芽腫 194, 198
蹄浴 240, 263, 286, 287, 290	乳頭口 194, 195, 196, 197, 202
蹄浴液 286, 287, 290	乳頭腫 232
蹄浴槽 286, 287	乳頭切除術 194, 202, 203, 204
蹄鑢 241	乳頭の外傷性裂傷 194, 199
電解質 65	乳頭のリングブロック 53
電解質補充のルール 66	乳頭閉鎖 194, 201
電解質量の計算 66	乳頭麻酔 52
電気焼烙 82, 249	尿石症 170, 206, 214
電動削蹄 241	
橈骨神経麻痺 305	
ドキサプラム 32	【は】
トグル法 138	ハードミルカー 194, 196
	バーネス除角器 79
	排液管 71
【な】	白帯病 257
内側膝蓋靱帯の切腱術 296, 298	白帯離開および白帯膿瘍 240, 254, 288
二酸化炭素 72	跛行スコア（LS） 245
乳頭括約筋の機能不全 194, 202	跛行による損失 241
乳頭管 194, 195, 196, 199	バルザック法 234
乳頭基底膜の閉塞 194, 199	半永久的な第一胃瘻管形成術 126

腓骨神経	302, 305
非吸収性縫合糸	23
尾骨の静脈穿刺	74
尾静脈	75
皮膚つまみテスト	64
皮膚フラップ形成	275
皮膚縫合	71
病的骨折	267
びんつり縫合	138
ファイバーグラス	270, 307, 310
腹腔穿刺	120, 147, 155, 165, 166, 215
腹腔内と全身の化学療法	116
副蹄の断趾術	275
腹膜炎	154, 155
負のエネルギーバランス	242
ブピバカイン	35
フルステンベルグのロゼット	194, 196
フルニキシンメグルミン	30, 31, 35, 69, 258
プロカイン	35, 36
閉鎖神経	305
扁平上皮癌	162, 232, 233
抱水クロラール	33, 60
包皮小帯の遺残	231
包皮脱	206, 207, 209, 210
包皮内の癒着	210
包皮の環状切除	207
ボディコンディションの低下	242
保定法	17, 29
ホルマリン	247

【ま】

慢性第一胃鼓脹症	128
右傍部での第四胃固定術のための開腹部位	132
右傍部の試験的開腹術のフローチャート	114
無菌法	21
迷走神経性消化不良	103, 163
眼の異物	93
盲腸拡張と変位	148

網嚢状陥凹 ………………………………… 105

【や】

有毛疣 ………………………………… 259, 261
輸液療法 ………………………………… 63, 64, 65
ユトレヒト法 …………………… 132, 133, 135, 136
予防的削蹄 ………………………………… 283

【ら】

ラインブロック ………………………………… 45
螺旋陰茎 ………………………………… 227
螺旋陰茎の整復術 ………………………………… 229
卵巣切除術 ………………………………… 191
リグノカイン ………… 33, 36, 49, 50, 51, 57, 89,
　152, 175, 185, 223
硫酸亜鉛 ………………………………… 247
硫酸アトロピン ………………………………… 33
硫酸銅 ………………………………… 247, 287
冷凍手術 ………………………………… 249
冷凍療法 ………………………… 72, 73, 91, 92, 93

【A to Z】

Arcanobacterium pyogenes ……… 269, 288, 295
Bacteroides melaninogenicus ……………… 246
Caslick変法 ………………………………… 183
Dichelobacter nodosus ……………………… 264
Fusobacterium necrophorum ……… 246, 248, 264
Gut-tie ………………………………… 153
K-R器具 ………………………………… 193
Newberry®ナイフ ……………………… 236, 237
Willisの器具 ………………………………… 193
Winkler変法 ………………………………… 184

■プロフィール

監訳・訳:田口　清(たぐち　きよし)

1954年東京生まれ。1977年日本獣医畜産大学(現・日本獣医生命科学大学)卒業後，北海道のNOSAIで臨床獣医師として約15年間働く。1993年帯広畜産大学，2000年から酪農学園大学で大動物臨床教育と研究に従事する。専門は大動物外科学。現在，酪農学園大学獣医学群獣医学類生産動物医療分野教授。

訳　:鈴木　一由(すずき　かずゆき)

東京都出身，1991年日本獣医畜産大学(現・日本獣医生命科学大学)獣医学科卒業。1995年日本獣医畜産大学大学院獣医学研究科博士課程修了(指導教官：本好茂一先生)。1995～2001年日本全薬工業株式会社にて各種輸液剤の開発に従事。2001～2007年日本大学生物資源科学部獣医学科で教育と研究に取り組む。現在，酪農学園大学獣医学群獣医学類生産動物医療分野教授。

牛の外科マニュアル 第2版 ―手術手技と跛行―

2008年 1月20日　第1刷発行 ⓒ
2014年10月 1日　第2刷発行 ⓒ

著　　者　A. David Weaver, Guy St. Jean, Adrian Steiner
　　　　　（デイビッド ウィーバー）（ガイ セント ジーン）（エードリアン シュタイナー）
監訳・訳　田口　清
　　　訳　鈴木　一由
発 行 者　森田　猛
発　　行　チクサン出版社
発　　売　株式会社 緑書房
　　　　　〒103-0004
　　　　　東京都中央区東日本橋2丁目8番3号
　　　　　TEL　03-6833-0560
　　　　　http://www.pet-honpo.com
デザイン　有限会社 オカムラ
印　　刷　モリモト印刷 株式会社

ISBN978-4-88500-425-4　Printed in Japan
落丁，乱丁本は弊社送料負担にてお取り替えいたします。

本書の複写にかかる複製，上映，譲渡，公衆送信（送信可能化を含む）の各権利は株式会社緑書房が管理の委託を受けています。
JCOPY〈（一社）出版者著作権管理機構　委託出版物〉
本書を無断で複写複製（電子化を含む）することは，著作権法上での例外を除き，禁じられています。
本書を複写される場合は，そのつど事前に，（一社）出版者著作権管理機構（電話 03-3513-6969，FAX 03-3513-6979，e-mail：info@jcopy.or.jp）の許諾を得てください。
また本書を代行業者等の第三者に依頼してスキャンやデジタル化することは，たとえ個人や家庭内の利用であっても一切認められておりません。